高等院校材料科学与工程专业规划教材

材料成形摩擦与润滑
（第2版）

孙建林　编著

国防工业出版社
·北京·

内 容 简 介

本书将材料成形工艺和摩擦、磨损与润滑的基础知识和基本理论紧密结合，重点讲述了摩擦与润滑在材料成形过程中的作用，详细阐述了不同类型的工艺润滑剂的成分、特点和作用机理，同时介绍了材料微观和宏观特征对摩擦磨损的影响。本书结合最新的材料成形工艺，力图全面反映材料成形摩擦与润滑研究的相关理论、成果和技术，进一步深入研究材料成形过程中的摩擦、磨损与润滑问题，以促进工艺润滑技术在材料成形过程中的应用。

本书为材料成形与控制工程专业、材料科学与工程专业本科生的专业课教材，也可供相关专业研究生以及从事金属成形和工艺润滑技术研究、生产或设计等工作的科研人员参考。同时，本书可作为大学生科技创新活动的参考用书。

图书在版编目(CIP)数据

材料成形摩擦与润滑 / 孙建林编著. — 2 版. — 北京：国防工业出版社，2021.5
ISBN 978-7-118-12264-0

Ⅰ. ①材… Ⅱ. ①孙… Ⅲ. ①工程材料-成型-摩擦 ②工程材料-成型-润滑 Ⅳ. ①TB3

中国版本图书馆 CIP 数据核字(2021)第 070606 号

※

国防工业出版社出版发行

（北京市海淀区紫竹院南路 23 号　邮政编码 100048）
三河市众誉天成印务有限公司印刷
新华书店经售

*

开本 710×1000　1/16　印张 15　字数 275 千字
2021 年 6 月第 2 版第 1 次印刷　印数 1—2000 册　　定价 68.00 元

（本书如有印装错误，我社负责调换）

国防书店：(010)88540777　　　书店传真：(010)88540776
发行业务：(010)88540717　　　发行传真：(010)88540762

第 2 版前言

作为摩擦学的重要组成部分,材料成形过程中的摩擦、磨损与润滑问题是材料成形理论、工艺与实践的基本研究内容。如何将摩擦学知识与材料成形过程相结合,切实有效地降低摩擦、控制磨损和改进工艺润滑,确保成形过程稳定进行,优化生产工艺和提高成形产品质量,使之达到节能减排、清洁生产的要求,是当前该领域急需解决的关键问题,同时也是学习这门课程的主要目的。为此,本书从摩擦学基础知识出发,依据材料微观和宏观两方面的基本特征,系统分析了成形过程中摩擦的作用规律及影响因素,同时介绍了工艺润滑的基本理论以及润滑剂的基本知识,包括近年来前沿的纳米润滑理论相关内容,着重强调了摩擦与润滑在轧制、拉拔、挤压、冲压等成形工艺中的应用,并以此为开端进一步深入研究材料成形过程中的摩擦与工艺润滑问题。

第 2 版是在第 1 版的基础上撰写而成,对相关高校十多年来讲授这门课程时师生的反馈意见进行了完善和补充。鉴于近年来纳米技术的应用和材料分析表征方法的完善,材料成形摩擦与润滑的研究与应用向着微米和纳米尺度发展,第 2 版主要对以下内容进行了扩展和完善:丰富了第 4 章中材料的微观组织对摩擦磨损的影响规律等内容,新增了第 5 章中纳米润滑粒子和第 6 章中纳米润滑理论等内容,补充了第 7 章中热轧工艺润滑的特点及第 10 章中新型冲压工艺润滑油液等内容。本书更加紧密结合相关领域的前沿理论和技术,力图反映材料成形领域开展摩擦与润滑研究的最新教学和科研成果。本书借鉴了一些国内外专家学者的研究成果,对于参考文献中未列出的相关文献及作者在此一并表示衷心感谢。

本书由北京科技大学康永林教授审阅。感谢北京科技大学谢建新院士、刘雅政教授、宋仁伯教授、张朝磊副教授,以及材料加工与控制工程系的其他同仁在本书编写过程中给予的指导和帮助。同时,本书的出版得到了北京科技大学教材建设经费资助,在此一并表示感谢。

鉴于编者的学识和经验有限,书中难免存在不妥之处,恳请批评指正,以便对本书进行补充和修改。

编者
2020 年 12 月

前　言

材料成形过程中的摩擦、磨损与润滑问题是摩擦学的一个重要组成部分，也是材料成形理论和实践的基本研究课题。通过学习与应用摩擦学知识可以在成形过程中有效地降低摩擦、控制磨损和改进润滑工艺，确保成形过程稳定进行，同时，优化生产工艺和提高成形产品质量，进而达到节能降耗、清洁生产、提高产品质量的目的。为此，本教材从摩擦学基础知识出发，分析成形过程中摩擦的作用规律及影响因素，同时介绍工艺润滑的基础理论与工艺润滑剂的基本知识，着重强调了摩擦学在轧制、拉拔、挤压、冲压等成形工艺中的应用。希望借此为开端进一步深入研究材料成形过程中的摩擦、磨损与润滑问题。

本教材是在1992年编写的《塑性加工摩擦与润滑》讲义和2002年编写的《材料成形摩擦与润滑》讲义的基础上，结合10多年来在中南大学、北京科技大学为本科生与研究生讲授这门课程的经验体会以及多年来在该领域从事科研工作的基础上编写的。教材力图反映近20年来材料成形领域摩擦学最新教学与科研成果，同时还参考了国内外许多专家学者的资料与研究成果。对于参考文献中未列的文献作者也表示衷心感谢。

本书经北京科技大学袁康教授审阅，同时还要感谢中南大学宋冀生教授、王曼星教授和北京科技大学谢建新教授、康永林教授、刘雅正教授以及本研究室的其他同仁在本教材编写中给予的指导和帮助。

鉴于编者的学识和经验，书中不妥之处在所难免，恳请批评指正，以便不断补充完善和修改。

编者
2007年4月

目录

第1章 摩擦学绪论 ········· 1
1.1 摩擦学的主要内容 ········· 1
1.1.1 摩擦 ········· 1
1.1.2 磨损 ········· 1
1.1.3 润滑 ········· 2
1.1.4 多学科性 ········· 2
1.2 材料成形中的摩擦学 ········· 2
1.2.1 材料成形方式 ········· 2
1.2.2 摩擦学系统 ········· 3
1.3 摩擦的起因 ········· 4
1.3.1 凹凸说 ········· 5
1.3.2 黏附说 ········· 5
1.4 润滑的实践 ········· 6
1.4.1 锻造润滑 ········· 7
1.4.2 轧制润滑 ········· 8
1.4.3 拉拔润滑 ········· 8
1.4.4 挤压与其他成形工艺润滑 ········· 9
1.5 材料成形摩擦学研究与应用 ········· 9
1.5.1 研究的目的与意义 ········· 9
1.5.2 面临的任务与挑战 ········· 11
思考题 ········· 12

第2章 表面性质与表面接触 ········· 13
2.1 金属表面形貌 ········· 13
2.1.1 表面形貌 ········· 13
2.1.2 表面粗糙度 ········· 14
2.1.3 表面粗糙度的测量 ········· 16
2.2 表面吸附与表面氧化 ········· 17
2.2.1 金属表面性质 ········· 17
2.2.2 表面吸附 ········· 18
2.2.3 表面氧化 ········· 19
2.3 表面张力与接触角 ········· 20

  2.3.1 表面张力 ··· 20
  2.3.2 接触角 ··· 21
 2.4 表面特征与接触面积 ··· 22
  2.4.1 表面特征 ··· 22
  2.4.2 接触面积 ··· 22
 2.5 表面塑性粗糙化 ·· 24
  2.5.1 金属变形与表面粗糙化 ··· 24
  2.5.2 润滑条件下金属变形表面粗糙化 ································· 26
 思考题 ··· 26

第3章 材料成形摩擦理论 ··· 28
 3.1 材料成形过程摩擦的特点和作用 ······································· 28
  3.1.1 摩擦的特点 ·· 28
  3.1.2 摩擦的影响 ·· 29
  3.1.3 摩擦的作用 ·· 30
 3.2 摩擦类型 ··· 31
  3.2.1 干摩擦 ··· 32
  3.2.2 边界摩擦 ··· 32
  3.2.3 流体摩擦 ··· 33
  3.2.4 混合摩擦 ··· 33
 3.3 基本摩擦理论 ··· 34
  3.3.1 分子–机械理论 ··· 34
  3.3.2 黏着理论 ··· 35
  3.3.3 修正的黏着理论 ··· 36
 思考题 ··· 38

第4章 影响摩擦的因素 ·· 39
 4.1 接触表面性质 ··· 39
  4.1.1 金属种类 ··· 39
  4.1.2 化学成分 ··· 40
  4.1.3 组织结构 ··· 40
  4.1.4 表面状况 ··· 42
 4.2 界面膜 ·· 42
  4.2.1 污垢膜 ··· 43
  4.2.2 氧化膜 ··· 43
  4.2.3 金属膜 ··· 45
 4.3 成形温度 ··· 45
  4.3.1 无润滑条件 ·· 46
  4.3.2 有润滑条件 ·· 47
 4.4 成形速度 ··· 47

4.4.1 轧制速度 …… 48
 4.4.2 拉伸速度 …… 49
4.5 变形程度 …… 50
 4.5.1 载荷的影响 …… 50
 4.5.2 变形程度的影响 …… 50
思考题 …… 52

第5章 成形工艺润滑剂 …… 54
5.1 工艺润滑剂的基本功能 …… 54
 5.1.1 基本功能 …… 54
 5.1.2 分类 …… 55
5.2 油基润滑剂 …… 56
 5.2.1 矿物油 …… 56
 5.2.2 动植物油 …… 58
 5.2.3 合成油 …… 59
5.3 乳化液 …… 61
 5.3.1 乳化剂 …… 61
 5.3.2 乳化液的组成 …… 63
 5.3.3 乳化液的制备 …… 64
 5.3.4 乳化液的热分离性 …… 65
5.4 固体润滑剂 …… 66
 5.4.1 石墨 …… 66
 5.4.2 二硫化钼 …… 67
 5.4.3 其他固体润滑剂 …… 67
 5.4.4 纳米润滑粒子 …… 68
5.5 润滑剂的理化性能及其评价 …… 69
 5.5.1 黏度 …… 70
 5.5.2 密度 …… 70
 5.5.3 闪点 …… 71
 5.5.4 倾点与凝点 …… 71
 5.5.5 馏程 …… 71
 5.5.6 酸值 …… 72
 5.5.7 碘值 …… 72
 5.5.8 水溶性酸碱 …… 72
 5.5.9 皂化值 …… 72
 5.5.10 水分 …… 73
 5.5.11 灰分 …… 73
 5.5.12 残炭 …… 73
 5.5.13 机械杂质 …… 73

- 5.5.14 硫含量 … 73
- 5.5.15 芳烃含量 … 74
- 5.5.16 腐蚀性 … 74

5.6 润滑剂的流变 … 74
- 5.6.1 黏度与压力的关系 … 74
- 5.6.2 黏度与温度的关系 … 75
- 5.6.3 润滑油密度与压力、温度的关系 … 78

5.7 工艺润滑剂中添加剂 … 78
- 5.7.1 添加剂的分类 … 78
- 5.7.2 添加剂的作用机理 … 80
- 5.7.3 添加剂的作用效果及影响因素 … 85

5.8 润滑剂的使用与环境保护 … 87
- 5.8.1 润滑剂的毒性与防护 … 87
- 5.8.2 废油处理 … 88
- 5.8.3 废液处理 … 88
- 5.8.4 环境友好润滑剂 … 89

思考题 … 90

第6章 基本工艺润滑理论 … 92

6.1 润滑状态 … 92
- 6.1.1 流体润滑状态 … 93
- 6.1.2 混合润滑状态 … 94
- 6.1.3 边界润滑状态 … 94
- 6.1.4 润滑状态的判别 … 94

6.2 流体润滑 … 96
- 6.2.1 润滑模型的建立 … 97
- 6.2.2 轧制变形区润滑效果分析 … 99

6.3 混合润滑 … 101
- 6.3.1 平均流动方程 … 101
- 6.3.2 粗糙表面接触变形机制 … 103
- 6.3.3 混合润滑变形区模型 … 105
- 6.3.4 混合润滑变形区分析 … 107

6.4 边界润滑 … 110
- 6.4.1 边界吸附膜 … 110
- 6.4.2 边界润滑模型 … 111
- 6.4.3 润滑机理与作用效果 … 112

6.5 纳米润滑理论 … 115
- 6.5.1 纳米尺寸效应 … 115
- 6.5.2 纳米粒子的改性与分散 … 116

  6.5.3 润滑机理 …………………………………………………… 117
 思考题 ……………………………………………………………… 119

第7章 轧制过程摩擦与润滑 ……………………………………… 120
 7.1 轧件的咬入与稳定轧制 …………………………………… 120
  7.1.1 轧件咬入条件 …………………………………………… 121
  7.1.2 稳定轧制 ………………………………………………… 123
  7.1.3 改善咬入的措施 ………………………………………… 123
  7.1.4 前滑与后滑 ……………………………………………… 124
  7.1.5 前滑与摩擦系数的关系 ………………………………… 125
 7.2 轧制过程中的摩擦与磨损 ………………………………… 126
  7.2.1 轧制变形区摩擦条件 …………………………………… 126
  7.2.2 摩擦对轧制压力的影响 ………………………………… 127
  7.2.3 轧制过程的磨损 ………………………………………… 129
  7.2.4 影响磨损的因素 ………………………………………… 130
 7.3 热轧工艺润滑 ……………………………………………… 131
  7.3.1 热轧工艺润滑的特点 …………………………………… 131
  7.3.2 热轧工艺润滑的作用 …………………………………… 131
  7.3.3 热轧工艺润滑机理 ……………………………………… 132
  7.3.4 热轧工艺润滑剂 ………………………………………… 132
  7.3.5 热轧工艺润滑效果 ……………………………………… 134
 7.4 冷轧工艺润滑 ……………………………………………… 136
  7.4.1 冷轧工艺润滑的作用 …………………………………… 136
  7.4.2 冷轧工艺润滑剂 ………………………………………… 137
  7.4.3 冷轧工艺润滑的应用 …………………………………… 140
 7.5 工艺润滑系统 ……………………………………………… 147
  7.5.1 热轧工艺润滑系统 ……………………………………… 147
  7.5.2 冷轧工艺润滑系统 ……………………………………… 149
 7.6 润滑剂的维护与管理 ……………………………………… 153
  7.6.1 乳化液使用与管理 ……………………………………… 154
  7.6.2 轧制油使用与管理 ……………………………………… 155
 思考题 ……………………………………………………………… 157

第8章 拉拔过程的摩擦与润滑 …………………………………… 159
 8.1 拉拔过程摩擦分析 ………………………………………… 159
  8.1.1 拉拔过程受力分析 ……………………………………… 159
  8.1.2 摩擦对拉拔过程的影响 ………………………………… 160
  8.1.3 影响摩擦的因素分析 …………………………………… 163
 8.2 润滑方式与表面处理 ……………………………………… 163
  8.2.1 拉拔润滑的作用 ………………………………………… 163

XI

        8.2.2 拉拔润滑方式 ································· 164
        8.2.3 表面处理 ····································· 165
    8.3 拉拔工艺润滑剂 ······································· 165
        8.3.1 拉拔工艺润滑的选择依据 ······················· 166
        8.3.2 干式拉拔润滑剂 ······························· 166
        8.3.3 湿式润滑剂 ··································· 167
    8.4 拉拔工艺润滑的应用 ··································· 168
        8.4.1 钢丝拉拔 ····································· 168
        8.4.2 铜管线材拉拔 ································· 169
        8.4.3 铝管棒线材拉拔 ······························· 171
        8.4.4 其他有色金属拉拔 ····························· 171
    思考题 ··· 172

第9章 挤压过程的摩擦与润滑 ································· 173
    9.1 挤压过程的摩擦 ······································· 173
        9.1.1 挤压形式与摩擦特性 ··························· 173
        9.1.2 挤压变形时摩擦对金属流动特征的影响 ············· 174
        9.1.3 挤压过程的摩擦分析 ··························· 175
        9.1.4 摩擦对挤压过程及表面质量的影响 ················· 177
    9.2 挤压过程的工艺润滑 ··································· 180
        9.2.1 工艺润滑的部位 ································ 180
        9.2.2 挤压工艺润滑剂 ································ 181
    9.3 挤压工艺润滑应用 ····································· 183
        9.3.1 热挤压润滑 ···································· 183
        9.3.2 冷挤压润滑与表面处理 ·························· 185
    思考题 ··· 187

第10章 冲压过程中的摩擦与润滑 ····························· 188
    10.1 冲压成形摩擦学特征 ································· 189
        10.1.1 冲压过程摩擦分析 ···························· 189
        10.1.2 摩擦对冲压成形力的影响 ······················ 190
    10.2 冲压过程的工艺润滑 ································· 192
        10.2.1 冲压润滑的作用 ······························ 192
        10.2.2 工艺润滑剂的选择 ···························· 192
        10.2.3 润滑方式 ···································· 193
    10.3 冲压工艺润滑的应用 ································· 194
        10.3.1 薄板冲压工艺润滑 ···························· 194
        10.3.2 铝制品冲压工艺润滑 ·························· 194
        10.3.3 冲压润滑剂性能与润滑效果 ···················· 195
        10.3.4 新型冲压工艺润滑油液 ························ 196

思考题 196

第11章 金属成形中的磨损 197
11.1 磨损 197
11.1.1 磨损过程 197
11.1.2 磨损与摩擦的关系 198
11.2 磨损的类型 199
11.2.1 黏着磨损 199
11.2.2 磨粒磨损 201
11.2.3 疲劳磨损 202
11.2.4 腐蚀磨损 203
11.3 金属成形中的磨损 205
11.3.1 磨损形式多样性 205
11.3.2 金属黏着 206
11.3.3 表面犁削 207
11.3.4 工模具的磨损 208
11.3.5 磨损对成形制品质量的影响 210
11.3.6 减少磨损的方法与措施 211
思考题 212

第12章 材料成形过程中摩擦学测试 214
12.1 摩擦磨损试验机 214
12.1.1 四球摩擦磨损试验机 215
12.1.2 梯姆肯摩擦磨损试验机 217
12.1.3 法莱克斯摩擦磨损试验机 217
12.1.4 MM-W1A万能摩擦磨损试验机 218
12.2 模拟试验 219
12.2.1 试验设计 219
12.2.2 镦粗圆环法 219
12.3 实际成形过程测定 220
12.3.1 最大咬入角法测量咬入时摩擦系数 221
12.3.2 前滑法测量轧制变形区摩擦系数 221
12.3.3 由反拉力直接测量拉拔摩擦系数 222
12.3.4 变形力反推法 222
思考题 224

参考文献 225

第1章　摩擦学绪论

1.1　摩擦学的主要内容

摩擦是自然界存在的一种普遍现象,人们很早就知道摩擦的存在。"钻木取火"是人类第一次利用摩擦。早在1781年法国物理学家C. A.库仑(C. A. Coulomb)就提出了摩擦三定律。但是作为一门科学,摩擦学只是在1966年后才发展形成的一门边缘学科。摩擦学(Tribology)一词也是在1966年后才开始出现。Tribology是由希腊文Tribos(摩擦)派生而来的,其意思是"摩擦的科学"。摩擦学是研究相互作用表面发生相对运动时的有关科学、技术和实践。其主要研究内容是相互作用表面发生相对运动时的摩擦、磨损和润滑。

1.1.1　摩擦

两个相互作用的物体在外力作用下发生相对运动时所产生的阻碍运动的阻力称为"摩擦力"。这种现象称为"摩擦"。产生摩擦应具备3个条件:①两个物体(或一个物体的两部分);②相互接触;③相对运动(相对运动趋势)。只要具备上述3个条件,摩擦就存在,这是不以人的意志为转移的。

根据两接触物体状态不同,摩擦可以是固体与固体的摩擦、固体与液体的摩擦和固体与气体的摩擦,见图1-1。

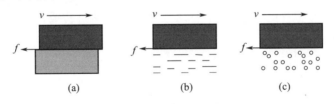

图1-1　摩擦示意图
(a)固体与固体;(b)固体与液体;(c)固体与气体。

1.1.2　磨损

摩擦副之间发生相对运动时引起接触表面上材料的迁移或脱落过程称为磨损,见图1-2。这一过程还伴随有摩擦热的产生。磨损和摩擦热是摩擦的必然结果。同样,磨损也是伴随着摩擦必然存在的,只不过在有些情况下磨损非常小,可以忽略不计。

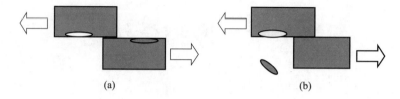

图1-2 磨损示意图
(a)迁移;(b)脱落。

1.1.3 润滑

在相对运动表面之间施加润滑剂,以减少接触表面间的摩擦和磨损。其中润滑剂包括润滑油、润滑脂、薄膜材料(黏结干膜、镀膜、陶瓷膜等)和自润滑材料。可见,润滑与摩擦、磨损不同,润滑是人为的、有目的的活动,其目的就是力图减少接触表面间的摩擦和磨损,或者说是控制摩擦和磨损。

润滑的作用一般可归结为控制摩擦、减少磨损、降温冷却,防止摩擦面锈蚀、冲洗作用、密封作用、减振作用(阻尼振动)等。润滑的这些作用是互相依存、互相影响的。如不能有效地减少摩擦和磨损,就会产生大量的摩擦热,迅速破坏摩擦表面和润滑介质本身,这就是摩擦副短时缺油会出现润滑故障的原因。

1.1.4 多学科性

过去对摩擦、磨损及润滑的研究仅仅是从各个方面孤立地进行,实践表明,当相互接触表面发生相对运动产生摩擦时,运动表面在摩擦过程中也将发生一系列的物理、化学、力学和热力学等方面的变化,因而摩擦学是涉及数学、物理、化学、力学及热力学、冶金、材料、机械工程、石油化工等多学科领域的综合性边缘学科。回顾过去50年来摩擦学的发展,如果要划分摩擦学的学科构成,在考虑相当大的重叠情况下可划分为:

(1) 材料科学与工程,占40%;
(2) 机械工程,占30%;
(3) 润滑工程与润滑剂,占20%;
(4) 其他,包括状态监控、故障诊断、仪器仪表、摩擦学数据库等,占10%。

1.2 材料成形中的摩擦学

1.2.1 材料成形方式

金属材料在外力作用下,利用其塑性而使其变形获得一定尺寸形状和力学性能的加工方法称为材料成形,也称塑性成形或压力加工。就成形工艺分类而言,有板、型、管、棒线轧制成形;有管、棒、线拉拔成形;有型、管、棒挤压成形;有自由锻、模锻锻造成形;有拉延、深冲、变薄拉深等冲压成形。就成形温度而言,有热成形和冷成形。另外,还有稳态成形和非稳态成形。具体成形方式见表1-1。

表1-1 成形工艺方式

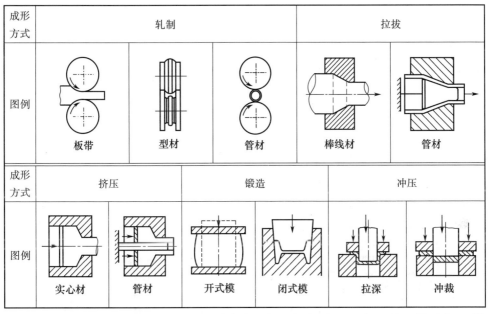

上述金属成形过程具有一个共同特点,就是在成形过程中通过工模具与工件的接触,使工件发生变形。其中,摩擦力是影响材料变形的重要因素之一。摩擦的存在不仅导致变形力增加、工模具磨损加剧,而且有时摩擦力又是变形过程中的主动力,如轧制过程中轧件的咬入就是通过摩擦力来实现的。

1.2.2 摩擦学系统

作为摩擦学的一个重要组成部分,材料成形摩擦学是研究成形过程中两相互作用的金属,其中一种金属发生塑性变形时的金属表面间的摩擦、磨损和润滑的科学和技术问题。可见材料成形中的摩擦学问题不仅遵循摩擦学的一般规律,而且与成形过程密切相关。就成形过程而言,上述成形过程各具特点,摩擦力在不同成形过程中所起的作用也不同。但是它们都有一个共同点,就是成形过程中工模具、工件和润滑剂组成了一个摩擦学系统。该系统各要素间的相互关系如图1 3所示。图中左边为成形过程的成形工具,图的右边为被成形工件,而图的中间正是通过摩擦力传递工具与工件相互作用的工艺润滑剂。因此,可以按照这个摩擦学系统去分析解决具体的成形过程中的摩擦、磨损和润滑问题。

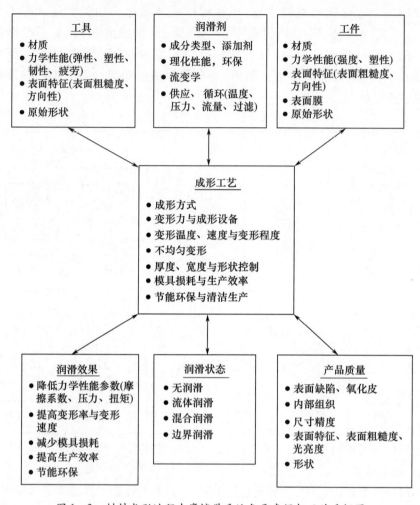

图1-3 材料成形过程中摩擦学系统各要素间相互关系框图

1.3 摩擦的起因

长期以来,人类对摩擦现象进行了不懈的探索与研究。15世纪意大利文艺复兴时期,意大利学者列奥纳多·达·芬奇(Leonardo Da Vinci,1452—1519年)开始对固体摩擦的现象进行研究。他在轻、重不同物体的对比试验中指出:"如果物体的重量增加一倍,那么摩擦产生的力也增加一倍",即摩擦力与作用的垂直力(重力)成正比。这也是日后的摩擦第一定律。他还发现,摩擦力与接触面积无关,即摩擦第二定律。随着原始蒸汽机、水轮机等机械不断出现,牛顿提出了关于力、反作用力、加速度和动量等基本定律,即经典力学时代已经开始。科学与技术的迅速发展促进了人们对摩擦的进一步研究。

1.3.1 凹凸说

法国物理学家兼建筑师 G. 阿蒙顿(G. Amontons,1663—1705 年)1696 年在法国皇家科学学报上发表了关于摩擦的论文。文中重申了达·芬奇当初得出的摩擦第一定律和摩擦第二定律。阿蒙顿所研究的摩擦表面都是不光滑的。他认为,摩擦的起因是一个凸凹不平的表面沿另一表面上的微凸物体上升所做的功,也就是说,摩擦是由于表面凸凹不平而引起,即摩擦的凹凸说。

随后,法国物理学家兼工程师 C. A. 库仑(C. A. Coulomb,1736—1806 年)在 1781 年通过试验进一步证实了阿蒙顿摩擦定律。同时提出:动摩擦的摩擦力与滑动速度无关,即摩擦第三定律。因此,古典摩擦理论被称为库仑摩擦三定律。同时在此基础上指出,应将静摩擦(统计学)和滑动摩擦(动力学)区分开,并且还观察到:滑动所需外力大大低于滑动开始所需外力,即静摩擦系数 μ_s 大于动摩擦系数 μ_k,如图 1-4 所示。古典摩擦理论只适用于滑动摩擦情况。库仑在解释摩擦起因时,他认为首先是接触表面凹凸不平的机械啮合力,其次是分子之间的黏附力。虽然,他已认识到黏附在摩擦中可能起一定作用,但是次要的,粗糙表面的微凸体才是主要的。

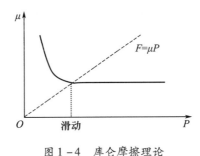

图 1-4 库仑摩擦理论

1.3.2 黏附说

英国科学家 J. T. 德萨古利埃(J. T. Desaguliers,1683—1744 年)逆当时占统治地位的凹凸说,于 1734 年提出了截然不同的摩擦黏附说,他认为摩擦力的真正原因在于接触摩擦区两表面之间的分子黏附作用。在实验中,他将两个铅球沿直径切去 0.25 英寸,然后用手把它们压紧,稍作扭转,这两个铅球就很快黏附在一起,以至于用 16~27 磅(70~200N)的力才能将两球分开。为此,他提出摩擦表面越光滑,摩擦力越大,由此奠基了引起摩擦的分子黏附说。在这期间,D. L. 希文(D. L. Hire,1640—1718 年)通过实验进一步证实了接触面积的不连续性,并提出真实接触面积与外观面积无关。

英国科学家 J. A. 尤因(J. A. Ewing,1855—1935 年)和 W. 哈迪(W. Hardy,1864—1934 年)通过实验进一步证实了分子黏附说。由于表面加工技术的进步,提供了研究接触表面的实验条件,因此,哈迪在对两固体接触表面的研究中发现,固体之间真正接触面积仅仅是宏观面积的微小部分。真实接触面积的揭示推动了摩擦理论的进一步发展,为研究接触副间摩擦机理提供了更深刻、更可靠的基础。

20世纪30年代,摩擦理论有了进一步发展。苏联学者捷拉金提出表面分子吸引力理论,认为摩擦是接触表面分子间相互排斥力与相互吸引力共同作用的结果。在分子吸附论的基础上又发展了分子机械摩擦理论,认为机械运动与分子吸附是摩擦之源。摩擦与接触面微凸体的弹塑性变形、微凸体相遇时的剪切、犁沟以及接触面分子吸引有关。

在近代摩擦学发展上被公认的摩擦黏附理论是20世纪40年代英国剑桥大学教授F. P. 鲍登(F. P. Bowden)和D. 泰柏(D. Tabor)提出的。他们认为,表观接触面积与真实接触面积差别很大,而且真实接触面积还会随摩擦条件而变化,两微凸体之间因存在吸附力而形成接点。摩擦力应为剪断金属之间接点所需的力与硬金属表面微凸体在软金属表面犁沟所需之力和。这一理论最初应用于两种金属之间的摩擦,现在已深入到非金属的许多其他材料之间。

虽然由凹凸说转向黏附说的摩擦机理得到公认,但是人们并没有将凹凸说当作一种谬误学说而摒弃。事实上,即使摩擦基本上是由于黏附引起的,接触表面凹凸不平和粗糙度仍然对摩擦有较大的影响,当两种硬度不同的金属摩擦时,表面粗糙度是一个不容忽视的因素,尤其是对金属塑性变形的摩擦应有很大的影响。两种摩擦学说一直沿用到现在,为现代摩擦理论的建立提供了基本理论基础。

1.4 润滑的实践

在古埃及EI-Bersheh的一个岩洞中,发现公元前1900年的一幅壁画,上面画着172个奴隶正拖动滑橇上一个巨大石像(图1-5)。其中,图中有一个奴隶正在往车下浇一些流体性的物质。据估计石雕像约重60t,画面上有172个奴隶,平均拉力800N/人,那么滑橇与地面的摩擦系数为

$$\mu = \frac{172 \times 800}{600000} = 0.23$$

该摩擦系数大小约为经润滑后地面的摩擦系数,说明车上奴隶往下浇的是有润滑性的物质,这可能就是最早的"润滑剂"。

另外,我国《诗经》中曾有"载脂载䩄",䩄是指车轴两端的金属端头。由此可见,古人类就已知道使用润滑剂了,但是,两千年来,还没有对润滑现象做过科学的解释。

直到1883年,英国人B. 托尔(B. Tower, 1845—1904年)在英国《机械学会》杂志上发表了轴承的实验报告。托尔对机车车辆轴承的动态研究中偶尔发现,当轴承有效地运转时,润滑油会从轴承上开出的小孔中冒出。也就是说,油

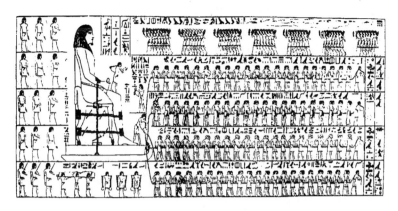

图1-5 古埃及从采石场拖动石像的壁画

膜具有很高的流体动压力,这一试验对摩擦和润滑的流体力学理论具有划时代的意义。

英国著名水利学家 O. 雷诺(O. Reynolds,1842—1912 年)研究分析了托尔实验,在此基础上于 1888 年在英国皇家学会论文集上发表了《润滑理论及其在 B. 托尔实验中的应用》(Theory of Lubrication and Its Application to Mr. Beauchamp Tower's Experiments)一文。论文结合轴承润滑问题解释了托尔的实验,提出了流体动压润滑理论,并推导了轴承内油膜压力分布。雷诺指出,在理想流体动力润滑条件下,轴与轴承之间的油膜能够支撑轴承载荷,其原因是:当时润滑油进入逐渐缩小的间隙时,其流速很大,油是黏性液体,具有黏滞阻力。所以,在油楔内会产生液体压力,在合适条件下,该压力足以将轴与轴承隔开。雷诺为流体润滑理论的建立奠定了基础,开创了润滑理论研究的先河。

虽然,金属成形是最早被人们认识的一门工艺,但是润滑技术仍然发展缓慢,其主要原因是人们对润滑剂的组成、特性、制取和使用不甚了解,某些品质优良的天然润滑油直至近代才被发现,而至今仍有许多问题认识不够。与运转机械不同,金属成形中对润滑剂的要求苛刻,涂抹(喷射)润滑剂的装置不完备,所以难以找寻合适的润滑剂。由于材料科学迅速发展,耐高温、高压、防腐蚀等新型材料的出现,同时,金属材料生产趋向大型、高速、连续和自动化方向发展,使得材料成形过程中的变形热很大,对工具(模具)的要求更严格。随着金属材料生产节能降耗、环境保护要求的提高,人们已经认识到工艺润滑是材料成形中不可缺少的重要技术环节。

1.4.1 锻造润滑

早在战国时期以前,我国人民就已经使用铁器制作简单的农具和兵器与大自然作斗争,进而也最早将金、银、铜和铁等金属锤击成板材,并制作成家用器皿和装饰品,或许已经无意识地使用过润滑剂。例如,为了金属板减薄或者为了获得光亮的金银饰品,将金属板放入野兽皮中锤击。

许多世纪以来,锻造一直是最常用的金属成形方法。我国用铁制作兵器、铠甲,罗马人用模板制作铸币,德国人采用闭口式铸模制造出较为精美的铸币,将金、银等贵重金属锻打和打制成装饰用的丝状。

然而,在很长一段历史时期后,人们才开始在热锻中有目的地采用润滑剂,如用钢制作来福枪零件。从18世纪才开始用带槽的模子进行锻造,采用锯屑重油以及油与金属砂粒混合物作润滑剂。当然,与今日所用的润滑剂有很大区别。

油或锯屑也可以起到润滑作用,因为高温锻造时,金属与模具长时间接触,使模具温度升高,它们燃烧生成气体将金属与模具隔开,防止直接接触,从而达到润滑目的,同时也易于脱模。

二硫化钼、石墨等固体润滑剂是高温锻造最常用的润滑剂。近来,玻璃润滑剂也得到广泛应用,如钛合金、不锈钢等金属的锻造就常用此润滑。

1.4.2 轧制润滑

轧制工艺始于15世纪,开始是冷轧变形抗力很小的金属,如金和铅,16世纪开始轧制窄带,用来制作货币。1728年,法国首先使用带孔型的轧辊。1862年,连轧机开始出现在英国的曼彻斯特。18世纪中期,开始热轧较宽的钢板,而薄板热轧未采用润滑油。1892年,建成第一套宽带钢连轧机组。此时,用水冷却轧辊,还没有采用工艺润滑。

18世纪开始冷轧较宽的铅板和其他有色金属,同时轧制的厚度范围也扩大了。然而,直到19世纪才开始使用混合润滑油涂抹轧辊进行润滑。润滑油通常是以矿物油(1860年以后才大量获得)和动、植物油为基础油。随着20世纪冷轧铝板取得显著效果,第一次出现了轧制工艺润滑的概念,对矿物油也提出了更高的要求。为提高润滑效果,往油中添加活性物质。

18世纪开始轧制生产镀锡钢板。由于镀锡板需求增加,促进了宽带冷轧机发展。但是,由于矿物油等润滑问题尚未解决,使生产受到限制,直到1930年,开始使用棕榈油作为润滑剂且获得优良效果,至今棕榈油仍被公认为是高质量的冷轧润滑剂。由于轧制速度不断提高,轧辊温升增加,迫切要求解决轧辊的冷却问题,因此,出现了兼有润滑和冷却功能的乳化液润滑来代替纯油润滑。

热轧工艺润滑始于20世纪30年代。1935年苏联最早在型钢轧机上用动物油(牛油、猪油)润滑轧辊。1968年美国国家钢铁公司大湖(Great Lake)分厂在热带轧机上采用工艺润滑。后来许多国家在板带、型材轧机上获得成功。我国于1979年在1700炉卷轧机上进行了热轧工艺润滑试验且取得了良好的润滑效果。

1.4.3 拉拔润滑

13世纪,由金属丝拉拔行会组织编写的《拉拔指南》中谈到:"当你拉拔金、银丝时,必须把蜡涂在其表面,以便顺利通过模孔,还能使丝材表面呈现光亮的色泽"。1650年,人们偶然发现金属表面处理的应用价值后,拉拔工艺才有了新的发展。当钢条遇水后表面有一层薄膜,再继续拉拔时发现已变得很容易加工了。这说明钢条浸入水中被氧化,且表面生成一层氧化膜,在拉拔过程中起到润滑作用。这种偶尔发现的氧化工艺,大概沿用了近150年,后来又发现稀释的酸啤酒和水也有润滑作用,这种工艺也用了近50年。

18世纪在拉拔铁丝时,人们已经知道用棉布对铁丝涂抹肥皂进行润滑的方法。当时德国已采用猪油、植物油作拉拔钢丝用的润滑剂,而美国习惯用肥皂进行拉拔。自从1923年用碳化钨代替钢制模具、1934年使用磷酸盐涂层技术以来,拉拔工艺产生了新的变化。目前,在拉拔、挤压与深冲等加工中,采用草酸盐、磷酸盐膜进行表面处理,具有润滑效果好和防止表面氧化、生锈的优点,已得到广泛应用。

1.4.4 挤压与其他成形工艺润滑

挤压、深冲和镦粗等冷成形时所用润滑剂,一般都是借鉴拉拔润滑工艺而选用。最先挤压的金属是锡。1797年开始挤压管材,1894年才挤压铜及其他合金。与其他加工方法相比,挤压时的润滑更为重要。实践表明,用纯油与石墨混合润滑效果要好。然而,挤压铝及合金时,不用润滑可获得表面质量较好的制品。

对于高熔点的钢、钛和铜等合金挤压时,与高温锻造一样,也存在冷却工具的问题,于是,给挤压带来一定困难,一般用传热性差的玻璃作润滑剂,以防止热传导而进行流体动力学润滑。

温、热静水挤压,是通过液体为介质来传递压力。温度在300℃以下,常用矿物油、植物油与合成油中添加极压添加剂作润滑剂。室温时,使用固体和黄油物质,注入挤压筒内进行润滑。

第二次世界大战期间,发现了两种最有效的润滑剂,那就是磷酸盐和玻璃。德国人采用磷酸盐处理,来冷挤压和冷拉拔钢材。同时,他们也成功地用玻璃润滑热挤压钢材。这两种润滑剂的发现,对金属成形工艺的发展起到了很大的作用。

1.5 材料成形摩擦学研究与应用

1.5.1 研究的目的与意义

随着社会经济的发展,材料与能源消耗迅速增加,同时也进一步导致地球环境的恶化。节能与环保是当今世界上急需解决的课题。摩擦与磨损是引起能源损失,造成材料损耗或者破坏的主要因素之一。据专家估计,人类开发的全部能源有30%~50%最终消耗在摩擦过程中。

1964年12月12日于英国,以H. P. 乔斯特(H. P. Jost)为主席,由包括其他14位润滑工程专家组成的委员会磋商英国润滑教育与研究状况,并就摩擦学在工业等方面的需要提出意见。意见于1965年11月23日提交,并于1967年2月发表了《乔斯特报告》。这也标志着摩擦学这一新学科的诞生。

《乔斯特报告》估计,应用当年现有的摩擦学知识,在英国通过摩擦学实践,减少不必要的摩擦、磨损,减少有关设备故障和能源消耗等,一年可节约5.15英镑左右,相当于当年英国国民生产总值的1.1%左右。同样,美国能源部确认,摩擦、磨损导致的能源损失使美国经济每年损失达160亿美元,占美国能源总消耗的11%或国民生产总产值的1.1%。

1986年中国机械工程学会在一份调查报告中指出,通过摩擦学研究和实践节约的消耗费用为我国国民生产总产值的1.8%,而所投入的研究和开发费用却很低,即煤炭工业为1:40、冶金工业为1:76。另外报告认为,全部节约的20%利用现有的知识即可获得,也就是说不需要任何投资。2006年调研数据显示,我国因摩擦、磨损造成的损失约9500亿元,进一步测算,2006年我国工业领域应用摩擦学知识的节约潜力为3270亿元,占当年国内生产总值GDP的1.55%。

材料成形过程中的摩擦、磨损与润滑问题是摩擦学的一个重要组成部分,也是材料加工成形理论和实践的基本研究课题。通过学习与应用摩擦学知识,可以在成形过程中有效地降低摩擦、控制磨损和改进工艺润滑,进而确保成形过程稳定进行,并且达到优化生产工艺和提高产品质量的目。由此促进材料生产的节能与环保,符合当前企业清洁生产要求。这主要体现在以下几个方面。

1)降低金属成形过程力能消耗

据统计,金属轧制能耗钢铁约为1750×10^6 J/t、铜约为1450×10^6 J/t、铝约为1250×10^6 J/t。而钢铁轧制采用工艺润滑后,吨钢能耗可降低5%~10%。2020年中国钢材产量13.2亿t,铜加工材产量2045万t,铝加工材5779万t,可节能效果非常可观。

2)提高生产效率

采用合理的工模具设计和工艺润滑后,其使用寿命提高10%~20%,生产中更换工模具的次数减少,直接提高了生产作业率。另外,由于减少了摩擦、磨损以及加强了润滑冷却,可以大幅提高材料成形速度。

3)改进成形制品质量、减少金属损失

工艺润滑可以减少热加工过程中氧化铁皮的生成,进而降低金属损耗15%~20%,相当于节约金属消耗1kg/t。重要的是工模具的磨损降低,减少了材料变形不均匀现象,保证了成形制品的尺寸精度和表面质量,表面缺陷率可降低30%~50%,提高成材率0.5%~1.0%。

4)节约用水、减少酸液的使用

采用工艺润滑后,热加工过程中氧化铁皮的减少使得循环冷却水的利用率进一步提高,同时使高压水除鳞用水减少。而冷加工时由于能够有效地减少变形区的摩擦,使得工模具表面温升减少,冷却水用量也随之减少。

由于热加工时金属氧化皮的减少,酸洗速度提高10%~40%,使得酸洗过程中酸液消耗降低10%~20%,按酸洗机组每吨钢酸耗3~5kg计算,可降低酸耗0.3~1.0kg/t,同时还可以降低酸洗对空气的污染。

当然,材料成形工艺润滑剂的使用也可能给环境带来一些负面影响,如润滑剂中添加的化学物质可能对冷却水、空气、工作环境及人身健康产生不利影响,如润滑剂的燃烧物或挥发物对空气污染、乳化液的使用和废液排放、轧制食品与药品包装用铝箔、深冲饮料罐时成形工艺润滑剂可能引起对金属制品的污染等。

随着科学技术的发展以及人们环保意识的加强,在工艺润滑剂的研发与生产中已经开始注意轧制润滑剂的使用与环境保护的问题,如限制使用有毒化学添加剂、选用可生物降解的油品、乳化液破乳技术与达标排放、油烟气回收等。20世纪末,欧美国家已开始出现环保型绿色润滑剂。

另外,通过规范润滑剂的使用规程,建立相关润滑剂产品标准同样可以解决上述存在的问题。例如,美国食品与药品管理局就专门规定了用于轧制食品与药品包装用铝箔轧制油中芳烃含量限制 USA FDA – 21CFR178.3620(B)(C)。

1.5.2 面临的任务与挑战

50多年来,尽管摩擦学发展迅速,但毕竟是一门新兴学科,随着人们对开展摩擦学研究重要性认识的提高,摩擦学面临着越来越多的重要任务,当务之急有以下几点:

(1) 摩擦学知识的深入普及;
(2) 摩擦学原理在各领域的推广和应用;
(3) 把摩擦学研究与应用工作和节约能源、保护环境结合起来。

在解决材料成形领域面临的摩擦学问题时,必须将摩擦学知识和原理与实际的材料成形工艺过程相结合,目前需要解决的与摩擦、磨损和润滑相关的问题有以下几个:

(1) 识别材料摩擦变形和损坏的原因,建立磨损过程的适当模型及摩擦、磨损大数据;
(2) 磨损寿命大大改进的摩擦材料;
(3) 摩擦与润滑对材料成形组织性能与表面质量的影响;
(4) 减少摩擦、磨损的表面处理与表面改性技术;
(5) 高速成形摩擦机理研究;
(6) 润滑的多功能化;
(7) 新型水基(环保)润滑剂的开发;
(8) 润滑剂对环境的影响与评价;

（9）石墨、石墨烯等新型纳米材料在润滑领域的应用；

（10）改进摩擦、磨损和润滑的监控系统，特别是包括计算机监控系统、早期预报系统和在线监控。

思 考 题

1-1 结合自己专业探讨摩擦学知识在本专业的应用前景。

1-2 开展摩擦学研究与应用工作对环境可能起的作用是什么？

1-3 举例说明材料成形专业存在的摩擦学问题。

1-4 石墨烯、富勒烯等新型纳米材料的基本润滑原理与应用前景。

1-5 如何理解工艺润滑剂的多功能化，列举几项基本功能和希望的特殊功能。

第 2 章　表面性质与表面接触

摩擦的起因是由于两相互接触表面的相对运动,因此表面性质和表面接触状况必然会影响到接触表面间的摩擦。从基本的摩擦学说可知,无论接触表面是光滑的还是粗糙的,摩擦总是存在的,而其大小与接触表面状况有关。就材料成形过程而言,工件表面一般比工模具表面粗糙,接触时工件发生塑性变形,同时两表面间还存在润滑剂,这样导致成形过程中的摩擦、磨损和润滑问题与表面性质和接触表面状况密切相关。

2.1　金属表面形貌

2.1.1　表面形貌

任何表面都不可能是绝对光滑的,即使在宏观看来似乎很光滑,但是在显微镜下观察仍然是非常粗糙的。从微观上看,金属表面是由连续凹凸不平的峰和谷组成。图 2-1 所示为金属三维表面形貌。很明显,金属表面凹凸不平,而且表面纹理还具有方向性。从图 2-1 侧面可以看到沿 x 和 y 方向剖面轮廓图。

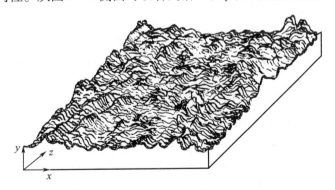

图 2-1　金属表面显微形貌

金属的表面形貌是指其几何形状的详细图形,尤其是着重研究表面微凸体(Asperity)高度的变化。按照凹凸不平的几何特征和形成原因,实际的金属表面形貌由形状偏差、波纹偏差和表面粗糙度组成,如图 2-2 所示。

(1) 表面形状偏差。表面形状偏差是实际表面形状与理想表面形状的宏观偏差。平面的形状公差由直线度和平面度确定。国家标准《形状和位置公差》（GB/T 1182—1996）规定了形状和位置公差。

（2）波纹偏差。波纹偏差又称为波纹度，是被加工金属表面周期性出现的几何形状误差，通常用波距与波高表示。

（3）表面粗糙度。表面粗糙度又称为微观表面粗糙度，是指表面微观几何形状误差。国家标准《产品几何技术规范表面结构轮廓法表面结构的术语、定义及参数》（GB/T 3505—2000）规定了表面粗糙度的代号、符号及其标注方法。

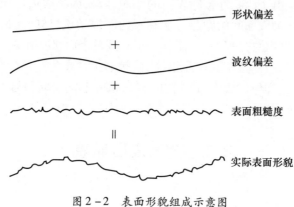

图 2-2 表面形貌组成示意图

2.1.2 表面粗糙度

决定表面摩擦学特征的主要是表面粗糙度与粗糙度纹理方向。表面粗糙度的实质就是表面微凸体的高度与分布。有时表面形貌又称表面粗糙度或表面光洁度（Surface Finish）。

由于微凸体在表面上分布的不规则性，因此表面粗糙度的测量方法也不同，一般用在给定长度上微凸体的数目和波高来表征表面粗糙度，其中有关主要参数代表的物理意义如下：

Rz——十点平均高度（Ten Point Height of Irregularities）；

Ra——中线平均值（Mean Height of Profile Irregularities）；

Rs——均方根值（Root Mean Square Deviation of the Profiles）；

Ry——轮廓最大高度（Maximum Height of the Profiles）；

Rp——轮廓最大峰值（Maximum Height of Profile Peak）；

Rv——轮廓最大谷深（Maximum Depth of Profile Valley）；

Sm——轮廓不平度间距（Mean Spacing of the Profile Irregularities）；

S——轮廓凸峰间距（Mean Spacing of Local Peaks of the Profiles）。

（1）Rz 十点平均高度。Rz 指在给定长度内的 5 个最大轮廓峰高和 5 个最大轮廓谷深的平均值之和，即

$$Rz = \frac{\sum_{i=1}^{5}|y_{p_i}| + \sum_{i=1}^{5}|y_{v_i}|}{5} \qquad (2-1)$$

（2）Ra 中线平均值。用一条中线将轮廓分成上下相等的两部分，见图 2-3，Ra 是中线对表面轮廓的算术平均值，其计算公式为

$$Ra = \frac{1}{n}\sum_{i=1}^{n}|y_i| \qquad (2-2)$$

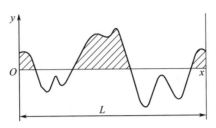

图 2-3 表面微凸体分布特征

若轮廓线可以用曲线 $f(x)$ 表示，则有

$$Ra = \frac{1}{L}\int_0^L |f(x)|\,\mathrm{d}x \qquad (2-3)$$

式中：y_i 为中线为起点的微凸体高度；n 为测量长度内微凸体数目；L 为测量长度。

（3）Rs 均方根值（σ）。同样是一条中线将轮廓分成上下相等的两部分，Rs 是中线对表面轮廓的均方根值，即

$$Rs = \left[\frac{1}{n}\sum_{i=1}^{n}(y_i)^2\right]^{\frac{1}{2}} \qquad (2-4)$$

或写为

$$Rs = \left[\frac{1}{L}\int_0^L f^2(x)\,\mathrm{d}x\right]^{\frac{1}{2}} \qquad (2-5)$$

其实，表面粗糙度分布具有统计学特征，式（2-2）可以进一步写为

$$Ra = \frac{1}{n}\sum_{i=1}^{n}|y_i| = \frac{|y_1 K_1| + |y_2 K_2| + \cdots + |y_n K_n|}{K_1 + K_2 + \cdots + K_n}$$
$$= \sum_{i=1}^{n}|y_i p_i| = \int_{-\infty}^{+\infty}|y|\varphi(y)\,\mathrm{d}y \qquad (2-6)$$

式中：K_i 为各高度区间相同高度的数目；y_i 为各高度区间高度值；p_i 为各高度区间出现的概率；$\varphi(y)$ 为轮廓高度分布的概率密度。

同样，式（2-4）可以写为

$$\sigma = \left[\frac{1}{n}\sum_{i=1}^{n}(y_i)^2\right]^{\frac{1}{2}} = \left[\sum_{i=1}^{n}y_i p_i\right]^{\frac{1}{2}} = \int_{-\infty}^{+\infty}y^2\varphi(y)\,\mathrm{d}y \qquad (2-7)$$

若表面粗糙度服从正态分布,则有

$$\varphi(y) = \frac{1}{\sigma\sqrt{2\pi}}e^{-\frac{y^2}{2\sigma^2}} \tag{2-8}$$

根据正态分布,可以进一步导出

$$Rs = 1.25Ra \tag{2-9}$$

$$Rz = 4.5Ra^{0.971} \tag{2-10}$$

上述方法也只能表示表面轮廓线在垂直方向上各微凸体的高度偏差,其中,Rz方法简单实用、测量方便,Ra较为全面、准确,而Rs便于计算分析。但是上述方法都不能说明微凸体的形状、大小及分布情况等特征,也不能表明轮廓线波浪的疏密程度以及是否有一定的规律性等问题。表2-1列举了一些常见金属的机械加工及塑性加工所能达到的表面粗糙度。

表2-1 机械加工及塑性加工所能达到的表面粗糙度

机械加工	表面粗糙度/μm	塑性加工	表面粗糙度/μm
车外圆(精)	0.1~1.6	热轧	>6.0
车端面(精)	0.4~1.6	模锻	>1.6
磨平面	0.02~0.4	挤压	>0.4
研磨	0.01~0.2	冷轧	>0.2
抛光	0.01~1.6	拉拔	<0.1

2.1.3 表面粗糙度的测量

表面粗糙度的测量通常用显微镜和表面轮廓仪。表面轮廓仪不仅可以测量多个表面粗糙度参数,而且还能够绘制表面轮廓的曲线。最新的激光共聚焦显微镜还能够获得金属表面三维形貌。表2-2所列为常用的表面粗糙度测量仪器及测量范围。

表2-2 常用的表面粗糙度测量仪器及测量范围

测量仪器	分辨率/μm	
	横向	纵向
干涉显微镜	0.25	0.025
反射电子显微镜	0.005	0.005
表面轮廓仪	1.35~1.5	0.005~0.25
激光共聚焦显微镜	0.12	0.01

图2-4所示为使用表面轮廓仪测量的不锈钢板表面轮廓图形,表2-3所列为该表面粗糙度各参数测量结果。图2-5所示为使用激光共聚焦显微镜测量的热轧板带钢表面三维形貌。

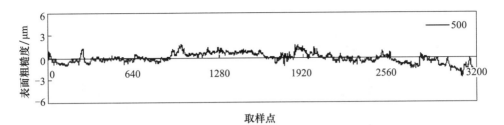

图 2-4　使用表面轮廓仪测量的不锈钢板表面轮廓图形

表 2-3　不锈钢板表面粗糙度参数　　　　　　　　单位：μm

Rz	Ra	Rs	Ry	Rp	Rv	Sm	S
1.2212	0.3252	0.4068	1.9965	1.6740	0.9767	48.0297	8.2949

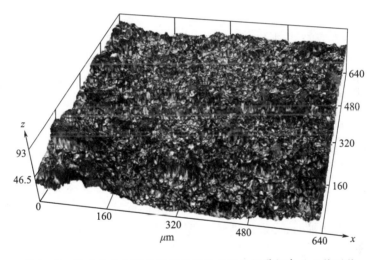

图 2-5　使用激光共聚焦显微镜测量的热轧板带钢表面三维形貌

2.2　表面吸附与表面氧化

2.2.1　金属表面性质

金属及其合金都是由原子或分子组成的，金属的性能不但取决于其组成的原子本性和原子结合键的类型，还取决于原子的排列方式。

固态金属的规则排列的原子称为晶体结构，其基本排列形式有体心立方晶格、面心立方晶格和密排六方晶格等 3 种，如表 2-4 所列。体心立方晶格的金属有 α-Fe、Cr、Mo、W、V 等。面心立方晶格的金属有 γ-Fe、Cu、Al、Ni、Pb 等。密排六方晶格的金属有 Mg、Zn、Cd、Be 等。

表2-4 金属晶体结构与滑移系

晶格	体心立方晶格	面心立方晶格	密排六方晶格
滑移面	$\{110\}\times 6$	$\{111\}\times 4$	$\{1000\}\times 1$
滑移方向	$\{111\}\times 2$	$\{110\}\times 3$	$\{1120\}\times 3$
滑移系	$6\times 2=12$	$4\times 3=12$	$1\times 3=3$
金属	$\alpha-Fe$、Cr、W、V、Mo	Al、Cu、Ag、Ni、$\gamma-Fe$	Mg、Zn、Cd、$\alpha-Ti$

(1)晶格缺陷。实际上,金属的晶体结构并非理论上的单晶体按照一定的规律整齐地排列,晶体结构中存在着许多不同类型的缺陷,影响金属的表面性质。

晶体缺陷主要有点缺陷、线缺陷和面缺陷。在晶体中原子脱离原平衡位置而进入晶格间隙中,致使其原来的位置空着成为空位。跑出的原子挤入晶格间隙,破坏了原子的有序排列,形成多余的间隙原子。其中以杂质原子比较常见,杂质原子也可以取代金属原子而占据晶体结点位置,成为替换原子。空位、间隙原子和替换原子都会影响晶体的点阵结构,导致畸变发生,产生点缺陷。

线缺陷就是指晶体中的位错。位错破坏了原子的有序排列,位错运动可以使晶体产生弹性畸变和塑性变形。位错的产生使金属表面生成微孔隙,当孔隙凝聚就产生相平行的裂纹,当裂纹生长到极限长度时,材料表面可能出现剥落。当位错密度随变形程度增加时,许多位错相互作用导致材料加工硬化。

(2)晶体结构变化。晶体结构的变化也可以改变金属表面摩擦学特性。例如,元素钴在加热时晶体结构从常温的密排六方晶格转变为面心立方晶格,摩擦系数也相应增大。另外,在外力的作用下,表层反复变形,温度也发生改变,变形区的晶体结构与材料结构在不断变化,导致相互作用的表面性质发生改变。

2.2.2 表面吸附

由于固体表面具有较大的表面张力,因此在成形过程中形成的晶格歪扭、缺陷和加工硬化使表面原子处于不稳定或不饱和状态。另外,材料成形过程中产生大量新表面,新表面上的原子由于失去平衡而使其能量高于材料本体,较高的能量使表面具有较高的活性,力图获得更多的原子,也即容易发生物理和化学吸附。

根据吸附膜的性质不同,可分为物理吸附和化学吸附。物理吸附是发生在气体与固体表面接触时由于分子间的作用力(范德华力)而产生的吸附,其特征是不改变吸附层的分子结构或电子分布,所以吸附能力较弱。当温度升高时易发生解吸。化学吸附是指接触面上分子间产生了电子交换或电子对偏移,电子的分布发生改变而形成化学结合力,但结合能比物理吸附要高,在较高温度才会发生解吸。

金属表面对不同气体的化学吸附有一定的选择性。一些金属对某种气体可产生化学吸附,而对另一种气体不产生化学吸附,这一点在摩擦副的选配与不同介质中工作时应该注意。例如,表2-5中Fe几乎对所有气体都能发生化学吸附,而Zn、Sn和Pb等对氧有化学吸附,对氧不起化学吸附的金属只有Au。

表2-5 化学吸附的选择性

金属	气体					
	O_2	N_2	H_2	CO	C_2H_4	C_2H_2
W、Ta、Mo、Ti、Zr、Fe、Ca、Ba	+	+	+	+	+	+
Ni、Pt、Rn、Pd	+	-	+	+	+	+
Cu、Al	+	-	-	+	+	+
Zn、Cd、Sn、Pb、Ag	+	-	-	-	-	-
Au	-	-	-	+	+	+

注:"+"表示发生化学吸附;"-"表示不发生化学吸附。

2.2.3 表面氧化

金属表面氧化属化学吸附范畴,从表2-5可以看出,除Au外,氧对所有金属都能形成化学吸附,因此,在金属成形过程中新生表面一旦裸露,很快就与大气中的氧发生化学吸附,即化学反应。随着氧化膜厚度的增加,氧化速度取决于氧向金属表面内层的扩散速度。一般认为,由于氧化物与金属本体的晶格常数不同,将妨碍氧继续向金属内部扩散。

氧化膜的出现是金属表面吸附了氧原子、水分子和二氧化碳后发生的化学反应的结果,尤其是当氧的浓度与金属表面的温度较高时,很容易在金属表面产生氧化物而形成氧化膜。因此,摩擦可以使金属表面的氧化明显加剧。图2-6所示为钢表面在不同条件下氧化膜生成厚度与时间的关系曲线。很明显,塑性变形时生成氧化膜厚度比未变形表面低温氧化膜厚度增加约200倍。

因为氧化膜阻止了金属表面直接与外界接触,金属氧化膜的存在能防止金属的进一步氧化。例如,铁因外界温度不同可形成3种稳定的氧化物,即FeO、Fe_3O_4和Fe_2O_3,见图2-7。当温度低于570℃时,FeO是不稳定的,将转变成Fe_3O_4,这时氧化物主要有两层,即外层的Fe_2O_3和内层的Fe_3O_4;温度高于570℃时,由外向内出现Fe_2O_3、Fe_3O_4和FeO三层氧化物。Fe_3O_4较坚硬,成形过程中将起磨粒作用,

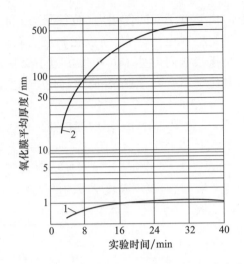

图 2-6 钢表面氧化膜生成厚度与时间的关系曲线
1—未变形表面上低温氧化膜；2—塑性变形表面上氧化膜。

使摩擦和磨损加剧,但在高温时 FeO 具有减摩、润滑作用。当氧化膜较薄时其强度较高,能够防止接触表面的黏结,但是随着氧化膜的厚度增加,使其强度降低,在摩擦、磨损过程中易于脱落形成磨粒,这将增加摩擦和加剧磨损。

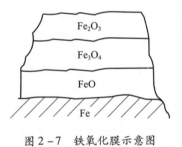

图 2-7 铁氧化膜示意图

2.3 表面张力与接触角

2.3.1 表面张力

液体表面的分子受到指向液体内部拉力的作用,如果把液体内分子由内部移向表面就必须克服这种拉力做功。这样,位于液体表面的分子比液体内分子具有较大的势能。把液体表面全部分子具有的势能总和称为表面能。表面能是内能的一种形式,液面分子在指向液内引力作用下,有从表面进入内部的趋势,因而液体将尽可能地缩小表面面积。使液面自动收缩的能力称为表面张力。表 2-6 列出了几种液体的表面张力。

表2-6 几种液体的表面张力(20℃)

液体	表面张力/(10^{-3}N/m)	液体	表面张力/(10^{-3}N/m)
水	72.88	正乙烷	18.43
乙醇	22.50	正庚烷	20.14
丙酮	23.32	正辛烷	21.62
乙醚	17.10	丙酸	26.69
苯	28.88	丁酸	26.51
甲苯	28.52	辛酸	27.53
氯仿	27.13	油酸	32.50
四氯化碳	26.66	棉籽油	35.40
液体石蜡	33.10	蓖麻油	39.00

2.3.2 接触角

当液滴与固体表面接触时,液体能够取代原来覆盖在固体表面的气体而铺展开,这种现象称为润湿(Wetting)。当固体、液体、气体三者界面的自由能平衡时(图2-8),有

$$\sigma_{s.1} + \sigma_{l.g}\cos\theta = \sigma_{s.g} \tag{2-11}$$

$$\theta = \arccos\left(\frac{\sigma_{s.g} - \sigma_{s.1}}{\sigma_{l.g}}\right) \tag{2-12}$$

式中:$\sigma_{s.g}$为固体的表面张力;$\sigma_{s.1}$为固-液界面的界面张力;$\sigma_{l.g}$为液体的表面张力;θ为接触角。

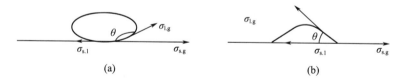

图2-8 固-液表面接触角示意图
(a) $\theta \geqslant 90°$;(b) $\theta < 90°$。

当$\theta < 90°$时,固体表面能够被液体润湿;当$\theta \geqslant 90°$时固体表面不能够被润湿。为此,可用接触角θ表示液体对固体表面的润湿程度,故接触角又称为润湿角。根据式(2-12)可知,液体的表面张力越小,接触角θ就越小,液体就越容易润湿固体表面。同样,固体表面张力也高,也就容易被液体表面润湿。一般认为,液体的表面张力小于固体的表面张力即可润湿固体表面。图2-9中轧制液在冷轧钢板表面接触角为33.4°,因此能够润湿钢板表面。

图 2-9 轧制液在钢板表面的接触角

2.4 表面特征与接触面积

2.4.1 表面特征

宏观地研究接触表面并不能充分解释许多摩擦、磨损现象,只有从界面的微观角度才能深刻地分析与认识这些现象,主要因为以下几点。

(1) 表面粗糙度。工模具和工件的表面是由许多微小的峰和谷组成的,其范围、大小、间距及方向性对摩擦磨损、润滑油膜的形成、储存润滑剂的数量以及维持润滑油膜厚度都有重要影响。

(2) 工模具性质与热处理影响表面状况。工模具材料一般为多相组织,各部分硬度不同,硬的抗磨质点(一般为中间金属化合物)被埋藏在延展性好的基体中。在摩擦、磨损时,坚硬相比基体耐磨,在磨损后表面容易形成凸峰。此外,工模具经热处理提高耐磨性后,有时会因扩散使合金元素在表面聚集或分散,这样也会影响表面的摩擦、磨损状况。

(3) 工件变形与表面状况。由于工件在预先加工过程中的摩擦和变形不均匀,或者加工硬化,可能使工件表面层发生剧烈变形,此时产生的变形与摩擦热也将使工件表层组织发生变化,从而影响工件表面显微形貌。

(4) 接触表面并不能始终保持纯金属表面。由于发生塑性变形,工件表面不断更新,同时接触表面常常覆盖有反应物,如氧化膜、吸附膜、污垢膜、润滑膜等也都会改变表面形貌和特征。

2.4.2 接触面积

工模具与工件表面无论被加工得多么光滑,从微观角度讲都是粗糙的,工件表面尤为不平。因此,当两个物体相接触时,其接触面积不可能是整个外观面积。正如 F.P. 鲍登教授1950年在英国广播公司(BBC)讲话时所比喻的那样,"把两个固体放在一起,就像把瑞士倒过来放在澳大利亚上面,它们的直接接触面积是很少的。"

从三维观点观察,表面仅仅在微凸体顶部发生真正接触,其余存在着0.01mm或更大的间隙,实际的或真正的接触面积只占总面积的极小部分,因此可以把接触面积分为以下几种。

(1) 表观接触面积(Apparent Area of Contact),或名义接触面积(Nominal Area of Contact)。它是指由两物体宏观界面的边界来定义的接触面积,以 A_a 表示,$A_a = a \cdot b$。表观接触面积只与表面几何形状有关。

(2) 轮廓接触面积(Contour Area of Contact)。它是指由物体接触表面上实际接触点所围成的面积,以 A_c 表示,如图2-10中虚线围成的面积之和。

(3) 实际接触面积(Real Area of Contact)。它是指在轮廓面积内各实际接触部分微小面积之和,也是接触副之间直接传递接触压力的各面积之和,又称为真实接触面积,以 A_r 表示,如图2-10中小黑点面积之和。

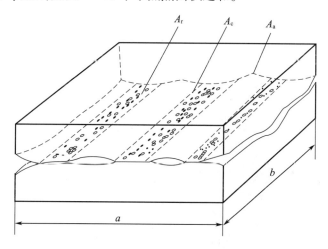

图 2-10 接触面积示意图

由于表面凹凸不平,实际接触面积是很小的,一般只占表观接触面积的 0.01%~1%,但是,当接触表面发生相对运动时,实际接触面积对摩擦和磨损起决定性作用。同轮廓接触面积一样,实际接触面积不仅与表面几何形状有关,而且还与载荷有关。在载荷作用下,互相接触的表面微凸体首先发生弹性变形,此时实际接触面积与接触点的数目、载荷成正比。当载荷继续增加,达到软材料的屈服极限时,微凸体发生塑性变形,实际接触面积迅速扩大,此时有

$$A_r = \frac{F_N}{\sigma_s} \qquad (2-13)$$

式中:F_N为法向载荷;σ_s为软材料的屈服强度。

2.5 表面塑性粗糙化

2.5.1 金属变形与表面粗糙化

金属多晶体由许多位向不同的晶粒组成,变形时存在晶内变形和晶界变形两种形式。晶内变形的主要机制是滑移和孪生,晶界变形的重要方式是晶粒之间的相互滑动和转动。金属塑性变形的主要机制就是滑移,是指晶体在外力作用下,晶体的一部分沿着一定的晶面和晶向相对于晶体的另一部分发生相对移动或切变,其结果在金属表面出现一系列的滑移台阶,这就是在适当的条件下在金属表面上所能观察到的滑移带或滑移线现象,见图 2-11。金属的宏观塑性变形就是许多位错在多个滑移系上同时协调作用的结果。由于交叉滑移、多滑移使位错相互交割,使运动阻力增大,因此,塑性变形的结果,使得在坯料或制品表面产生塑性粗糙化现象。如金属板冲压成形时,若金属晶粒比较大,冲压件表面会呈现凹凸不平,即所谓的"橘皮"现象;又如粗晶粒金属挤压件表面变粗糙,甚至出现微裂纹。

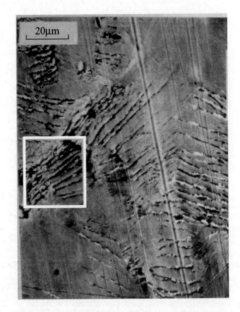

图 2-11 钢变形时位错运动产生滑移带

金属在塑性变形时表面产生粗糙化现象的原因与金属的晶体结构特点密切相关。采用不同晶格类型与不同晶粒度的金属试样进行拉伸实验,给予不同延伸变形,然后测量自由表面上的粗糙度。实验结果表明,它们之间存在以下关系,即

$$R = a\varepsilon d \tag{2-14}$$

如考虑金属变形前的原有粗糙度 R_0,则有

$$R = R_0 + a\varepsilon d \tag{2-15}$$

式中:ε 为变形程度;d 为晶粒直径;a 为比例系数,反映了晶体结构异向性的影响,其中,密排六方时 $a = 0.84 \sim 1.15$,面心立方时 $a = 0.40 \sim 0.50$,体心立方时 $a \approx 0.23$。

由式(2-15)可见,金属的性质、组织状态以及变形程度都会直接影响表面粗糙化的程度,图2-12 中表示了不同热轧钢板拉伸试样的实验结果。很明显,晶粒越粗大、变形程度越大,拉伸变形后试样表面变得越粗糙。同样,在对铝单晶试样进行拉伸时,观测在不同变形程度下由于滑移带与滑移线造成的表面粗糙化现象。

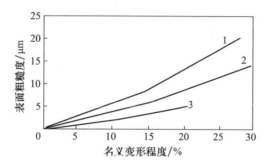

图2-12 拉伸试样表面粗糙度与变形程度的关系
1—晶粒直径 $90\mu m$;2—晶粒直径 $45\mu m$;3—晶粒直径 $30\mu m$。

晶粒大小的影响反映了晶界对粗糙化的影响,这一点可以由两个晶粒组成的试样拉伸后形成"竹节"状,以及具有粗大晶粒组织的 LF_{21} 铝合金板在冲压后表面出现明显的"橘皮"状来得到进一步验证。金属自由表面变形前后表面轮廓的变化示于图2-13 中。

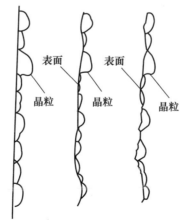

图2-13 变形前后金属自由表面轮廓变化示意图

2.5.2 润滑条件下金属变形表面粗糙化

在金属成形过程中工模具与变形金属接触表面上,当存在连续的足够厚度的润滑油膜时,由于过厚的油膜阻碍了变形金属表面与工模具的直接接触,变形过程中金属表面如同自由表面变形,导致变形后表面产生粗糙化现象。图2-14分别为采用低黏度和高黏度轧制油轧后铝板表面形貌。

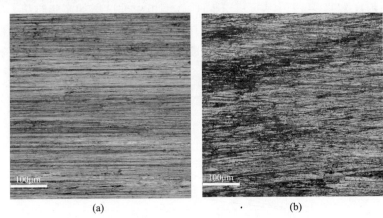

图2-14 采用不同黏度轧制油轧后铝板表面形貌
(a) 低黏度;(b) 高黏度。

正常的轧后表面如图2-14(a)所示,轧后表面除了轧制痕外,表面较为平整,纹理清晰,表面粗糙度为$0.22\mu m$。很明显,采用高黏度轧制油轧后表面发生了粗糙化现象。轧后表面出现了严重的横向沟槽,纹理混乱,正常的表面轧制痕几乎消失,表面粗糙度为$0.51\mu m$,如图2-14(b)所示。产生表面粗糙化的原因就是随着轧制油黏度的增加,变形区油膜厚度增大,导致轧辊表面与铝板表面未发生直接接触,阻碍了光滑的轧辊表面对粗糙铝板表面的压碾作用,铝板表面变形时如同"自由表面",同时高黏度轧制油被压入铝板表面的微裂纹或者晶界处,导致产生新的微凸体,发生粗糙化现象。

另外,在高速润滑轧制金属箔材时,轧后金属表面发暗、无光泽也是发生了表面粗糙化所致。

思 考 题

2-1 若表面粗糙度服从正态分布,试推导均方根值Rq与中线平均值Ra的关系。

2-2 物理吸附与化学吸附有何异同?

2-3 什么是润湿角?润湿角大小受哪些因素影响?

2-4 作为工艺润滑剂,为什么其表面张力越低越好?

2-5 金属成形过程中为什么会发生表面粗糙化现象?

第3章 材料成形摩擦理论

3.1 材料成形过程摩擦的特点和作用

3.1.1 摩擦的特点

摩擦对材料成形的作用也像摩擦对自然界一样重要。无论利弊,始终存在。例如,在金属成形过程中,一方面工件与工模具表面不可能绝对光滑,在两接触面存在外摩擦;另一方面由于工件发生塑性变形,金属质点间产生相对运动,即存在内摩擦。因此,摩擦不可避免始终存在于成形过程中。

材料成形中,接触表面发生相对运动产生阻碍接触表面金属质点流动的摩擦称为外摩擦,其阻力称为摩擦阻力或摩擦力,摩擦力方向与运动方向相反。而工件发生塑性变形时,金属内部质点产生相对运动引起的摩擦称为内摩擦。内摩擦是金属内部质点强迫运动的直接结果。这些分子或原子在相互吸引力和排斥力作用下达到平衡状态,排列紧密;一旦发生塑性变形,这种平衡状态被打破,金属内部质点发生相对运动时产生内摩擦,并表现为内部发热。不过迄今为止,对金属材料的内摩擦研究尚不完全,因此,材料成形中所论述的摩擦是指工模具与工件之间的外摩擦而言。

金属成形过程中的摩擦与一般机械运动的摩擦相比,在接触材料、表面膜等方面有相同之处,所以,研究成形过程中的摩擦同样应遵循一般摩擦理论和规律,但是,两者又有差别,金属成形过程中的摩擦具有以下特点。

(1) 内、外摩擦同时存在。在成形过程中由于金属发生塑性变形,所以内、外摩擦同时存在,相互作用,而机械运动中只有外摩擦存在。内摩擦的表现形式是产生变形热。

(2) 接触压力高。材料成形时,接触面承受较高的接触压力。热变形时接触单位压力为 $50 \sim 500$ MPa,冷变形时可达 $500 \sim 2500$ MPa。而运转机械中,一般重荷轴承所受压力也不过是 $20 \sim 50$ MPa。

(3) 影响摩擦的因素众多。接触摩擦应力是变形区内金属所处应力状态,变形几何参数以及外界成形工艺条件,如温度、速度、变形程度及变形方式等的函数。例如,圆柱体压缩时,越靠近接触面中心,接触摩擦应力越大;变形程度越大,其摩擦应力也就越大。而热轧板带钢的摩擦系数比冷轧的摩擦系数要大。

(4)接触表面状况与性质不断变化。运转机械零件之间的接触属弹性变化范围。整体零件不会发生塑性变形,仅仅是因磨损而产生少量新表面。而金属成形过程中工件发生塑性变形,内部质点转移至表面,接触表面不断扩大和更新。此外,表面氧化膜破坏后,金属新表面裸露,都将引起接触表面状况与组织和性能的改变。例如,在高温时,钢加热到950~1160℃、铝350~650℃时,工件表面氧化,且表面各层氧化物组成与性质都不相同,都会使接触摩擦应力改变。通常,高温氧化物能减少摩擦,起润滑作用,而室温氧化物性质较坚硬而脆,在加工时氧化膜破碎后起磨粒磨削作用。冷变形时,因加工硬化,引起金属组织与性能变化,也会影响接触副摩擦状况的改变。

3.1.2 摩擦的影响

摩擦始终存在于成形过程中。摩擦对金属成形的作用,就像万有引力对自然界的作用一样,有时需要它,有时又尽量避免它。摩擦对材料成形过程不利影响主要有以下五点。

(1)改变物体应力状态,致使金属变形抗力和能耗增加。由于摩擦存在,使轧制变形区内物体处于三向应力状态,且多为三向压应力状态,根据 Tresca 屈服准则,有以下公式。

无摩擦时,即单向应力状态,有

$$\sigma_1 = \sigma_s \tag{3-1}$$

有摩擦时,即三向应力状态,有

$$\sigma_1 = \beta\sigma_s + \sigma_3 \tag{3-2}$$

式中:σ_1 为主应力(变形力);σ_3 为由于摩擦引起的附加应力;β 为系数,$\beta = 1 \sim 1.155$。

比较式(3-1)和式(3-2)可知,由于摩擦使物体由单向应力状态转变为三向应力状态。此时,所需的变形力 σ_1 大大超过了单向应力状态时的变形力;若接触面间摩擦系数越大,摩擦力 σ_3 越大,即静水压力越大,则所需的变形力随之增大,从而所消耗的变形功(能量消耗)增加。

(2)引起工件变形与应力分布不均匀。圆柱体压缩变形时,因接触表面摩擦影响,使圆柱体产生不均匀变形。接触面处摩擦越大,金属质点难以流动,常常出现金属质点侧面翻平现象,接触面积越大,侧翻越严重,而远离接触面处,因受摩擦影响较小,质点流速度较快,最后工件变为鼓形,见图3-1。此外,由于外摩擦,使接触表面上单位压力分布不均匀,工件由边缘至中心压力逐渐升高,且在接触面中部三向压应力最强。

(3)加速工模具磨损,降低使用寿命。工模具磨损,一方面是接触面发生相对滑动或者黏附引起的;另一方面是因接触表面间产生摩擦热,增加工具磨损。此外,因摩擦使工件变形不均匀与变形力增加也会加速工具磨损。

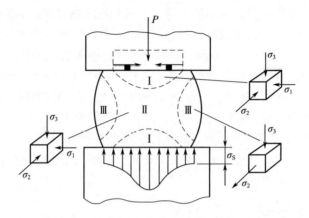

图 3-1　平塑压圆柱体时摩擦对变形及应力分布的影响

（4）恶化制品质量,增加金属消耗。工模具的磨损不仅直接影响制品表面质量,而且对制品的尺寸精度和组织性能产生不利影响,如不均匀变形导致的局部开裂、组织性能不均匀等。

（5）降低作业率,增加生产成本。工模具使用寿命的减少和因磨损导致的制品质量下降直接影响生产成本,不仅如此,工模具的频繁更换还导致生产作业率的下降。

3.1.3　摩擦的作用

虽然摩擦对成形过程有许多不利影响,但是许多成形过程又与摩擦密切相关,也是保证加工过程顺利实现的条件之一。以轧制过程为例,轧件之所以能曳入辊缝内轧制,产生塑性变形,就是由于后滑区摩擦力作用的结果;否则轧制无法实现自然咬入。现场生产中,为了提高产量而加大道次压下量,常常采用在辊面刻痕、点焊或者轧辊预热、暂停润滑等方法以增加摩擦,进行强化轧制。

在冲压过程中利用冲头与板料间的摩擦强化冲压工艺,减少由于起皱和撕裂等造成的废品,还可以通过压边力调整压边区的摩擦,控制成形时金属的流动。

在挤压时,利用挤压筒壁与铸锭表面的摩擦过大,在挤压筒前端形成"死区",使铸锭表面脏物等聚集于此,随后易于清除,同时改善了产品表面质量。

此外,铝材的连续挤压(Conform)正是利用坯料与模具的摩擦产生的热量来促进金属流动的,如图 3-2 所示。在挤压轮与坯杆的摩擦力作用下,坯料咬入轮槽。在模孔附近生产的挤压力可以达到 $1000N/mm^2$,温度达到 $400\sim500℃$,这样使金属从模孔流出。

摩擦焊又称为搅拌摩擦焊。它是利用带有特殊形状的搅拌针旋转着插入被焊接头,通过搅拌摩擦,同时结合搅拌头对焊缝金属的挤压,被焊工件的摩擦界面及

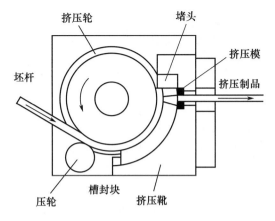

图 3-2 连续挤压示意图

其附近温度升高,材料的变形抗力降低、塑性提高、界面氧化膜破碎,在热-机联合作用下通过界面的分子扩散和再结晶而实现焊接。目前广泛用于焊接铝合金和其他难焊材料或零件,其基本原理见图 3-3。

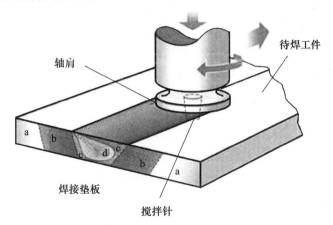

图 3-3 摩擦焊示意图
a—母材;b—热影响区;c—热机影响区;d—焊核区。

3.2 摩擦类型

传统的摩擦分类是按摩擦副的运动状态分为静摩擦和动摩擦。静摩擦时,静摩擦力随作用于物体的外力变化而变化。当外力克服了最大静摩擦力时,物体才开始宏观运动,进而产生动摩擦。动摩擦又分滑动摩擦和滚动摩擦。材料成形过程中多以滑动摩擦为主,按摩擦副的界面状态不同,滑动摩擦又分为干摩擦、边界摩擦、流体摩擦及混合摩擦,见图 3-4。

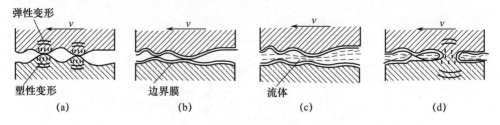

图 3-4 摩擦副的表面接触状况

(a) 干摩擦；(b) 边界摩擦；(c) 流体摩擦；(d) 混合摩擦。

3.2.1 干摩擦

当接触表面之间没有润滑剂或其他任何污垢物(包括周围介质)时产生的摩擦，称为干摩擦(Dry Friction)，如图 3-4(a)所示。此时，表面微凸体直接接触，并发生局部塑性变形。

然而，这种理想干摩擦需要绝对净化，相当于将摩擦副置于真空中，而实际上是不存在的。通常，只有在接触表面局部会呈现干摩擦，但是往往将未施加润滑剂的摩擦状态称为干摩擦，又称为无润滑状态。干摩擦服从阿蒙顿-库仑(Amontons-Coulumb)定律，又称库仑摩擦，摩擦力计算公式为

$$F = \mu N \tag{3-3}$$

式中：μ 为摩擦系数；N 为正压力。

3.2.2 边界摩擦

接触副表面之间存在极薄边界膜(厚度为 $0.01 \sim 0.1 \mu m$)时产生的摩擦称为边界摩擦(Boundary Friction)，如图 3-4(b)所示。当润滑剂内含有表面活性物质时，极性分子的极性基团与金属表面发生物理化学吸附，在金属表面形成定向排列，形成一层或几层边界吸附膜。例如，脂肪酸分子中的羧基—COOH(以圆圈表示)和金属发生吸附，而非极性基端(以直线表示)远离金属表面，如图 3-5 所示。因此，边界吸附膜具有类似晶体结构的有序排列。通过这种定向排列就会形成很薄且具有一定强度的油膜，能承受较大法向应力和具有很小的层间剪切阻力。于是，致使边界润滑具有较低的摩擦系数。

不含活性物质的润滑剂，如矿物油，也能在金属表面形成油膜，但是，它不具有明显

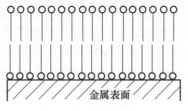

图 3-5 边界吸附膜结构示意图

的定向排列结构。所以,这种油膜不能承受较大的冲击力,润滑过程中油膜易于破裂。

边界摩擦的摩擦力仍适用于摩擦的阿蒙顿-库仑定律。

3.2.3 流体摩擦

摩擦体表面之间完全被润滑油膜隔开时产生的摩擦,叫做流体摩擦(Fluid Friction),又称为液体摩擦。此时,摩擦副表面完全被流体隔开,不存在表面微凸体的直接接触和咬合。

流体摩擦原理与干摩擦和边界摩擦原理不同。干摩擦与边界摩擦服从统计学和动力学规律,而流体摩擦只服从流体动力学规律。流体摩擦实质上是润滑剂流体之间的内摩擦。

流体摩擦力根据牛顿定律计算,得

$$F = \eta \cdot \frac{\mathrm{d}v}{\mathrm{d}y} \cdot S \tag{3-4}$$

式中:η 为润滑剂动力黏度;$\mathrm{d}v/\mathrm{d}y$ 为垂直于运动方向上剪切的速度变化;S 为剪切面积(滑动表面面积)。

金属成形中拉拔和镦粗多属流体摩擦,冷轧中也会存在流体摩擦,只要轧制工艺条件适当,轧制油黏度较高,轧制变形区就自然地形成较厚的润滑膜。

虽然流体摩擦的摩擦系数最低,但是在材料成形过程中流体摩擦会导致成形过程变得不稳定,工件进入变形区困难;当变形区存在很厚的润滑油膜时,容易发生"表面塑性粗糙化"现象,反而使成形制品表面变得更加粗糙。

3.2.4 混合摩擦

在材料成形过程中,实际上常常是以上3种摩擦形式共存,称为混合摩擦(Mixed Friction)。在这种情况下,整个接触区由干摩擦区、边界摩擦区及流体摩擦区组成,如图3-6所示,这时总摩擦力应为

$$F = \tau_d A_d + \tau_b A_b + \tau_l A_l \tag{3-5}$$

式中:τ_d 为表面直接接触区的剪切应力;A_d 为表面直接接触区面积;τ_b 为边界润滑油膜的剪切应力;A_b 为边界摩擦区面积;τ_l 为流体润滑油膜的剪切应力;A_l 为流体摩擦区面积。

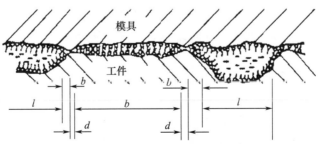

图 3-6 混合摩擦接触表面面示意图

在混合摩擦中,3种不同形式的摩擦区域在加工过程中也是在不断变化,由于发生塑压扁和金属表面微凸体的压平,出现黏结,特别是轧制易黏金属,如 Al、Ti、不锈钢等时情况更是如此,这样使得接触表面内干摩擦区域增加,摩擦力增大,即式(3-5)中第一项的作用增大。

3.3 基本摩擦理论

20世纪40年代,Bowdeu和Tabor发现真实接触面积随摩擦条件变化,并在接触点发生黏着而形成摩擦黏着机理对摩擦理论的发展起着巨大的推动作用。所以,多年以来,科学工作者一直在试图通过科学研究与试验来对观察到的摩擦现象做出合理的科学解释,进而形成了各种摩擦理论和学说。

3.3.1 分子-机械理论

分子-机械理论(Molecular-mechanical Theory)认为,干摩擦时,在摩擦面的实际接触处,由于实际承受的压力很高,超过材料的弹性极限,达到塑性变形使摩擦面直接接触,而产生很强的黏附;同时,由于表面不平度的凸峰在相啮合时产生变形阻力。因此,摩擦阻力是接触表面微凸体间机械啮合力($F_{变}$)与分子间相互吸引力($F_{黏}$)之和,则摩擦力为

$$F = F_{变} + F_{黏} \tag{3-6}$$

当等式两边除以总压力时,则为相应的摩擦系数,即

$$\mu = \mu_{变} + \mu_{黏} \tag{3-7}$$

条件不同,产生摩擦变形项(即机械啮合力)与黏附项是可变的。当接触面极光滑时,表面不平度(或粗糙度)引起的变形项可忽略,这时,摩擦阻力是由接触面分子间的吸引力(黏附)而引起。如果表面很粗糙,且在接触面之间用润滑剂隔开,这时摩擦的黏附项(即分子之间的吸引力)就可忽略不计,所测摩擦力仅为摩擦的变形分量。

分子-机械理论也叫黏着-变形论,考虑了凸峰间分子的吸引力,所以比库仑的凹凸说全面,但仍认为摩擦力主要产生于凸峰间的机械啮合力。而机械啮合力与凸峰倾角 θ 有重要关系,如图3-7所示。若两表面由许多倾角为 θ 的微凸体所组成,摩擦力就是沿各微凸体移动所需力 F_i 之和。此时摩擦系数为

$$\mu = \frac{\sum F_i}{\sum N_i} = \frac{F}{N} = \tan\theta \tag{3-8}$$

式中:F 为摩擦力分量;N 为正压力分量。

式(3-8)似乎可以解释接触表面越粗糙,摩擦系数越大。但是,当表面非常光洁时,摩擦系数反而增加,此时就要考虑分子间的吸附或黏着了。

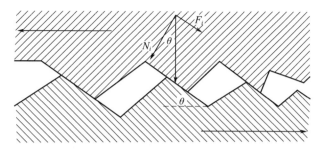

图 3-7 凸峰的相互啮合示意图

3.3.2 黏着理论

黏着理论或吸附理论,也叫焊合理论(Welding Theory)。与分子机械理论相比较,两者都考虑了表面凸峰间的啮合力,但黏着理论认为,这种啮合力是由凸峰承受压力后塑性变形而产生的。同时,还考虑了凸峰在接触以后发生黏结,如果被外力所剪切变形而分离时,还必须克服凸峰间 A_r 相互位移所需的切向力。

当两种材料相接触时,在正压力 N 作用下,只在相当小的局部面积发生直接接触。这样,接触区的局部压力如此之大,致使局部压力达到软材料的屈服压力(或凹入硬度)σ_s。所以,在凸峰尖端处产生塑性变形。塑性变形后形成新的接触面,使接触面积扩大,直到真实接触面积能够支持外载荷为止。图 3-8 所示为单个凸峰塑性变形的模型,设凸峰的实际接触面积为 A_r,软材料的平均压缩屈服强度 σ_s,那么接触点上的总压力 N 为

$$N = \sigma_s A_r \tag{3-9}$$

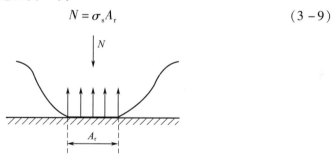

图 3-8 单个凸峰塑性变形的模型

如果金属表面非常干净,接触时就会产生黏着力很强的黏结点(Junction),并伴随有冷焊产生,使黏结点分开的阻力即为摩擦力。而黏结点的剪切强度可近似等于软金属(工件)的平均剪切强度 τ_m。此外,较硬金属(工模具)的凸峰犁沟(Plowing)软金属所需要的力为 F_p。所以,当工件对工模具发生相对运动时,黏结点分开发生剪切所需要的力,即摩擦力为

$$F = \tau_m A_r + F_p \tag{3-10}$$

对于干摩擦,在大多数实际加工情况下,凸峰犁沟所需要的力 F_p 与塑性变形剪切所需的力相比较,数值很小,可忽略不计,此时,摩擦力为

$$F = \tau_m A_r \tag{3-11}$$

摩擦系数为

$$\mu = \frac{F}{N} = \frac{\tau_m A_r}{\sigma_s A_r} = \frac{\tau_m}{\sigma_s} \tag{3-12}$$

这就是由 Bowden 与 Tabor 提出来的简单的摩擦黏着理论。

黏着理论及其所导出的式(3-12),能满意地解释摩擦第一、二定理,即摩擦力与正压力成正比而与接触面积无关。

由式(3-12)可知,接触表面发生相对运动时,剪切一般发生在两种金属接触中较软的金属(工件)内,摩擦系数可以表示这种金属材料性质的极限,τ_m 与 σ_s 作为材料的强度性质。一般情况下,可视为或近似地认为其比值为常数。但是,在材料成形中,摩擦系数除了因材料加工硬化使 τ_m 与 σ_s 改变外,接触面之间的界面膜、加工时的几何条件以及工艺条件均会使摩擦系数变化。材料一定时,其成形过程摩擦系数不一定为常数而是变量。

3.3.3 修正的黏着理论

初级黏着理论的最大缺点是没有考虑黏结点所处的应力状态,这对于静摩擦状态是合理的,但是对于滑动摩擦状态,由于存在切向应力,黏结点的变形受切向力和正应力的共同作用。金属在局部范围内发生塑性变形,这两种应力都会使材料屈服。图 3-9 所示为一微凸体与光滑表面接触时在正压力和摩擦力共同作用下,凸峰发生塑性变形,金属流动使接触面积由 A_r 增加到 $A_r + \Delta A_r$。根据塑性屈服条件,凸峰产生塑性变形应满足下列条件,即

$$\sigma^2 + \alpha \tau^2 = K^2 \tag{3-13}$$

式中:K 为材料变形抗力;α 为系数,$\alpha > 1$,α 越大,则表示切向力所起作用也越大。

在理想的无摩擦的单向压缩状态下的摩擦应力 $\tau = 0$,则有

$$K = \sigma_s \tag{3-14}$$

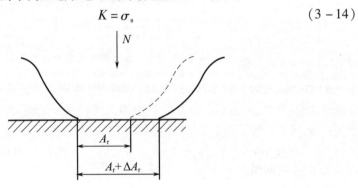

图 3-9 凸峰塑性变形长大模型

所以,有
$$\sigma^2 + \alpha\tau^2 = \sigma_s^2 \tag{3-15}$$
即
$$\left(\frac{N}{A_r}\right)^2 + \alpha\left(\frac{F}{A_r}\right)^2 = \sigma_s^2 \tag{3-16}$$

求解接触面积为
$$A_r^2 = \left(\frac{N}{\sigma_s}\right)^2 + \alpha\left(\frac{F}{\sigma_s}\right)^2 \tag{3-17}$$

很明显,接点长大是材料塑性流动与切向力共同作用的结果。比较简单黏着理论可知接触面积增加。对于清洁表面无润滑剂存在时,接点长大可能继续无限制地进行,只有当应力达到极限值时,接点长大才停止。此时,N/A_r 与 F/A_r 相比较小,可以忽略,则有

$$\alpha\tau^2 = \sigma_s^2 \tag{3-18}$$

污垢膜(或界面膜)存在的黏着理论认为,用污垢膜的剪切强度 τ_i 代替材料本身的剪切强度 τ,一般情况下,$\tau_i < \tau$,式(3-15)可写成

$$\sigma^2 + \alpha\tau_i^2 = \sigma_s^2 \tag{3-19}$$

此时,假定界面膜的切向强度是金属切向强度 τ 的一部分,且有 $m < 1$,则

$$\tau_i = m\tau \tag{3-20}$$

当界面膜开始滑移时,式(3-19)可写为

$$\sigma^2 + \alpha\tau_i^2 = \alpha\left(\frac{\tau_1}{m}\right)^2 \tag{3-21}$$

经整理,式(3-21)变为
$$\sigma^2 = \tau_i^2\alpha\left(\frac{1}{m^2} - 1\right) = \tau_i^2\alpha\left(\frac{1-m^2}{m^2}\right) \tag{3-22}$$

故摩擦系数为
$$\mu = \frac{F}{N} = \frac{\tau_i A_r}{\sigma A_r} = \frac{\tau_i}{\sigma} = \left[\frac{m^2}{\alpha(1-m^2)}\right]^{1/2} \tag{3-23}$$

由式(3-23)可知以下几点:

(1) 当 $m \to 1$ 时,即界面膜的剪切强度与金属本身的极限强度相接近,此时,摩擦系数 $\mu \to \infty$。例如,非常洁净而无污染的表面相互摩擦时,其摩擦系数将达到极高值,接近实际情况。

(2) 当 m 值缓慢地降低,μ 将减小到较低值。例如,接触面之间存在少量污垢膜,即 $m < 1$,将大大削弱接点的强度,此时,摩擦系数将急剧降低。

(3) 当 $m < 0.2$ 时,即界面膜剪切强度很低,甚至比金属本体容易剪切(如材料成形中采用润滑剂时,其边界膜就属此情况),式(3-23)中的 m^2 可忽略不计,这样就可简写为

$$\mu \approx \left(\frac{m^2}{\alpha}\right)^{\frac{1}{2}} = \left(\frac{\tau_i^2}{\alpha\tau^2}\right)^{\frac{1}{2}} = \frac{\tau_i}{\sigma} \tag{3-24}$$

式中：τ_i 为界面膜的剪切强度；σ 为硬金属的屈服强度或压痕硬度。

故式(3-24)表达为

$$\mu = \frac{界面膜的剪切强度}{硬金属的屈服强度} \tag{3-25}$$

式(3-24)与式(3-12)是等值的,但是前者的推导是在界面膜剪切强度极低,即 $\tau_i = 0.2\tau_m$ 的条件下完成,这时界面膜剪切强度低,黏结点的长大可忽略,真实接触面积只与法向载荷有关,摩擦就由边界膜(或润滑膜等)的剪切强度所支配。

此外,还可以看到,边界润滑时,接触副发生相对运动,这种极薄的润滑油膜可能被破坏,在局部区域接触表面直接接触,发生黏结,金属的转移与磨损这时是有害的。例如,金属成形过程中,由于金属材料黏附于模具,将破坏润滑油膜,对润滑效果产生不利影响。

思 考 题

3-1 举例说明材料成形过程中摩擦的特点、作用及对成形过程的影响。

3-2 材料成形中摩擦的类型及各自特征是什么?

3-3 滑动摩擦与黏着摩擦的摩擦系数如何计算?

3-4 简单黏着摩擦理论有哪些不足?为什么?

3-5 尝试建立金属成形过程的混合摩擦模型,并提出求解思路。

第4章 影响摩擦的因素

4.1 接触表面性质

成形过程中金属的种类、表面性质与表面状态以及工模具和工件化学组成与组织结构等均影响变形区内摩擦系数的大小。

4.1.1 金属种类

实验表明,一般情况下同类金属接触的摩擦系数比不同类金属的要大;而不同类金属比金属-非金属接触副的摩擦系数又要大;彼此间能形成合金的金属相摩擦时,比彼此间不能形成合金或化合物的摩擦系数要大。表4-1所列为无润滑时一些纯金属间的摩擦系数。

表4-1 纯金属间的摩擦系数

元素	W	Mo	Cr	Ni	Fe	Zr	Ti	Cu	Au	Ag	Al	Zn	Mg	Sn	Pb
Pb	0.41	0.65	0.53	0.60	0.54	0.76	0.88	0.64	0.61	0.73	0.68	0.70	0.53	0.84	0.90
Sn	0.43	0.61	0.52	0.55	0.55	0.55	0.56	0.53	0.54	0.62	0.60	0.63	0.52	0.74	
Mg	0.58	0.51	0.52	0.52	0.51	0.57	0.55	0.55	0.53	0.55	0.55	0.49	0.79		
Zn	0.51	0.53	0.55	0.55	0.55	0.44	0.56	0.56	0.47	0.58	0.58	0.75			
Al	0.56	0.50	0.55	0.52	0.54	0.52	0.53	0.54	0.57	0.67					
Ag	0.47	0.46	0.45	0.46	0.49	0.45	0.54	0.48	0.53	0.50					
Au	0.46	0.42	0.50	0.54	0.47	0.46	0.52	0.54	0.49						
Cu	0.41	0.48	0.46	0.49	0.50	0.51	0.47	0.55							
Ti	0.56	0.44	0.54	0.51	0.49	0.57	0.55								
Zr	0.47	0.44	0.43	0.44	0.52	0.63									
Fe	0.47	0.46	0.48	0.47	0.51										
Ni	0.45	0.50	0.59	0.50											
Cr	0.49	0.44	0.46												
Mo	0.51	0.44													
W	0.51														

在实验冷轧机上轧制不同金属时,实测的平均滑动摩擦系数为:钢-钢0.07~0.10、铜-钢0.10~0.13、铝-钢0.10~0.14。这说明实际成形金属表面之间的摩擦系数远远小于纯金属表面之间的摩擦系数。因为实际表面性质和状况发生变化,因而摩擦条件也发生变化,如由黏着摩擦转变为滑动摩擦时,导致摩擦系数降低。

4.1.2 化学成分

即使同种材料,当化学成分变化时,表现出的摩擦系数也存在差异,如随着钢中碳含量增加,摩擦系数下降。图4-1表示热轧时钢轧件中碳含量对摩擦系数的影响。一般认为,随着合金元素的增加,摩擦系数下降,但不锈钢的摩擦系数几乎比碳钢的高1.3~1.5倍。

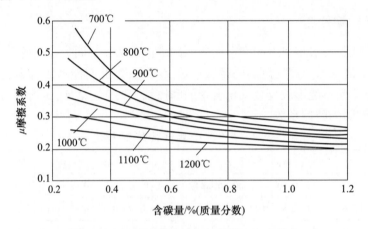

图4-1 钢中碳含量对热轧摩擦系数的影响

4.1.3 组织结构

合金钢中常见显微组织有奥氏体、铁素体、珠光体、贝氏体和马氏体,其典型结构的扫描电镜照片如图4-2所示。合金钢的摩擦行为与显微组织密切相关。钢的显微组织与耐磨性的关系如图4-3所示。

金属组织结构的差异直接导致了金属材料摩擦学性能的差异。以退火态的低碳钢为例,对于低碳钢其退火平衡组织以铁素体为基体,均匀分布片层状的珠光体的两相组织,随着含碳量的增大,珠光体所占比例增大,以20钢、45钢及65钢3种常见的低碳钢为例,如图4-4所示,其退火平衡组织中珠光体的含量依次增加,其金相组织珠光体含量依次为23.8%、58.8%、83.9%。在其他摩擦学条件相同的情况下,测得45钢与GCr15间的摩擦系数为0.186,而65钢与GCr15间的摩擦系数为0.140,由此可见,摩擦系数随珠光体含量的增加而减小。

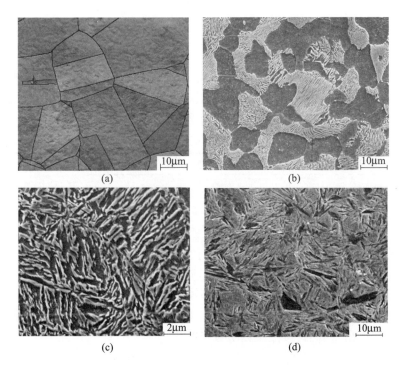

图4-2 合金钢中常见显微组织典型结构的扫描电镜照片
(a)奥氏体;(b)珠光体+铁素体;(c)贝氏体;(d)马氏体。

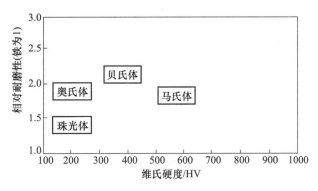

图4-3 显微组织和基体硬度对相对耐磨性的影响(钢在20μm的氧化铝颗粒中)

图4-4 低碳钢退火态平衡组织的光学显微镜照片(从左往右依次为20钢、45钢、65钢)

4.1.4 表面状况

表4-2列出了轧辊材质和表面粗糙度对咬入时摩擦系数的影响。铸铁辊的摩擦系数比钢辊的摩擦系数要低,而淬火钢的摩擦系数比未淬火钢的摩擦系数要低。另外,使用硬质合金轧辊的摩擦系数比合金钢的摩擦系数降低10%~20%,而使用金属陶瓷轧辊的摩擦系数又比硬质合金轧辊低10%~20%。

表4-2 轧辊材质、表面粗糙度对咬入时摩擦系数的影响(铅试样)

轧辊材质	表面粗糙度/μm	摩擦系数
淬火钢	<0.2	0.23~0.26
淬火钢	0.4~0.8	0.26~0.30
CT5未淬火钢	1.6~3.2	0.30~0.39
CT5未淬火钢	12.5~25.5	0.57~0.62
半硬铸铁	—	0.25~0.29

一般情况下,工模具材料硬度越高,摩擦系数越小。图4-5表示轧辊表面硬度与轧制摩擦系数的关系。同样,在图4-1中也可以看出,随着钢中含碳量的增加,钢的硬度也相应增加,摩擦系数明显降低。

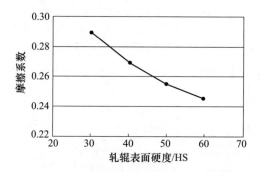

图4-5 摩擦系数与轧辊表面硬度的关系

接触表面粗糙度对摩擦系数也有较大的影响。一般情况下表面越粗糙,摩擦系数越高,从表4-2所列实验数据可知,当CT5未淬火钢辊表面粗糙度由1.6~3.2μm变为12.5~25.5μm时,摩擦系数几乎增加2倍。

当然,如果两接触表面非常光滑,即表面粗糙度非常低时,有可能导致摩擦系数增加,此时要用黏着理论来解释这种现象了。

4.2 界 面 膜

实际上,金属和工模具表面暴露于空气中会受到周围介质的污染,如水、二氧化碳、油烟或油污等,这样在表面上形成表面膜,进而在成形过程演变成界面膜。

表面膜包括化学反应生成的氧化膜和物理作用形成的吸附膜,或者作为润滑作用的各种外来润滑膜。图4-6所示为一典型退火钢表层组织与表面膜组成示意图。除了表面膜外,表层金属存在加工变形层,这是由于在加工过程中表面变形导致金属表层的晶格扭曲,产生加工硬化而形成的。在变形层内晶粒细化,硬度也较高,表现出高耐磨性。

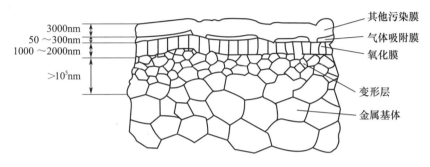

图4-6 退火钢表层组织与表面膜

4.2.1 污垢膜

污垢膜是金属表面暴露在空气中自然形成的表面膜,或者说是金属表面物理吸附和化学吸附物质所形成的表面膜的总称。在摩擦理论中已谈到,当接触副处于真空而表面又没有污垢膜和氧化膜存在时,其摩擦系数是很高的,真实接触表面积比在空气中要大。当表面存在污垢膜时,因其剪切强度 τ_i 小于材料本身的强度 τ,也就是说,系数 $m<1$。此时,摩擦副表面微凸体的黏结与黏结点的长大将因污垢膜的存在而受到抑制。由式(3-23)可知,当接触副处于真空而表面又没有污染时,$m \rightarrow 1$,即 $\tau_i \approx \tau$,摩擦系数 $\mu \rightarrow \infty$;当界面存在少量污垢膜时,$m<1$,将削弱黏结点,此时摩擦系数急剧下降。如果 τ_i 很小,即污垢膜比金属本体更容易发生剪切,那么,污垢膜将起润滑作用,而使摩擦系数继续下降。

4.2.2 氧化膜

除金外,所有金属都能与氧发生化学反应,生成各种金属氧化膜。氧化膜的存在能够防止金属进一步被氧化。金属及其合金的氧化与金属本身的组成和所处的环境有关。其中以钢的氧化更为复杂。由金属表面向里存在3种氧化膜,即 Fe_2O_3、Fe_3O_4、FeO。氧化膜数量取决于温度和反应时间。

加热温度、加热时间对氧化膜的形成过程有很大影响,温度在850～900℃以下,氧化速度很小,在1000℃以上急剧上升,而加热温度超过1300℃时氧化速度大大增加。在同一温度下,随着时间的增加,氧化速度逐渐减慢,但是总体上氧化膜生成的绝对量还是越来越多。

此外,温度不同时,氧化膜的构成也有变化。当温度低于700℃时,氧化膜主要由内层 FeO 和外层 Fe_3O_4 组成,而 Fe_3O_4/FeO 数量之比,随温度升高而不断降低。温度在 700~900℃ 范围,氧化膜仍是 Fe_3O_4 和 FeO,其中后者约占 90%。当温度增至 900℃ 以上时,钢表面氧化膜由外层 Fe_2O_3、中间层 Fe_3O_4 和内层 FeO 所组成。此时温度升高,FeO 比例下降,Fe_2O_3 和 Fe_3O_4 比例则增加。此 3 种氧化物性质有很大区别,列于表 4-3 中。

表 4-3 氧化铁的性质

氧化生成物	熔点/℃	硬度/HV	性质
FeO	1377	270~350	疏松多孔,质软
Fe_3O_4	1538	420~500	致密较硬
Fe_2O_3	1560	1030	致密坚硬

图 4-7 所示为热轧钢板轧后氧化层金相照片。图中中间为氧化膜,厚度约为 9μm。而且从内到外表现出不同的形态,其中靠近金属基体内侧氧化物是疏松质软的 FeO,外侧则是致密坚硬的 Fe_2O_3 和 Fe_3O_4。

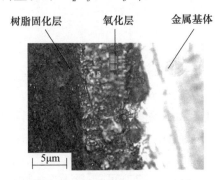

图 4-7 热轧钢板氧化层金相照片

由于金属氧化物的组成与性质不同,因此金属氧化膜存在所起的作用也不相同,有时导致摩擦系数增加起磨损作用;有时也减小摩擦起到润滑作用。如果氧化膜起润滑作用,应具备下述性能。

(1) 氧化膜必须具有一定厚度,而且是连续的膜。氧化膜厚度足以阻碍金属表面凸峰的穿透,同时,还应使氧化膜从表面易于分离。E. 拉宾诺维奇 (E. Rabinowicz) 提出 0.01mm 为最小厚度,而过厚氧化膜其抗磨性差,当氧化膜碎片离开金属表面时,对成形金属表面极为不利,而使其表面变得粗糙。

(2) 氧化膜必须具有一定延展性,并能跟随工件同步变形。但是,这种条件是很难满足的,即使在微凸体发生塑性变形情况下,也难以达到。

(3) 氧化膜的剪切强度应低于金属材料本身。一般在高温时,氧化膜迅速软化,其剪切强度迅速降低。例如,温度大于 900℃ 时,FeO 比基体铁要软,此时,FeO 能减小摩擦起润滑作用。

(4) 如果氧化膜受到破坏,它也能很快再生。这取决于氧化速度、温度以及氧的增加过程,这对于成形温度很高的钢,在无润滑条件下热轧或热锻时是可行的,因为在两道次之间的间隙时间内,因为高温工件又将继续氧化,而在热挤压时就不行了,因为通过实验发现,热挤压时锭坯难以氧化。

事实上,一般金属氧化物都是很脆的,容易破裂。只有极少数几种金属氧化物才具有减摩的润滑作用。上面指出的铁氧化物,在高温时为片层结构,外层 Fe_2O_3 和中间层 Fe_3O_4 都很脆,只有接近金属内层的 FeO 在高温时才具有润滑作用。而 Ni、Al、Ti、Pb 和 En 等氧化物,它们的硬度都大于基体,而且很脆,氧化膜破裂后,将加速摩擦、磨损过程。然而,镁的氧化物虽脆,但可起润滑作用。此外,钨和钼的氧化物在高温时也属一种低剪切强度膜,也可起润滑作用。

4.2.3 金属膜

与吸附膜和氧化膜不同的是,金属膜是为了防止接触表面间的黏结,人为地在工模具或工件表面覆盖连续的金属膜,以达到润滑的目的,所以金属膜应满足以下条件。

(1) 金属膜要能减少工模具与工件之间的黏结,这是它覆盖工模具或工件的主要目的。

(2) 变形过程中,金属膜应具有低剪切强度,这样才能降低摩擦。例如,钢表面上覆盖铜、金和银膜时,其室温摩擦系数为 0.1,可起润滑作用。挤压钛时,预先对坯料表面包覆铜套,然后在其上涂抹玻璃润滑剂,可大大提高制品表面质量。冷锻时,在钢坯端面覆盖紫铜片,拉丝时表面镀铜等。

(3) 金属膜可以改善其润滑性能,尤其是当变形金属与润滑剂不起反应时更为有利。例如,不锈钢、钛金属挤压时,采用玻璃作为润滑剂,可以防止金属黏结模具和降低摩擦,为了更有效地防止黏结,预先采用将坯料包覆铜套的方法,能够进一步改善易黏结金属的润滑性能。

(4) 只有当金属膜能够黏附于金属表面的凹处时,这种膜才具有润滑作用。

(5) 金属膜应具有一定厚度,足以形成一种连续覆层。金属成形后,薄膜可以用机械方法或化学方法分离。

(6) 如果工模具表面很粗糙,成形过程中其表面微凸体也可能截穿金属覆层,使金属膜破裂,导致出现啄印或划痕,影响制品质量。

4.3 成形温度

变形温度是影响变形区内外摩擦的重要因素。在目前的许多摩擦系数计算公式中,往往将温度作为唯一的变化参数,虽然具有片面性,但是它表明温度对摩擦的重要性。还应指出的是,温度对于摩擦系数的影响不是直接的,主要是温度改变了摩擦过程中表面的吸附状态、表面膜的性质以及材料接触压力变化所致。

4.3.1 无润滑条件

温度对碳钢摩擦系数的影响,描绘成图4-8所示的曲线。在低温时,随着温度的升高,接触压力降低,此时氧化膜较硬且较薄。温度在600~800℃范围内,摩擦系数出现最大值。而后随着温度的增加,氧化膜进一步软化,并接近熔融状态起到一定的润滑作用,从而使摩擦系数降低。

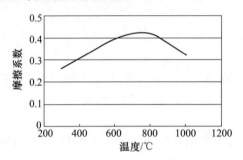

图4-8 摩擦系数与工件温度的关系(碳钢)

不过,温度对摩擦系数的影响规律,由于实验条件不同,各学者得出结论也不尽相同,甚至相互矛盾。下面列举一些计算摩擦系数的公式。

Roberts 公式如下:

$$\mu = 4.86 \times 10^{-4} t - 0.07 \qquad (4-1)$$

Ekelund 公式($t > 700$℃)如下:

钢辊,即

$$\mu = 1.05 - 5 \times 10^{-4} t \qquad (4-2)$$

铸铁辊,即

$$\mu = 0.8(1.05 - 5 \times 10^{-4} t) \qquad (4-3)$$

А. М. Клмеико 公式如下:

$$\mu = 0.877 - 0.00039 t \qquad (4-4)$$

А. И. Целиков 是根据 Н. Н. Гега 的实验曲线而提出的公式,具体公式如下:

$$\mu = 0.55 - 0.00024 t \quad (t > 700℃) \qquad (4-5)$$

摩擦系数与温度关系因不同金属而异。例如,钛金属在900℃时,摩擦系数具有最小值。铅加热到200℃轧制时,其摩擦系数基本保持不变,只有当温度上升到其熔化温度时,摩擦系数才急剧增加。ЛавЛов 指出,在高温范围(大于1000℃)内,易切削钢的摩擦系数是降低的,这主要是由于其表面存在熔点较低的硫磷氧化物所致。

4.3.2 有润滑条件

在润滑条件下,温度主要通过改变润滑剂的黏度来影响摩擦系数。一般说来,随温度升高,润滑剂黏度下降,这样,变形区内油膜厚度减小,致使摩擦系数增大。采用润滑剂冷轧铝板时摩擦系数随轧制温度的变化见图 4-9。

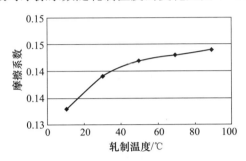

图 4-9 在润滑条件下轧制温度对摩擦系数的影响

当使用乳化液润滑冷却时,乳化液的使用温度与其润滑作用效果也密切相关。由于乳化液为油水两相动平衡体系,温度升高,油滴直径增加,润滑性能变好,但乳化液温度不能太高;否则会影响到乳化液的稳定性和冷却效果。乳化液温度与油滴粒径、轧后带钢反射率关系见表 4-4。当然,轧制过程中轧制速度、压下率、轧制产品材质和规格也会影响到乳化液的温度,尤其是轧制速度,如轧制 0.3~0.5mm 薄板,当轧制速度大于 900m/min 时,乳化液的温度可以达到 55℃以上。一般控制乳化液的温度应在 55~60℃之间。

表 4-4 乳化液温度与油滴粒径及轧后带钢反射率关系

乳液温度/℃	油滴平均粒径/μm	反射率/%
40	2.4	47
45	2.6	47
55	2.9	48
60	3.5	50

4.4 成形速度

传统的库仑摩擦定律中摩擦系数与滑动速度无关,这在低速条件下,滑动速度不会引起金属表面膜性质发生改变时成立。然而随着滑动速度增加,将会导致接触表面温升、化学反应、变形或磨损,进而对摩擦系数产生影响。图 4-10 所示为 Крагелъский 提出的实验结果。对于弹塑性接触摩擦副,摩擦系数随滑动速度的变化与载荷密切相关。随着滑动速度和载荷增加,接触表面状态受影响就越大,总体呈现下降趋势。

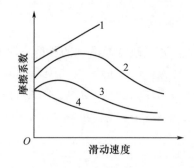

图 4 – 10 滑动速度与摩擦系数的关系
1—极小的载荷；2,3—中等的载荷；4—极大的载荷。

4.4.1 轧制速度

图 4 – 11 与图 4 – 12 所示为采用煤油润滑的条件下冷轧铝板的变形区入口油膜厚度、摩擦系数与轧制速度的关系。从图中可以看到,在低速范围内,随着轧制速度的增加,变形区油膜厚度增大,摩擦系数减小。

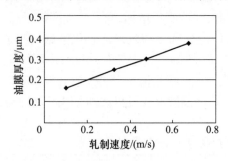

图 4 – 11 油膜厚度与轧制速度的关系

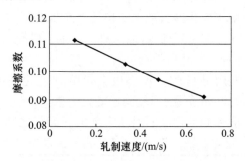

图 4 – 12 摩擦系数与轧制速度的关系

在低速、不考虑热效应的条件下,润滑轧制变形区入口油膜厚度 h_a 可按流体动力学理论进行计算,即

$$h_a = \frac{3\theta \eta_0 (v_a + v_r)}{\alpha [1 - e^{-\theta(\sigma - \sigma_{xa})}]} \quad (4-6)$$

式中:θ 为润滑油压黏系数;η_0 为润滑油动力黏度;v_a 为轧件入口速度;v_r 为轧辊线速度;α 为咬入角,$\alpha = \sqrt{\frac{\Delta h}{R}}$,其中 R 为轧辊半径;σ 为轧件平面变形抗力;σ_{xa} 为后张力。

从入口油膜厚度公式不难看出,在其他工艺条件不变时,油膜厚度与轧制速度成正比。由于油膜厚度的增加,致使变形区摩擦系数减少。

近年来,人们开始关注高速轧制(30 ~ 50m/s)条件下的摩擦研究。Ц. И. старчеико 等曾对钢轧件采用前滑法进行实验。实验在二辊 ϕ300mm 轧机上进行,轧件断面尺寸为2.7mm×52mm。实验数据见表4-5。

表4-5 高速轧制时摩擦系数实验数据

润滑条件	无润滑				煤油润滑			
轧制速度/(m/s)	4.55	9.55	16.70	30.10	4.55	9.55	15.70	30.10
轧前厚度/mm	2.72	2.71	2.72	2.71	2.72	2.71	2.72	2.72
轧后厚度/mm	1.54	1.55	1.67	1.60	1.55	1.54	1.54	1.53
前滑率/%	4.50	5.30	6.0	7.50	4.30	4.20	4.0	3.50
摩擦系数	0.087	0.098	0.105	0.130	0.086	0.086	0.083	0.079

实验数据表明,无润滑条件下高速轧制时,随速度增加,变形区摩擦系数增大,而采用润滑剂轧制时,摩擦系数略有减小,但变化并不很大。高速范围内润滑条件下轧制摩擦系数变化不明显的原因是由于随速度增加,变形区内润滑油膜厚度并不能无限增加。因为此时变形热增加,导致润滑剂黏度变小,从而使润滑剂进入变形区的条件恶化。而当变形区油膜保持一定厚度的情况下,摩擦系数则保持基本不变。

通常低速范围内冷轧时,摩擦系数可由 Ц.И.старчеико 经验公式表示,即

$$\mu = \mu_0 \pm \frac{v_r}{a + bv_r} \tag{4-7}$$

式中:μ_0 为轧制速度极低时的摩擦系数;a、b 为由试验确定的系数;"+"表示干辊轧制;"-"表示润滑轧制。

4.4.2 拉伸速度

在管、棒、型及线材的低速拉伸时,所产生的热量几乎为制品、模具及润滑剂等所吸收,温升较小,对摩擦与润滑影响不大。但在高速拉伸线材时,由于来不及散热,温升较快,致使润滑油膜厚度减小以至破裂,形成线材与模具之间的干摩擦状态,导致摩擦增加,磨损加剧。

此外,对同一种材料以不同速度拉伸时,随着速度的提高,断线次数也随之增加,见图4-13。显然,其原因也与温升引起油膜破裂,摩擦力增加,导致拉伸应力增大有关。

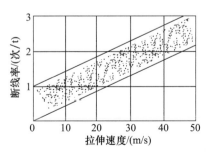

图4-13 断线次数与拉伸速度的关系

4.5 变形程度

4.5.1 载荷的影响

虽然库仑摩擦定律认为摩擦系数与载荷无关,但实践表明,金属表面之间的摩擦系数随载荷增加而降低,这主要因为载荷增加,实际接触面积也随之增加,但增加的速度比载荷增加的慢。图4-14所示为45钢对铸铁在无润滑300r/min条件下摩擦系数随载荷的变化情况。

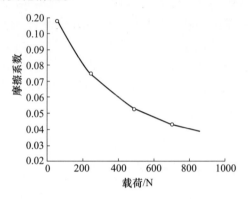

图4-14 摩擦系数与载荷的关系

4.5.2 变形程度的影响

成形过程中材料的变形程度大小直接影响变形区几何形状,进而影响变形区的摩擦类型及大小。通常用变形区长高比来代表变形区的几何形状。以轧制过程为例,轧制变形区长高比 $l/\bar{h}$ 可表示为

$$\frac{l}{\bar{h}} = \frac{\sqrt{\Delta h R}}{(H+h)/2} = \frac{\sqrt{2(H-h)D}}{H+h} \tag{4-8}$$

由式(4-8)可看出,变形区长高比 $l/\bar{h}$ 包括轧件变形前高度(H)、变形后高度(h)、轧辊直径(D)和变形程度(Δh)。试验表明,变形时几何条件变化均引起摩擦系数的改变。不管诸因素中任一参数的改变,最终都使 $l/\bar{h}$ 值变化。因此,变形区长高比值,是反映几何条件的一个综合因素。可以说,摩擦系数受几何因素的制约,实质是因 $l/\bar{h}$ 值的改变而异。随压下率增大,即轧件原始厚度增加或轧后厚度减小与轧辊直径增加,则 $l/\bar{h}$ 值增大。

图4-15所示为冷轧低碳钢时摩擦系数与变形区 $l/\bar{h}$ 关系曲线。另外,冷轧

铝合金、铜合金也可得到相似的结果。因此，不论轧件材质如何，接触弧内摩擦系数随变形区长高比增加而减小。当 Al、Cu、低碳钢的 $l/\bar{h}$ 值分别小于 2.5、3.0 和 2.7 时，变形区长度比值对摩擦系数的影响特别显著；当 $l/\bar{h}$ 值足够大时，其对摩擦系数的影响才变小。可见，轧制时变形区长高比对摩擦系数的影响是不可忽视的。

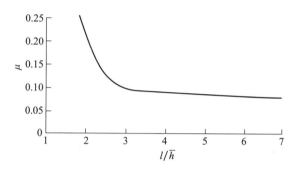

图 4-15　低碳钢冷轧时摩擦系数与变形区长高比的关系

变形区长高比改变引起摩擦系数变化的主要原因是由于变形区内摩擦状况改变所致。由于轧制时金属与轧辊的接触摩擦，在变形区内存在有难变形锥，如图 4-16 所示。难变形锥内金属质点不易发生塑性变形，从而导致金属变形的不均匀性。

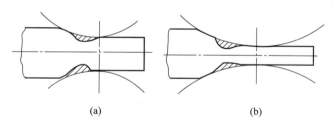

图 4-16　变形区内难变形锥示意图

（a）$l/\bar{h}$ 较小；（b）$l/\bar{h}$ 较大。

就接触面而言，难变形锥底面金属与轧辊表面之间的摩擦为黏着摩擦，即无相对滑动，而难变形锥底面以外与轧辊表面之间则为滑动摩擦。

因此，变形区中由于黏着摩擦与滑动摩擦组成比例不同，其平均摩擦系数不同。滑动摩擦所占比例越大，则平均摩擦系数越小。当变形区长高比 $l/\bar{h}$ 较小时，如图 4-16(a) 所示，轧件相对厚度较大，难变形区在接触表面所占比例较大，因而摩擦系数较高。当 $l/\bar{h}$ 较大时，如图 4-16(b) 所示，情况则相反，这时接触表面中黏着摩擦区所占比例较小，主要是滑动摩擦，而且随 $l/\bar{h}$ 继续增大，变形区内难变形区继续缩小,易变形区扩大,摩擦系数继续降低。当 $l/\bar{h}$ 增大到一定值后,接触弧上呈现全滑动摩擦状况。这时摩擦系数不再随变形区长高比变大而变化了,只要其他条件不变,其摩擦系数就保持不变,所以反映在摩擦系数与 $l/\bar{h}$ 关系曲线上出现平坦段。

根据实验数据,考虑了冷轧时变形区长高比的影响,经数学回归得出的摩擦系数 μ 计算公式(Al、Cu、低碳钢等)为

$$\mu = \mu_s + \frac{A}{l/\bar{h} - B} \tag{4-9}$$

公式中前一项是变形区为全滑动摩擦条件下的摩擦系数 μ_s;第二项是变形区内考虑黏着摩擦时的附加摩擦系数,其中 A、B 为常数,且有 $l/\bar{h} > B$,它随轧件材质、轧制工艺条件等而变。表 4-6 给出了不同实验条件下的 μ_s、A 和 B 值。

表 4-6 不同实验条件下的 μ_s、A 和 B 值

试样	μ_s	A	B	公式适用范围
Al	0.095	0.032	1.4	$l/h > 2$ 低速轧制
Cu	0.105	0.035	1.7	$l/h > 2$ 低速轧制
低碳钢	0.060 ~ 0.084	0.030 ~ 0.036	1.6	$l/h > 2$ 低速轧制

还应指出,在润滑条件下冷轧时,摩擦系数与变形区长高比的变化关系出现另一种结果,也就是随 $l/\bar{h}$ 值增加,摩擦系数是上升的。例如,紫铜冷轧润滑时,随着压下率的增加,摩擦系数增大。因为在工艺润滑条件下,摩擦系数不仅与变形区长高比有关,而且还取决于变形区油膜厚度的大小。压下率增加,接触角增大,油膜厚度减小,由于接触单位压力升高,可能导致油膜破裂,因而,随变形区长高比增加,摩擦系数反而上升。

思 考 题

4-1 随钢中碳含量增加,其摩擦学性能如何变化?
4-2 试比较金属成形过程中几种主要表面膜的成因与作用效果。
4-3 接触表面间存在表面膜时,摩擦系数降低的实质是什么?
4-4 试探讨表面膜的厚度与摩擦系数的关系。
4-5 温度如何影响摩擦系数?

4-6 如果金属氧化膜起润滑作用,那么应具备哪些条件？

4-7 轧制过程压下率如何影响摩擦系数？

4-8 影响金属成形摩擦系数的因素有哪些？这些因素是如何影响摩擦系数的？

第5章 成形工艺润滑剂

5.1 工艺润滑剂的基本功能

5.1.1 基本功能

工艺润滑剂就是能够满足材料加工工艺或成形工艺要求的润滑剂,但是除了满足工艺要求外,还要求其实现多种功能,而这些功能要求有些可能是矛盾或相互制约的,因此工艺润滑剂的选择首先在满足成形工艺要求的条件下,要多方面权衡利弊,同时还要考虑某些特殊要求。但是工艺润滑剂具备一些普遍都适用的基本功能,这些功能包括以下几项:

(1) 控制摩擦;
(2) 减少磨损;
(3) 降低成形过程力能参数;
(4) 改善成形制品表面质量;
(5) 防锈防腐蚀性;
(6) 冷却性;
(7) 化学稳定性;
(8) 不同工况的适应性;
(9) 使用安全与可控制性;
(10) 废液易处理,符合环保要求。

这里特别需要指出的是,近年来对工艺润滑剂的环保要求越来越高,其中环保要求包括以下3个方面内容。

(1) 加工成形后工件表面上润滑剂的残留物除了易清除外,还应无毒、无味,而且不能与工件发生化学反应,尤其是诸如极薄钢板、镀锌镀锡板、铝板、铝箔、冲压制品等经常会用于食品或药品的包装。

(2) 工艺润滑剂在生产、储运,特别是使用时对生产者、使用者无毒、无味,对皮肤无刺激,不致癌。

(3) 工艺润滑剂烟尘、废液易回收处理,或者能够达标排放,不能对环境造成二次污染。

工艺润滑剂除了满足上述基本要求外,还必须考虑到工艺润滑剂对工模具、工件及成形过程的作用与影响。以轧制过程为例,它们的相互影响关系见表 5-1。

表 5-1 工艺润滑剂对轧辊、轧件和轧制工艺的影响

对轧件的影响	对轧制工艺的影响	对轧辊的影响
最小厚度	轧制温度	轧制压力
宽展	轧制速度	轧制扭矩
厚度公差	加工率	轧辊损耗
板形	轧制道次	辊形
表面缺陷(划伤、啄印等)	最大咬入角	轧制能耗
表面质量(粗糙度、光亮度)	轧制稳定性	轧制作业率

5.1.2 分类

依据美国 ASTM D2888—73 金属加工液分类标准,按成形工艺润滑剂的组成将其分成以下五类:

(1) 油和油基液体;
(2) 乳化液和分散型液体;
(3) 化学溶液;
(4) 固体润滑剂;
(5) 其他(有机醇、醚、磷化物、氯化物、硫化物等)。

金属加工液有时又可按照其中油相含量高低分为全合成、半合成、乳化油和纯油 4 种类型,见表 5-2。随着节能减排、清洁生产的形势要求,越来越多的全合成或半合成金属加工液应用于金属加工或成形过程,尤其是纳米技术和纳米润滑技术的发展,纳米润滑油液开始获得应用。

表 5-2 金属加工液的分类

种类	浓缩液中油相含量/%	新液外观
全合成	0	透明或不透明
半合成	2~30	透明、半透明或不透明
乳化油	60~90	不透明
纯油	100	透明

油基与水基两大类金属加工油液具有不同的性能特点,见表 5-3。其中,油基润滑剂具有更好的润滑性能,而水基润滑剂具有更强的冷却能力。可以根据金属加工或金属成形过程的材料、工艺、表面质量以及使用周期、环保等多方面要求进行选择使用。

表 5-3　油基与水基金属加工油液性能比较

性能	油基	水基
承载负荷	高	低
操作条件	低速	高速
表面粗糙度	高	低
性能特点	侧重润滑性	侧重冷却性
抗腐蚀性能	容易达到	采用措施可达到
热导率/(W/(m·K))	0.125~0.21	0.63
化学品含量	低	高
使用安全性	油雾	部分产品对皮肤有刺激性
废液回收处理	容易	困难
使用维护成本	低	高

5.2　油基润滑剂

油基润滑剂通常由基础油和添加剂组成,又称润滑油,其中基础油为主要组成部分,所占比例达到60%~90%,甚至97%。润滑油的许多理化性能,如黏度、闪点、倾点等都是由基础油决定的。另外,润滑油的基础油可以是矿物油、动植物油或合成油。

5.2.1　矿物油

矿物油由于其来源广泛、成本低廉,因而得到普遍应用。目前世界矿物油型润滑油的产量占全部润滑油的97%左右。

矿物油是含有各种碳氢化合物(烃类)的复杂混合物,同时矿物油还含有硫、氮、氧等元素。作为成形润滑剂的矿物油原料,一般取自石油中沸点在200~500℃内的馏分,或者相当于烃类分子中原子个数在8~50之间的各种烃类,或者运动黏度为2~80mm^2/s的矿物油。

矿物油的化学组成主要为烷烃、环烷烃、芳香烃及少量烯烃。此外,还有少量含硫、氮、氧等非烃类化合物。与动植物油相比,矿物油大多由非极性分子组成,具有良好的氧化安定性,使用过程润滑性能稳定,使用周期长,对金属腐蚀性也较小,退火时对金属表面的油斑污染也较弱。但是由于矿物油极性较弱,对金属表面的吸附能力较差,使用时通常要加入添加剂。另外,矿物油黏度范围较宽,特别是低黏度、窄馏分精制矿物油,因其良好的退火清净性而被用作轻金属轧制油的基础油。

矿物油的组成不同,导致其在物理化学性质和润滑效果方面的差异。其中链烷烃为直链分子结构,润滑性能好,表现较低的摩擦系数,而且退火时对金属表面污染也较少。作为饱和烃,其氧化安定性好,分子结构不易被破坏,各种性能也比较稳定。但是,链烷烃溶解能力较弱,而且凝固点也较高,这给使用带来一些问题。

环烷烃是环状饱和烃,性能也比较稳定,然而,若环烷烃带有侧链则很容易被氧化。环烷烃具有脂肪族化合物的性质,而不表现出芳香族化合物的性质。与链烷烃相比,其溶解能力大大提高,凝固点也较低。

芳香烃具备了不饱和烃的性质,其环状分子结构特点使其密度最大,表现出一定的耐压性能,油膜强度高,润滑性能好,而且溶解能力也较强。芳香烃的最大缺点是金属退火时对金属表面污染较严重,如果成形后金属制品需要退火时不宜选用。但是,当矿物油中含有少量芳香烃,则能够改善油品的润滑性能。以上不同类型的矿物油用于金属加工成形润滑油的基础油时,它们的润滑特性比较见表5-4。

表5-4 不同类型矿物油润滑特性比较

润滑特性	矿物油类型			
	链烷烃	环烷烃	芳香烃	烯烃
黏压特征	良好	良好	增高	增高
变形程度	中	中	高	高
变形速度	高	高	高	高
表面光泽度	高	高	高	底
退火表面油斑	少	少	多	多
溶解能力	中	强	强	中

实际上矿物油常常是以上各种烃类的混合物,只不过是以哪一种烷烃为主。在矿物油分子结构确定后,烃类的分子量,或者分子的碳链长度对矿物油的理化性能和润滑性能也有较大影响。随着碳链长度的增加,油的黏度、闪点升高,油膜强度增加,摩擦系数减小,润滑性能变好,但是其退火清净性也随之变差,退火后表面油斑加重。常用的几种矿物油与润滑有关的物理性能见表5-5。

表5-5 常用的几种矿物油与润滑有关的物理性能

矿物油		运动黏度(40℃)/(mm²/s)	密度/(g/cm³)	凝固点/℃	闪点/℃	油膜强度/N
名称	牌号					
煤油	1号	1.0~1.9	0.84	<-30	>38(闭口)	170~190
轻柴油	-10号	1.5~5.8	实测	<-10	>55(闭口)	300
溶剂油	260号	1.5~2.0	0.82	—	>65(闭口)	200

(续)

矿物油 名称	牌号	运动黏度(40℃)/(mm²/s)	密度/(g/cm³)	凝固点/℃	闪点/℃	油膜强度/N
机油	N5	4.14~5.16	实测	-10	110	400~500
	N7	6.12~7.48	实测	-10	110	400~500
	N10	9.00~11.0	实测	-10	125	400~500
	N15	13.5~16.5	实测	-15	165	400~500
	N22	19.8~24.2	实测	-15	170	400~500
	N32	28.8~35.2	实测	-15	170	400~500
	N46	41.4~50.6	实测	-10	180	400~500
	N68	61.2~74.8	实测	-10	190	500~600
	N100	90.0~110	实测	0	210	500~600
变压器油	DB—10	10	实测	-10	140(闭口)	—
白油	10号	7.6~12.4	实测	-1	145	—
	26号	24~28	实测	-1	165	—
汽缸油	52号	49~55	实测	10	300	—

5.2.2 动植物油

从动物脂肪中提炼出的油称为动物油。从植物的果实或种子中提炼出的油称为植物油。动植物油是最早使用的金属成形润滑剂。随着矿物油的大量使用,虽然动植物油的用量在减少,但是在某些方面仍具有不可替代的作用。

动植物油主要由碳原子数在 12~18 之间的各种脂肪酸组成,其中以硬脂酸($CH_{18}H_{35}O_2$)、油酸($HC_{18}H_{38}O_2$)和棕榈酸($HC_{16}H_{31}O_2$)为主,同时还有亚油酸、月桂酸、肉豆蔻酸等。油酸为不饱和酸,在常温下是液体,故使用较为方便。其余的饱和脂肪酸在常温下均为固体。由于动植物油在分子结构上为极性化合物,氧化安定性较差。高温下游离的有机酸对金属的腐蚀性甚强,尤其是金属成形退火时在金属表面形成的油斑较严重。然而,动植物油具有良好的润滑性能,油膜强度高,摩擦系数小,如蓖麻油在轧制过程中甚至可以出现负前滑。因此,动植物油通常在对成形金属制品表面要求相对不高的场合,特别是在润滑剂非循环使用的条件下,如热轧、小型轧机冷轧、拉拔、冲压等成形工艺润滑中使用。但目前多数情况动植物油都用作矿物油的添加剂。一些常用的动植物油的理化性能见表 5-6。

表 5-6 动植物油的理化性能

性能	棕榈油	棉籽油	蓖麻油	猪油	牛油
密度(15℃)/(g/cm³)	0.923	0.925	0.962	0.925	0.939
运动黏度(50℃)/(mm²/s)	10.0	3.0	15.0	23.5	23.3

(续)

性能	棕榈油	棉籽油	蓖麻油	猪油	牛油
凝固点/℃	0	0~-6	-10~-8	22~32	30~38
酸值/(KOH/g)	2~10	2~6	3~10	2.2	—
羟值/(mgKOH/g)	4~24	7.5~12.5	161~169	—	—
皂化值/(mgKOH/g)	196~210	189~199	176~191	193~200	190~200
碘值/(gI$_2$/100g)	48~58	100~116	81~82	42~66	32~47
硬脂酸/%	2.0~6.5	2.0	43	8~16	24~26
棕榈酸/%	32~47	20~22	2	24~32	27~29
油酸/%	39~51	30~35	3~9	43~44	43~44
亚油酸/%	5~11	33~50	0	2~5	2~5

5.2.3 合成油

合成油是为了获得某些性能而人工合成的具有特殊分子结构的化学物质。由于合成油的分子结构是人为设计的,在碳氢结构中引入含有氧、硅、磷和卤素等元素的官能团,因此可以根据需要获得一些矿物油和动植物油无法满足的理化性质和特殊性能。目前合成油受到广泛关注,其应用领域也越来越广泛和深入。

根据其化学结构,合成油现有三大类,即合成烃类、合成酯类以及其他合成油(如聚醚、磷酸酯、硅油、硅酸酯和聚苯醚等)。各类合成润滑油与矿物润滑油的主要性能对比见表5-7。下面主要介绍合成烃类、合成酯类两类合成油。

表5-7 各类合成润滑油与矿物润滑油的主要性能对比

类型	黏温性	低温性	热安定性	氧化安定性	水解安定性	抗燃性	耐负荷性	挥发性
矿物油	良	良	中	中	优	低	良	中
合成烃	良	良	良	中	优	低	良	低
酯类油	良	良	中	中	中	低	中	中
聚醚	良	良	中	中	中	低	良	低
磷酸酯	中	差	良	良	中	高	良	低
硅酸酯	优	优	中	中	差	低	中	中
氟碳油	中	中	良	良	中	高	差	中
全氟醚	中	良	良	良	良	高	良	中

(1) 合成烃类。烯烃的双键能够聚合,形成一种类似饱和烷烃的聚合物。如聚丁烯、三氟氯乙烯等,可以精确控制其链长和黏度,以满足不同润滑性能的需要。目前最常用的合成润滑油基础油是聚α烯烃(PAO),它是由乙烯经聚合反应制成α烯烃,再进一步经聚合及氢化而制成,其化学结构见图5-1。

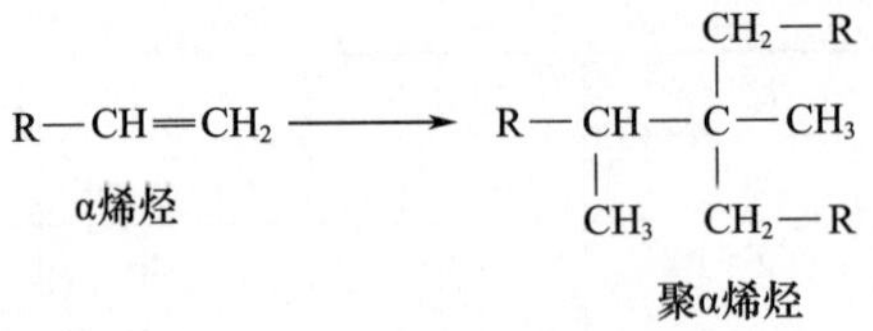

$$R-CH=CH_2 \longrightarrow R-CH-\underset{\underset{CH_2-R}{|}}{\overset{\overset{CH_2-R}{|}}{C}}-CH_3$$

α烯烃　　　　　聚α烯烃

图 5-1　聚α烯烃结构示意图

通过控制聚合,可以制备不同黏度等级的 PAO,如低黏度 PAO、中黏度 PAO 和高黏度 PAO,以满足不同使用要求。典型的 PAO 性能见表 5-8。

表 5-8　不同黏度等级的 PAO 性能

项目	PAO-10	PAO-40	PAO-150
运动黏度(100℃)/(mm²/s)	9.9	40.5	155
运动黏度(40℃)/(mm²/s)	61	387.4	1780
黏度指数,VI	148	156	200
闪点(开口)/℃	260	295	300
倾点/℃	-52	-40	-23
气味	无	无	无
水分/(mg/kg)	<100	<100	<100
密度(15.6℃)/(g/cm³)	0.835	0.850	0.855

（2）合成酯类。酯是有机酸和醇的反应产物。酸可以含有一个羧基（—COOH）或两个羧基,同样,醇也可有 1~3 个羟基(—OH)。酯键(R—COO—R′)非常稳定,由此形成的合成油具有高温稳定性。酯可根据形成酯的酸和醇来命名。硬脂酸丁酯的结构见图 5-2。

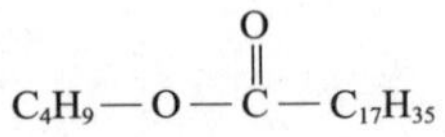

$$C_4H_9-O-\overset{\overset{O}{\|}}{C}-C_{17}H_{35}$$

图 5-2　硬脂酸丁酯的分子结构示意图

脂肪酸酯的润滑性能取决于合成它的脂肪酸和脂肪醇,其中脂肪酸或脂肪醇的碳链越长,酯的润滑性能就越好。另外,不饱和脂肪酸合成的酯在室温下一般为液体,既可直接使用,也可作为添加剂使用。若合成酯在常温下为固体则不能直接使用,只能作为添加剂使用。一些脂肪酸酯的润滑性能见表 5-9。

表 5-9　脂肪酸酯的润滑性能

脂肪酸酯	摩擦力/(N/mm²)	延伸系数	熔点/℃
油酸丁酯	58.8	1.50	液体
油酸乙二醇单酯	49.0	1.58	液体
油酸丙三醇单酯	38.2	1.47	液体

(续)

脂肪酸酯	摩擦力/(N/mm²)	延伸系数	熔点/℃
油酸季戊四醇单酯	15.7	2.08	液体
油酸山梨醇单酯	7.8	2.40	液体
硬脂酸丁酯	50.9	1.54	24
硬脂酸异丁酯	50.9	1.55	22
硬脂酸乙二醇单酯	46.0	1.64	58
硬脂酸丙二醇单酯	34.3	1.84	57

5.3 乳 化 液

两种互不相溶的液相中,一种液相以细小液滴的形式均匀分布于另一种液相中形成的两相平衡体系称为乳化液。其中,含量小的称为分散相,含量大的称为连续相。若分散相是油,连续相是水,则形成 O/W 型乳化液;反之则形成 W/O 型乳化液。而乳化液的外观取决于在连续相中分散相液滴直径 D 的大小。以 O/W 型乳化液为例,其相互关系见表 5-10。

表 5-10 分散相液滴直径 D 与乳化液外观的关系

分散相液滴直径 $D/\mu m$	乳化液外观
≥1	乳白色
0.1~1.0	蓝白色
0.5~0.1	浅灰色半透明状
<0.05	透明状

5.3.1 乳化剂

由于两种互不相溶的液相(如油和水)混合时不能形成稳定的平衡体系,故需加入表面活性剂,也即乳化剂。乳化剂具有独特的分子结构,其分子一端为亲油基(憎水基),分子的另一端为亲水基(憎油基)。这样,通过乳化剂把油和水结合起来形成稳定的油水平衡体系。以乳化剂硬脂酸钠为例,其结构和乳化液的成形过程见图 5-3。

乳化剂的性质取决于亲水基和亲油基的相对强度。如亲水基强,则乳化剂易溶于水,难溶于油;相反亲油基强,则易溶于油,难溶于水。为了定量表示乳化剂分子的相对强度,目前广泛采用了亲水亲油平衡值 HLB 的观点,即乳化剂的 HLB 值越大,则表示亲水性越强,而 HLB 值越小,则表示亲油性越强。一般 HLB 值在 1~40 之间。

多数 O/W 型乳化液要求 HLB 值为 10~13,而典型的 W/O 型乳化液的 HLB 值只有 3~6。乳化剂的 HLB 值可以计算出来或由实验测定。同样,为了乳化特定

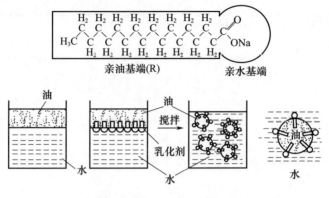

图 5-3 乳化剂结构及乳化液形成过程示意图

的油相乳化剂,必须满足相应的 HLB 值,见表 5-11。

表 5-11 油被乳化所需要的 HLB

油相	O/W 乳化液	油相	O/W 乳化液
矿物油		硬脂酸	17
链烷烃	10	油酸	17
芳香烃	12	月桂醇	14
煤油	12	硬脂酸丁酯	11
动植物油		羊毛脂	12
蓖麻油	14	磷酸三甲苯酯	17
棉籽油	6	甲基、苯基	7
棕榈油	7	硅酮	7
茶籽油	7	蜂蜡	9
牛油	6	石蜡	10

根据乳化液中分散相所带电荷性质,乳化剂可分为以下几种。

(1) 阴离子型乳化剂。如羧酸盐类 R—COONa、硫酸盐类 R—OSO$_3$Na、磺酸盐类 R—SO$_3$Na、磷酸盐类 (RO)$_2$PONa 等为阴离子乳化剂,具有乳化效率高、润滑性能好、清洗性和防锈性强以及破乳容易等特点,同时也是目前使用较为广泛的轧制润滑乳化液。但是,其对水质要求较高,易腐败变质,使用寿命短。

(2) 阳离子型乳化剂。如季铵盐类 [R—N(CH$_3$)$_3$]$_x$ 和咪啉类等为阳离子型乳化剂,其形成的乳化液对水质不敏感。由于其本身就具有杀菌作用,故乳化液不易腐败变质。然而,阳离子成本较高,因此使用受到限制。

(3) 非离子型乳化剂。非离子型乳化剂主要是酯类和醚类,如脂肪酸乙二醇酯 (RCOO(CH$_2$CH$_2$O)$_n$H)、脂肪醇聚氧乙烯醚 (RO(CH$_2$CH$_2$O)$_n$H)、司本 (Span)、吐温 (Tween) 系列等。非离子型乳化剂的亲油基和亲水基链长可以人为设计,所以其 HLB 值可选择范围较大。另外,由于乳化剂是非离子,故乳化液不怕硬水。但是若配方不当则容易产生泡沫,而且成本也较高。

5.3.2 乳化液的组成

乳化液主要由基础油、乳化剂、添加剂和水组成。除了乳化剂外,其他各组分的性能、含量也会对乳化液的润滑性能、使用效果及使用寿命产生重要影响。

基础油可以是矿物油或动植物油,通常轧制、拉拔有色金属,如铜、铝合金多用矿物油,而钢铁轧制则以动植物油为主。另外,基础油的黏度也是影响乳化液润滑性能的关键因素之一,同时还要考虑基础油的黏度要与乳化剂和添加剂的黏度相近;否则可能会对乳化油的稳定性产生影响。

乳化液中的添加剂主要有乳化稳定剂、抗氧剂、油性剂、极压剂、防锈剂、防腐杀菌剂、消泡剂等,金属加工用乳化液基本组成与功能见表 5 – 12。其中油性剂和极压剂主要用于提高乳化液的润滑性能,尤其是极压剂。由于乳化液中 90%~95% 是水,油相只占 10%~5%,故基础油中必须加入极压剂。通常乳化液使用的极压剂有氯系、磷系、硫系极压剂及其复合物。

表 5 – 12　金属加工用乳化液基本组成与功能

配方组成	功能
矿物油、动植物油、合成油	润滑
脂肪醇、季铵盐、酯类、醚类	乳化
脂肪酸	乳化,防锈
石油磺酸钠	乳化,防锈
醇胺	pH 调整剂、缓蚀剂
氯化石蜡、磷酸酯、硫化脂肪	润滑、极压
脂肪酸酰胺	防锈
硅油	消泡
硼酸酯	抗菌
均三嗪、三丹油	防腐剂
耦合剂	调整稳定性

水对乳化液的稳定性和使用效果有较大影响,其中主要是水的硬度。水中的钙、镁离子会对离子型乳化剂作用效果产生影响,进而影响乳化液的稳定性。另外,水中氯化物、硫酸盐和其他无机物虽然对乳化液的稳定性影响不大,但是能导致腐蚀的产生并促使细菌生长变质。因此,制备乳化液时最好使用软化水,水的硬度控制在 100mg/kg 以下。可以通过化学吸附、离子交换或蒸馏等方式降低水的硬度。

5.3.3 乳化液的制备

乳化液的制备通常是先将乳化剂、基础油、添加剂等配制成乳化油,使用时再按比例兑水制成乳化液。制备的基本工艺流程如图5-4所示。

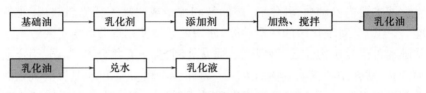

图5-4 乳化液制备基本工艺流程

乳化液制备过程中,制备方法、加料顺序、温度、时间、乳化液浓度等都会影响乳化液中油相颗粒直径进而影响乳化液的稳定性和使用效果。表5-13所列为乳化液制备时加料顺序对粒径的影响。

表5-13 制备方法对乳化液粒径的影响

加料顺序	粒径特征
乳化剂加入水中,再加入础油	不均匀,粒径较粗
乳化剂与基础油混合后加入水中	均匀,粒径较细
油水交替多次分别加入乳化剂	较均匀,粒径较细

除了加料顺序外,乳化时搅拌方式、搅拌时间、水温等也会对乳化液粒径产生影响。如常温下乳化,粒径大多小于 $1\mu m$,而当水温达到100℃时,大于 $1\mu m$ 的粒径达到60%以上。另外,随着搅拌器转数和搅拌时间增加,也可使乳化液粒径减小。表5-14列举了不同搅拌器搅拌的粒径范围。

表5-14 不同搅拌器搅拌的粒径范围

搅拌器类型	不同乳化剂含量的乳化液粒径范围/μm	
	5%	10%
推进式搅拌器	3~8	2~5
涡流式搅拌器	2~4	2~4
均匀混合器	1~3	1~3
分散磨	4~7	3~5

乳化液的粒径不同除了表现出不同的乳化液外观外,主要是对其润滑性能和热稳定性产生影响。一般而言,较大粒径有利于乳化液受热时油水两相分离,轧辊和轧件表面吸附油量增加,降低轧制变形区摩擦系数。因此,为了提高乳化液的润滑性能可控制 $2\sim5\mu m$ 的粒径比例达到50%以上。图5-5和图5-6分别为乳化液粒径与热轧铝板表面吸附油量的关系以及粒径分布对摩擦系数的影响。

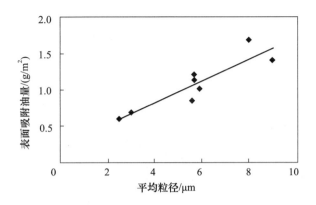

图 5-5 乳化液平均粒径与热轧铝板表面吸附油量的关系

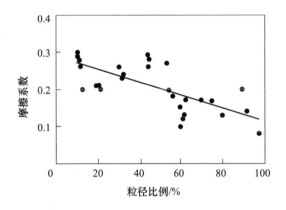

图 5-6 乳化液粒径对热轧摩擦系数的影响

然而,若乳化液粒径过大,容易造成乳化液不稳定,严重时会使乳化液油水分离,进而影响乳化液的使用效果和使用周期。一般经机械搅拌、均匀混合的方法制备的新乳化液平均粒径通常小于 $1\mu m$。随着使用时间的增加,乳化液的粒径逐渐粗化长大,反映在润滑过程中可能出现润滑过度,造成成形过程不稳定的情况。为了解决乳化液的稳定性和润滑性能的矛盾,可在乳化液中加入分散剂。

5.3.4 乳化液的热分离性

当乳化液喷射到工模具或变形金属表面上时,由于受热,乳化液的稳定状态被破坏,分离出来的油吸附在金属表面上,形成润滑油膜,起防黏减摩作用。而水则起冷却工模具作用。乳化液正是通过这种热分离性来达到润滑冷却的目的。

乳化液的热分离性除了乳化液本身性质外,基础油的黏度、添加剂、乳化液中油滴的尺寸及分布、乳化液的使用温度和时间等都会影响乳化液的热分离性,进而影响乳化液的使用效果。

5.4　固体润滑剂

从黏着摩擦理论来讲,凡是剪切强度比变形金属剪切强度低的固体物质都可以作为材料成形过程中的固体润滑剂。但考虑到其他方面的因素,如温度、压力等,使用最广泛的固体润滑剂除了传统的粉末状的石墨、二硫化钼、氮化硼等外,纳米材料作为新型固体润滑材料,也开始得到广泛的关注。固体润滑剂具有优质的耐压、耐热及润滑性能,不仅可以单独作为抗高温润滑剂使用,而且还可以与液体润滑剂混合制成固-液混合型润滑剂。而纳米润滑材料往往分散到润滑油中或水中制备出纳米润滑油(液),表现出独特的润滑性能,包括石墨烯、氧化石墨烯等。

5.4.1　石墨

石墨(Graphite)是一种具有片层结构的物质,其晶体结构如图5-7所示。石墨晶体结构中碳原子以共价键结合,间距为0.1415nm,结合能较高。层与层之间以范德华力结合,间距为0.3354nm,结合能较低。当受到剪切应力作用时,很容易在层间发生滑移。研究表明,影响石墨润滑性能的因素有以下几个。

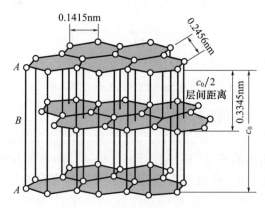

图5-7　石墨的晶体结构

(1) 结晶性。石墨种类较多,一般分为天然石墨和人造石墨。天然石墨又可分为鳞片状石墨和土状石墨等,天然石墨结晶性好且硬度低,润滑性能好。

(2) 纯度。石墨里所含的杂质越多,对工模具的磨损也越大,从而直接影响工模具使用寿命。

(3) 粒度与粒子形状。通常作润滑剂的石墨粒度为 $0.4 \sim 240 \mu m$。研究表明,粒度越大,摩擦系数越小,然而石墨在金属表面上的涂覆性能却相反,即粒度越细,涂覆性越好。为此,在选择石墨粒度时要综合考虑。另外,形状越扁平的石墨,其润滑性能越好,磨损也小。

(4)周围气氛。石墨非常容易吸附气体和大气中的水分,这有利于石墨的润滑性能。研究表明,石墨在干燥的空气中的摩擦系数极高,当相对湿度提高到80%后,摩擦系数降低至0.16。

石墨的使用温度在200~400℃。使用时通常制成粉状,可以把细粉直接撒到金属表面上,如热锻也可以分散到油和水中制成悬浮液使用。

5.4.2 二硫化钼

二硫化钼(Molybdenum Disulphide)的晶体结构为六方晶系的片层结构,见图5-8。分子层与层之间的结合很弱,很容易产生层间滑移。二硫化钼在340~400℃时开始氧化,所以它的高温润滑性能不如石墨好。

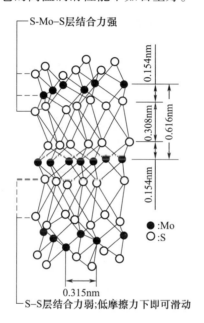

图5-8 二硫化钼的晶体结构

5.4.3 其他固体润滑剂

虽然石墨和二硫化钼都是优质的高温润滑剂,但是由于它们在使用过程中常常伴有黑烟、气味,污染环境,因此,在条件允许的情况下,也可以使用其他润滑剂。

金属氧化物如氧化铅(PbO)、氧化铜(CuO)、三氧化二铋(Bi_2O_3)以及铁的氧化物在高温时均有降低摩擦的作用,而且伴随着高温成形过程它们在金属表面自动形成,起到了自润滑作用。

硬脂酸盐,如硬脂酸锌、硬脂酸钡、硬脂酸钙、硬脂酸铝等均为白色粉末,具有一定的耐热性和滑腻性,在成形温度不高或者冲压时也常常使用。硬脂酸盐的有关性能见表5-15。

表 5-15 硬脂酸盐的有关性能

种类	金属含量/%	游离酸/%	水分/%	熔点/℃	粒度/目
硬脂酸锌	10.2~11.2	≤1	≤1	120	200
硬脂酸钡	19.5~20.7	≤0.5	≤0.5	210	200
硬脂酸钙	6.2~7.4	≤1	≤3	130≥	200
硬脂酸镁	4.0~5.2	≤8	≤3	155~170	200

5.4.4 纳米润滑粒子

近年来,随着纳米科技和纳米材料制备技术的发展,纳米材料应用于润滑过程形成了纳米润滑技术,作为润滑理论中的重要创新内容,越来越受到广泛重视和应用,为解决润滑问题开辟了一条新途径。

纳米材料由于界面与表面效应、量子尺寸效应、小尺寸效应以及宏观量子隧道效应,具有高扩散性、易烧结、熔点低、硬度大和高化学活性等特点,逐渐在润滑工业得到应用。目前研究的纳米润滑材料包括层状无机物、软金属单质、氟化物、氧化物及氮化物等,如表 5-16 所列。

表 5-16 常见的纳米润滑材料

添加剂种类	纳米材料	主要性能
层状无机物	石墨、MoS_2、氟化石墨等	石墨的润滑作用受水蒸气影响较大,摩擦系数一般在 0.05~0.19;二硫化钼能抵抗大多数酸的腐蚀,良好的热安定性,高承载能力,低摩擦系数为 0.04~0.10;氟化石墨高温、高速、高负荷条件下的性能优于二硫化钼或石墨,改善了石墨在没有水气条件下的润滑性能
软金属类	Cu、Pb、Ni、Bi、Al、Ag、Sn 等	软金属的剪切强度低,蒸发率低,具有自行修补的特点
氟化物	CaF_2、BaF_2、LiF、CeF_3、LaF_3	氟化物的温度范围比氧化物的宽,常用于航天系统
氧化物	PbO、TiO_2、ZnO、Al_2O_3 等	各种类型氧化物的润滑性能迥异,其中 PbO 在 400℃ 以上显示出比 MoS_2 更优异的润滑性
氮化物	SiN、BN 等	氮化硅是较廉价的纳米润滑材料,其力学性能、耐热性质和化学安定性都好;氮化硼又称"白石墨",耐腐蚀、电绝缘性好,摩擦系数约为 0.2
碳纳米材料	石墨烯、氧化石墨烯、富勒烯、碳纳米管	由于层间极低的剪切力,具有优异的摩擦学性能

研究表明,纳米材料表现出良好的极压抗磨性能,能够提升润滑油的摩擦学性能。润滑效果不但取决于纳米颗粒的种类,同时也受到纳米颗粒的结构以及尺寸的影响。图 5-9 所示为改性后的纳米 TiO_2 粒子的透射电镜照片。TiO_2 纳米粒子呈现类球形,平均尺寸在 40nm 左右。一般作为润滑用的纳米粒子尺寸在 100nm

以内,粒径太大会形成"磨粒",导致磨损增加。但粒径太小,纳米粒子容易团聚,应控制粒径大于 20nm。

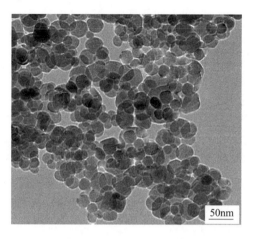

图 5-9　纳米 TiO_2 粒子的 TEM 照片

石墨烯、富勒烯、碳纳米管等碳纳米材料由于其独特的结构,已成为润滑添加剂领域的研究热点之一。图 5-10 和图 5-11 分别是石墨烯和氧化石墨烯的结构示意图,其中石墨烯和氧化石墨烯均呈现明显的片状结构,具有非常低的层间剪切力,同时石墨烯氧化后结构上生成—OH、—COOH 等多种官能团,因而具备吸附与润滑的特征。

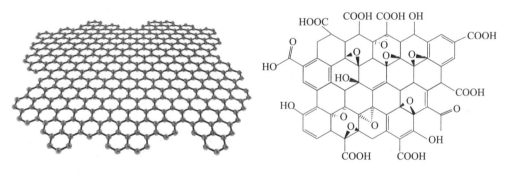

图 5-10　石墨烯结构示意图　　　　图 5-11　氧化石墨烯结构示意图

5.5　润滑剂的理化性能及其评价

工艺润滑剂的理化性能不仅是润滑剂本身品质高低的一个标志,同时还是选择润滑剂的主要依据之一。另外,理化性能的好坏还直接影响工艺润滑剂的使用性能以及加工成形后制品的产品质量。作为金属加工或成形工艺润滑剂,理化性能同样对成形工艺过程和制品表面质量等产生较大影响。

5.5.1 黏度

黏度是液体的内摩擦,黏度的高低反映了流体流动阻力的大小。黏度的度量方法有绝对黏度和相对黏度。其中,绝对黏度又分为动力黏度和运动黏度;相对黏度分为恩氏黏度、赛氏黏度和雷氏黏度等几种表示方法。

动力黏度 η 是在流体中上下间隔1m,面积都为 $1m^2$ 的两层流体,当相对移动速度为1m/s时所产生的运动阻力。动力黏度的国际单位是帕斯卡·秒(Pa·s),即牛顿·秒/米^2(N·s/m^2),而常用单位为泊(P)或厘泊(cP)。它们之间的换算关系为

$$1Pa \cdot s = 10^3 mPa \cdot s = 1N \cdot s/m^2 = 10P = 10^3 cP$$

动力黏度常用于流体动力学计算,而在实际使用时用动力黏度 η 除以同温度下的流体密度 ρ 得到运动黏度 v。运动黏度表示了流体在重力作用下的流动阻力。运动黏度的国际单位是斯(St, $1St = 1 \times 10^{-4} m^2/s$),而在实际中多使用厘斯(cSt, $1cSt = 1mm^2/s$),其中

$$1cSt = 1mm^2/s = 1 \times 10^{-6} m^2/s$$

运动黏度的测量按《石油产品运动黏度测定法和动力黏度计算法》(GB/T 265—88)标准进行,并注明测定时的温度。动力黏度可由运动黏度计算。除了动力黏度和运动黏度外,还有恩氏黏度(°E)、雷氏黏度(R)、赛氏黏度(S)等。它们之间的换算关系为

$$v(mm^2/s) = 7.31°E - \frac{6.31}{°E}$$

$$v(mm^2/s) = 0.26R - \frac{172}{R}$$

$$v(mm^2/s) = 0.225S$$

运动黏度作为润滑油的最重要性能指标直接影响到成形过程的润滑性能。此外,油的黏度还会影响成形制品退火表面质量,其中油的黏度越高,表面油斑越严重。另外,油的黏度与闪点、残炭及冷却性能还有一定的关系。

在实际使用过程中,常用两种黏度不同的油掺合在一起以得到所需的黏度。当由运动黏度分别为 v_1 和 v_2 的两种油掺合时,两者混合的体积百分数分别是 V 和 $1-V$ 时,掺合油的运动黏度 v 可用下式确定,即

$$\lg\lg(v+0.6) = V\lg\lg(v_1+0.6) + (1-V)\lg\lg(v_2+0.6) \qquad (5-1)$$

5.5.2 密度

一般油品的密度都小于 $1.0g/cm^3$,而且油品黏度越低,其密度也就越小。大部分油品密度都在 $0.8 \sim 0.9g/cm^3$ 之间,有些添加剂的密度则大于 $1.0g/cm^3$。密度的测定方法按《石油和液体石油产品密度测定法(密度计法)》(GB/T 1884—92)标准进行,并注明温度。

5.5.3 闪点

在规定条件下加热油品,当油温达到某一温度时,油的蒸气和周围空气的混合气体,一旦与明火接触即发生闪火现象,此时的最低温度称为闪点。若闪火持续5s以上,此时的温度称为燃点。闪点的测定方法有开口杯闪点(GB/T 267—1988)和闭口杯闪点(GB/T 261—83)两种。一般闪点在150℃以下的轻质油品测量闭口闪点,重质油品测量开口闪点。也可以根据油品的使用条件选用闪点的测量方法,同一油品其开口闪点比闭口闪点高20~30℃。

油品闪点的高低取决于油中轻质成分的多少,其中,轻质成分越多,黏度越低,闪点越低,如煤油、柴油、机油的闪点依次为40℃、60℃、145℃。闪点是油品在生产、储运,特别是使用时的安全指标。一般要求油品的使用温度高于其闪点20~30℃。

5.5.4 倾点与凝点

油品在标准规定的冷却条件下(GB/T 3535—2006),能够流动的最低温度称为倾点。而凝点是在标准规定的实验条件下(GB/T 510—2018),将油品冷却到液面不移动时的最高温度。由于倾点与凝点的测试条件不同,同一油样的倾点比凝点高3℃左右。倾点与凝点都表示油品在低温下流动性能的好坏,同时与油品成分组成中蜡含量有关。倾点或凝点越高,油品低温条件下流动性就越差,严重时会堵塞油路,影响润滑效果。

一般油品的倾点均在0℃以下,由于金属加工或成形过程都有一定的温度,不会影响油品的正常使用,只不过是在停机时要加以注意。

5.5.5 馏程

石油产品是多种有机化合物的混合物,在加热蒸馏时没有固定的沸点,只有一定的馏程。油品的馏程是指从初馏点到终馏点的温度范围。馏出温度是指馏出液的容量分别达到试样容量的10%、50%、90%、95%时的温度。当油品在规定条件下,加热蒸馏出第一滴油品时的温度称为初馏点,而终馏点是指馏出量达到最末一个规定的馏出百分数时的温度。具体测定时按《石油产品馏程测定法》(GB/T 255—77)标准取100mL试样在测定的仪器及试验条件下,按一定的要求进行蒸馏,系统地观察温度读数和冷凝液体积。试验时要记录下列温度:初馏点,馏出10%、50%、90%、95%的馏出温度,干点。

馏程的大小与油品成分组成密切相关,可以从初馏点和10%馏出温度来判断油中所含轻质馏分的程度,以确定对油品的闪点、黏度及使用安全性的影响。从90%馏出温度和干点可以表示其所含重质组分的程度,对判断退火时产生褐色污染的可能性有一定的参考价值。另外,油品馏程越窄,油品成分越单一,但是馏程太窄会导致油品成本升高,所以确定馏程时应综合考虑。

5.5.6 酸值

酸值是表征油品中有机酸总含量多少的指标。按《石油产品酸值测定法》(GB 264—1983)测定,中和1g油品中的有机酸所需氢氧化钾的毫克数称为酸值,单位是mgKOH/g。酸值的高低反映油品生产的精制程度,精制程度越高其酸值越低。另外,酸值的大小还反映了油品中有机酸含量的高低,也即对金属的腐蚀程度的大小,特别是当油品中含有水分时,这种腐蚀作用可能更加显著。另外,油品被氧化发生变质时常常伴随酸值的升高。所以,酸值也是衡量油品抗氧化性和使用过程中油品老化变质情况的一项重要指标。

5.5.7 碘值

碘值是中和100g油品中的不饱和双键所需的碘的克数,按《动植物油脂 碘值的测定》(GB/T 5532—2008),单位为 $gI_2/100g$。有时用溴中和油品中的不饱和双键,故又称为溴值或溴价。碘值的大小反映了油品不饱和程度的高低。碘值越高,表明油脂不饱和程度越高,抗氧化安定性越差,容易导致油脂的酸败变质;相反,碘值越低,油脂熔点越高。

5.5.8 水溶性酸碱

油品中的水溶性酸或碱是指能溶于水的酸性或碱性物质。水溶性酸或碱会对机械设备发生腐蚀,同时在金属表面造成腐蚀缺陷或色差,还会加速油品老化速度,促使油品氧化变质。所以,水溶酸或碱是判断油品老化速度以及氧化变质程度的一个重要指标,如铝箔轧制油中要求无水溶性酸或碱。

用蒸馏水或乙醇水溶液抽提试样中的水溶性酸或碱,然后分别用甲基橙和酚酞指示剂检查抽出液颜色的变化情况,或用酸度计测定抽提物的pH值,以判断有无水溶性酸或碱。

5.5.9 皂化值

皂化值是指皂化1g油品所需氢氧化钾的毫克数,单位为mgKOH/g。被皂化的物质主要是油脂、合成酯等酯类化合物及有机酸。这些物质通常是被用作增加油品润滑性能而添加的油性物质。皂化值是酯值和酸值的总和。皂化值在乳化液中具有重要意义,它的高低代表了乳化液润滑性能的优劣,皂化值越高,润滑性能越好,但退火表面清净性也随之变差。

皂化值按《动植物油脂 皂化值的测定》(GB/T 5534—2008)标准测定,若油样的皂化值小于10mgKOH/g则不容易测准,因此在称取测定油样时可以不受1g的限制。

5.5.10 水分

水分表示油品中含水量的多少,用质量分数表示。水分的测定按《石油产品水含量的测定 蒸馏法》(GB/T 260—2016)标准进行,若水分含量小于0.03%,则认为是痕迹;若没有水分则是无。油品中应不含水分,否则会对金属产生腐蚀,或者在油温升高时生成气泡,影响润滑效果。严重时不但会使油品在使用中油膜强度降低,而且还会使其中的添加剂分解而沉淀,即使进行处理,除去水分,添加剂也不能恢复原来的使用效能。

5.5.11 灰分

油品的灰分是指在规定的条件下(GB/T 508—1985)完全燃烧后,剩下的残留物(不燃物),以质量分数计。油品的灰分主要是由油品完全燃烧后生成的金属盐类和金属氧化物组成。油品灰分增加会导致金属磨损增大,退火时残留金属表面影响后续涂镀工艺。通过测定油品的灰分能够间接了解油中无机盐、金属有机化合物的多少以及含有金属化合物添加剂的含量。轧制油过滤时一些过滤介质如无机盐可能会混入到轧制油中,导致轧制油灰分上升。

5.5.12 残炭

残炭是在隔绝空气的条件下(GB/T 17144—1997)把油品加热,经蒸发分解生成焦炭状残留物,以质量分数计。残炭的高低表明了油品精制深浅程度,也即油品中硫、氧和氮化物含量的多少。残炭对油品高温使用性能有较大影响,残炭还会促进油品劣化变质,并妨碍润滑油膜的形成。

虽然残炭对油品的使用性能有一定影响,但残炭在高温时具有润滑作用,所以就金属热加工成形而言,不一定会增加其摩擦、磨损,如环烷基油的残炭质软而摩擦、磨损就较小。还有铝合金铸轧时,利用铸轧辊表面残炭起到润滑作用。

5.5.13 机械杂质

机械杂质是指油品中不溶于汽油或苯的沉淀和悬浮物,经过滤分离出的杂质,以百分数计。机械杂质主要来源于油品在运输、储存,尤其是在使用过程中外来物的混入,如灰尘、泥沙、金属氧化物、金属磨损碎屑等。油品中机械杂质的存在会导致工件表面的划伤及工模具的磨损。上述情况一般通过油品的循环过滤加以解决。油品包括添加剂中机械杂质的测定按《石油和石油产品及添加剂机械杂质测定法》(GB/T 511—2010)标准进行。

5.5.14 硫含量

硫含量是指油品中硫元素的含量,以质量分数计。由于硫对金属具有腐蚀性,故对金属加工成形油品中硫含量应进行控制。特别是轻金属轧制油对硫含量的控制更加严格,通常不大于0.001%量级。

5.5.15 芳烃含量

由于芳烃在医学上被怀疑具有致癌性,所以在轧制食品和药品包装用金属薄板、箔材时,轧制油中芳烃含量受到限制,如美国食品与药品管理局(FDA)规定(USA FDA – CFR 178.3620(B)、(C))食品和药品包装用铝箔轧制油中芳烃含量小于1%。

5.5.16 腐蚀性

腐蚀性是指油品在一定温度下对金属的腐蚀作用。腐蚀性的测定按《石油产品铜片腐蚀试验法》(GB/T 5096—2017)进行。造成金属腐蚀的原因主要是氧、水、酸和其他具有腐蚀性的物质等。腐蚀性对金属加工成形润滑剂十分重要,不仅成形制品有腐蚀问题,而且成形设备长期与润滑剂接触更容易腐蚀。除了控制水分、酸值等理化性能外,必要时须加防腐蚀剂。

除了上述与润滑剂的润滑作用效果密切相关的理化性能外,油品其他的理化性能,如黏度指数、压黏系数、表面张力、介电常数、电导率、蒸发速度、汽化热、燃烧热、比热容、热导率、苯胺点等也能反映油品的某些性能,如冷却能力、抗静力性能、油膜形成能力等。上述理化性能的测定均有国标可循。

5.6 润滑剂的流变

金属成形过程常常处于高温、高压条件下,如合金钢热轧温度在1200℃左右;冷轧轧制压力在500MPa左右。在温度和压力作用下,液体的流动性能发生变化,如黏度、密度、剪切强度等。上述变化规律可由黏压关系和黏温关系确定。

5.6.1 黏度与压力的关系

随着所受压力的增加,润滑油分子间距减小,分子间作用力增大,因而黏度增加。通常的矿物油所受压力超过20MPa时,黏度随压力的变化开始显著。压力继续增加,黏度的变化也增加。由此可知,流体润滑及混合润滑状态下,润滑油的黏压特性是不可忽略的影响因素。

当前人们还不能完全应用分子理论定量地描述润滑油的黏压关系,现有的黏压关系式都是以实验为根据提出的。经常采用的经验公式有以下几个。

(1) Barus 指数关系式。根据实验结果,Barus 提出了黏压关系式,即

$$\eta = \eta_0 e^{\theta p} \tag{5-2}$$

式中:η 为压力 p 时的黏度;η_0 为大气压力下的黏度;θ 为黏压系数(Pa^{-1}),θ 的取值与润滑油的类型和温度等有关,见表5–17。

表 5-17　矿物油的黏压系数 θ　　　　单位:$10^{-8}\mathrm{Pa}^{-1}$

温度/℃	环烷基			石蜡基		
	锭子油	轻机油	重机油	轻机油	重机油	汽缸油
30	2.1	2.6	2.8	2.2	2.4	3.4
60	1.6	2.0	2.3	1.9	2.1	2.8
90	1.3	1.6	1.8	1.4	1.6	2.2

Barus 黏压公式形式简单,便于数学处理,在压力不很高时($p \leqslant 0.3 \sim 0.5\mathrm{GPa}$)与实验数据吻合较好,它在轻、中载荷润滑研究中得到广泛应用。

(2) Cameron 幂函数关系式。当压力较高时,按 Barus 指数关系式求得的黏度值偏高,而压力越高,误差越大。为此,Cameron 提出了幂函数黏压关系式,即

$$\eta = \eta_0 (1 + cp)^n \qquad (5-3)$$

式(5-3)中含有两个实验常数 c 和 n,在实验数据较少时,Cameron 推荐近似地取 $n = 16$、$c = \dfrac{\theta}{15}$。

(3) Roelands 黏压关系式。Roelands 根据大量的实验资料提出了以下的黏度与压力、温度的关系式,即

$$\frac{\lg\eta + 1.2}{\lg\eta_0 + 1.2} = \left(\frac{T_0 + 135}{T + 135}\right)^{s_0} \left(1 + \frac{p}{2000}\right)^z \qquad (5-4)$$

式中:s_0 和 z 为实验常数;对于等温条件,$T = T_0$。

采用 SI 单位制,并作适当变换,式(5-4)可以改写为

$$\eta = \eta_0 \exp[(\ln\eta_0 + 9.67)(1 + 5.1 \times 10^{-9}p)^z - 1] \qquad (5-5)$$

式(5-5)被认为是到目前为止最精确的黏压关系式。在缺乏实验数据的情况下,常数 z 可以利用 Barus 公式中的黏压系数 θ 来决定。因为实践表明,当压力较低时,Barus 关系式具有足够的精确度。如果由式(5-5)定义的当量黏压系数 θ' 为

$$\theta' = \frac{(\ln\eta_0 + 9.67)[(1 + 5.1 \times 10^{-9}p)^z - 1]}{p} \qquad (5-6)$$

则当压力较低时,θ' 应与 θ 相等,即可求得常数 z 的数值。

5.6.2　黏度与温度的关系

如前所述,润滑油黏度是压力的强函数,而黏度与温度的关系也是强函数,但两者的作用恰好相反,即压力增加使黏度急剧增加,而温度增加却使黏度急剧减小。润滑油黏度随温度的变化特性可以用黏度指数 VI(Viscosity Index)值表示。黏度指数越大表示润滑油品运动黏度受温度的影响变化越小。另外,油品分子的运动速度与分子间作用力均受到温度的影响,其中直链烷烃受温度影响较小。其黏度指数较大,而环烷烃则相反,其黏度指数较小。因此,测定油品的黏度指数还可用于粗略地比较油品的烷烃与环烷烃特性。

润滑油品的黏度指数多采用试油的 40℃ 和 100℃ 运动黏度来计算,如国标

GB 1995—1998、美国标准 ASTM D2270—93 及国际标准 ISO 2909—1975(E)等均采用下列公式计算。

当 0 < VI < 100 时,有

$$VI = 100 \frac{L - U}{L - H} \qquad (5-7)$$

式中:U 为试油 40℃运动黏度(mm²/s);H 为与试油 100℃运动黏度相同,黏度指数为 100 的石油产品在 40℃的运动黏度(mm²/s);L 为与试油 100℃运动黏度相同,黏度指数为 0 的石油产品在 40℃的运动黏度(mm²/s)。

公式中 H 与 L 可以在国标中查得。

若 VI≥100 时,黏度指数按下式计算,即

$$VI = \frac{\text{antilg}N - 1}{0.00715} + 100 \qquad (5-8)$$

$$N = \frac{\lg H - \lg U}{\lg Y} \qquad (5-9)$$

式中:Y 为试油 100℃运动黏度(mm²/s)。

为了避免上述复杂计算,若已知试油 40℃与 100℃运动黏度,可以使用黏度指数计算图直接方便地求出 VI 值。图解求黏度指数的具体方法见图 5-12。3 条带刻度的直线依次代表 40℃与 100℃运动黏度及黏度指数。把测得的试油 40℃和 100℃运动黏度标在相应位置上,连接两点并延长交于另一条直线,其交点即为所求的黏度指数。图 5-12 中试油 VI 值为 145,而矿物油的 VI 值在 100 左右,而硅油的 VI 值可以达到 400。

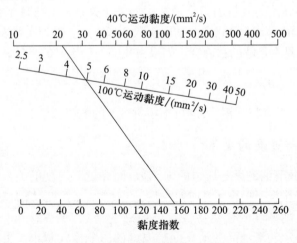

图 5-12　黏度指数计算图

润滑油的黏温关系是研究润滑问题中热效应的基础,也是影响摩擦系数和润滑效果的重要因素之一。有关润滑油的黏温特性已作过大量的研究,并提出了各种形式的黏温关系式,表 5-18 列出几种常用的黏温关系式。

表 5-18 常用的黏温关系式

提出者	黏温关系式	说明
Reynolds	$\eta = e^{-\alpha T}$	准确性较低
Andrade – Erying	$\eta = be^{\frac{\alpha}{T}}$	通常适用于高温
Slotte	$\eta = \dfrac{a}{(b+T)^c}$	相当准确,常用于分析计算
Vogel	$\eta = ae^{b/(T+c)}$	很准确,尤其适用于低温
Walther – ASTM	$v + a = bd^{1/T^c}$	常用于绘制黏温图

注：表中 a、b、c、d 均为常数；T 为绝对温度；η 为动力黏度；v 为运动黏度。

在工程应用中,经常需要绘制黏温关系图。ASTM 坐标图已被广泛用来表示润滑油的黏温关系。它基于 Walther 提出的关系式,而本身是一种经验方法。

当运动黏度的单位为 cSt(mm²/s)时,取 $d=10$, $a=0.6$,则

$$\lg(v+0.6) = \lg b + \frac{1}{T^c} \quad (5-10)$$

或近似写成

$$\lg\lg(v+0.6) = k - c\lg T \quad (5-11)$$

在 ASTM 坐标纸上,纵坐标为 $\lg\lg(v+0.6)$,横坐标为 $\lg T$,式(5-11)为一直线。这样,只需测出两个温度下的黏度就可以做出该直线,从而确定其他温度下的黏度。图 5-13 即为 ASTM 坐标纸。在该坐标纸上,已知一试油 40℃ 与 100℃ 运

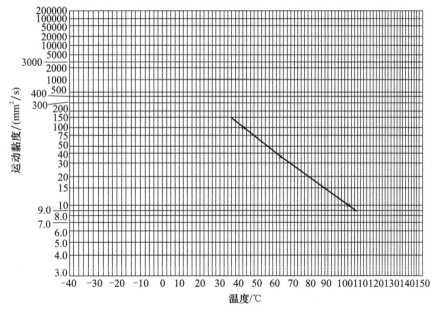

图 5-13 ASTM 标准黏度-温度关系

动黏度分别为 $100\,\text{mm}^2/\text{s}$ 和 $10\,\text{mm}^2/\text{s}$，两点连成一直线，则可以很方便地求出任意温度下的运动黏度，如试油在60℃下的运动黏度约为 $37\,\text{mm}^2/\text{s}$。

若初始动力黏度 $\eta_0=0.1\,\text{Pa}\cdot\text{s}$，取不同黏压系数 θ，按式（5-3）计算油品黏度随压力的变化，结果见图5-14。同样，取不同黏温系数 α，按表5-18中的Reynolds公式计算油品黏度随温度的变化，结果见图5-15。

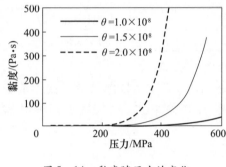

图5-14 黏度随压力的变化　　　图5-15 黏度随温度的变化

比较两图可明显看到，压力对黏度的影响要远远大于温度对黏度的影响，因此在实际工程计算中可以忽略温度变化对黏度的影响。若同时考虑压力和温度对黏度的影响，可按下式进行计算，即

$$\eta=\eta_0 e^{\theta p-\alpha T} \tag{5-12}$$

5.6.3　润滑油密度与压力、温度的关系

实验表明，润滑油密度是压力的弱函数。矿物油在压力作用下体积可减少25%，而密度的最大增加量为33%。由于运动黏度包含了密度，故在工程计算中，一般将密度作为常数。

5.7　工艺润滑剂中添加剂

添加剂就是能够改善油品某种性能的有极性的化合物或聚合物，它是提高矿物油润滑性能的最经济、最有效的途径之一。为了保证金属成形润滑剂的各种功能，添加剂也是必不可少的。

5.7.1　添加剂的分类

润滑油添加剂根据其用途不同大致可分成两大类：一类是影响润滑油物理性质的添加剂，如降凝剂、增黏剂、黏度指数改进剂、消泡剂等；另一类是在化学方面起作用的添加剂，如各种抗氧剂、防锈剂、清净分散剂、极压抗磨剂等。具体的添加剂分类、化学名称和代号见表5-19。

表 5-19 石油添加剂的化学名称和统一符号

组别	化学名称	统一命名	统一符号
清净分散剂	低碱值石油磺酸钙	101 清净剂	T101
	高碱值石油磺酸钙	103 清净剂	T103
	硫化异丁烯钡盐	108 清净剂	T108
	烷基水杨酸钙	109 清净剂	T109
	环烷酸镁	111 清净剂	T111
	单烯基丁酰亚胺	151 分散剂	T151
	多烯基丁二酰亚胺	153 分散剂	T153
抗氧抗腐剂	硫磷烷基酚锌盐	201 抗氧抗腐剂	T201
	硫磷丁辛伯烷基锌盐	202 抗氧抗腐剂	T202
	硫磷双辛基碱性锌盐	203 抗氧抗腐剂	T203
极压抗磨剂	氯化石蜡	301 极压抗磨剂	T301
	酸性亚磷酸二丁酯	304 极压抗磨剂	T304
	硫磷酸含氮衍生物	305 极压抗磨剂	T305
	磷酸三甲酚酯	306 极压抗磨剂	T306
	硫代磷酸胺盐	307 极压抗磨剂	T307
	硫代异丁烯	321 极压抗磨剂	T321
	二苄基二硫	322 极压抗磨剂	T322
	环烷酸铅	341 极压抗磨剂	T341
	二丁基二硫代氨基甲酸锑	352 极压抗磨剂	T352
	硼酸盐	361 极压抗磨剂	T361
油性剂和摩擦改进剂	硫化鲸鱼油	401 油性剂	T401
	二聚酸	402 油性剂	T402
	油酸乙醇酯	403 油性剂	T403
	硫化棉籽油	404 油性剂	T404
	硫化烯烃棉籽油-1(含硫8%)	405 油性剂	T405
	苯三唑脂肪酸胺盐	406 油性剂	T406
	磷酸酯	451 摩擦改进剂	T451
	硫磷酸铜	461 摩擦改进剂	T461
抗氧剂和金属减活剂	2,6 二叔丁基对甲酚	501 抗氧剂	T501
	2,6 二叔丁基混合酚	502 抗氧剂	T502
	N-苯基-α-萘胺	531 抗氧剂	T531
	苯三唑衍生物	551 金属减活剂	T551
	噻二唑衍生物	561 金属减活剂	T561

（续）

组别	化学名称	统一命名	统一符号
黏度指数改进剂	聚乙烯正丁基醚	601 黏度指数改进剂	T601
	聚甲基丙烯酸酯	602 黏度指数改进剂	T602
	聚乙丁烯（内燃机油用）	603 黏度指数改进剂	T603
	聚乙丁烯（液压油用）	603A 黏度指数改进剂	T603A
	聚乙丁烯（齿轮油用）	603C 黏度指数改进剂	T603C
	聚乙丁烯（拉拔油用）	603D 黏度指数改进剂	T603D
	乙丙共聚物	611 黏度指数改进剂	T611
	聚丙烯酸酯	631 黏度指数改进剂	T631
防锈剂	石油磺酸钡	701 防锈剂	T701
	石油硫酸钠	702 防锈剂	T702
	十七烯基咪啉烯基丁二酸盐	703 防锈剂	T703
	环烷酸锌	704 防锈剂	T704
	苯并三氯唑	706 防锈剂	T706
	烷基磷酸咪唑啉盐	708 防锈剂	T708
	N-油酰肌氨酸十八胺盐	711 防锈剂	T711
	烯基丁二酸	746 防锈剂	T746
降凝剂	烷基萘	801 降凝剂	T801
	聚α-烯烃-1（用于浅度脱蜡油）	803 降凝剂	T803
	聚α-烯烃-2（用于深度脱蜡油）	803A 降凝剂	T803A
抗泡沫剂	甲基硅油	901 抗泡沫剂	T901
	丙烯酸酯与醚共聚物	911 抗泡沫剂	T911

5.7.2 添加剂的作用机理

在以上九类添加剂中，金属成形工艺润滑剂中常用添加剂有抗氧剂、油性剂、极压剂、防锈剂、乳化剂、清净剂、抗泡剂等，见表5-20。此外，还有防腐杀菌剂、钝化剂、气味调节剂等。其中，热加工润滑剂如乳化液使用添加剂较多，而冷加工润滑油使用相对较少。

表5-20 工艺润滑剂中使用添加剂种类

润滑剂		抗氧剂	油性剂	极压剂	乳化剂	耦合剂	防锈剂	清净剂
润滑油	一般型						√	
	脂肪型		√				√	
	极压型		√	√			√	
乳化液	一般型	√			√	√	√	√
	脂肪型	√	√		√	√	√	√
	极压型	√	√	√	√	√	√	√

（1）抗氧剂。氧化是使油品质量变坏和消耗增大的原因之一，同时产生的酸性物质、水及油泥等也会对金属带来严重的腐蚀。另外，成形过程常处于高温、高压条件下，这客观上加速了油品的氧化过程。凡是能提高油品在存储和使用条件下的抗氧化稳定性的添加剂都称为抗氧剂。

最常用的抗氧剂是 2,6 - 二叔丁基对苯甲酚，代号为 T501。该抗氧剂为白色或浅黄色结晶体，可广泛用于变压器油、液压油、机械油、石蜡等石油产品中。它的最高使用温度为 120℃，其中在 100℃ 以下使用最有效，可使油品使用寿命延长几倍到几十倍。其添加量在 0.1% ~ 1%。

除了酚型抗氧剂 T501 外，如胺型、胺酚型、硼酸酯、烷基磷酸盐、甲酸盐及有机硒化物等都是高效抗氧剂。

（2）油性剂。在混合润滑和缓和的边界润滑条件下油性剂起主要作用。油性剂分子是一端为极性基团，另一端为非极性基团的极性分子。油性剂分子与金属表面的吸附以物理吸附为主，有时还发生化学吸附。

当金属表面和润滑剂接近到几纳米时，润滑剂中的极性分子通过分子或原子间的相互吸引力而生成的吸附称为物理吸附。如图 5 - 16 所示，油性剂长链脂肪醇的分子极性基团羟基（—OH），通过静电引力定向垂直吸附在金属表面上，同时，分子间则由范德华力互相吸引，这样在金属表面间形成了一层或几层由极性分子形成的网状结构的物理吸附膜。而基础油分子则溶解于网状结构之间，使得该吸附膜又具有一定的韧性和抗压强度。这样可以有效地阻止金属表面微凸体的直接接触，防止黏附，减少摩擦。由于物理吸附能较小，所以物理吸附膜对温度较为敏感，温度的升高会引起解吸、消向或膜的熔化，吸附是可逆的。

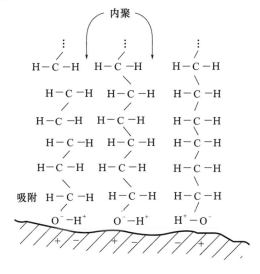

图 5 - 16　物理吸附示意图

若极性分子与金属表面发生了电子交换,并通过形成的化学键吸附在金属表面上,这样形成的定向排列的吸附膜称为化学吸附膜,图 5-17 所示为硬脂酸与表面氧化铁生成硬脂酸铁的示意图。这种吸附膜,即表面的金属氧化物与硬脂酸反应的产物又称为金属皂。化学吸附膜比物理吸附膜稳定,吸附能也高些,而且是不可逆的,其熔点也大大升高。

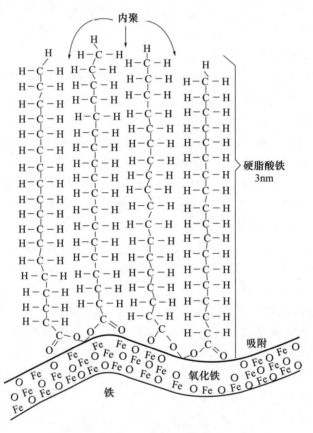

图 5-17 化学吸附示意图

润滑油与金属表面形成吸附的能力以及吸附膜的强度统称为油性。它与润滑油自身性质和金属表面状态有关。动物油的油性最好,植物油次之,矿物油则最差。润滑油的基础油为低黏度矿物油时,要加入表面活性剂来改善其油性,此时表面活性剂又称为油性剂或摩擦改进剂。

常用的油性剂有高级脂肪醇、高级脂肪酸、高级脂肪酸酯(硬脂酸乙酯、油酸丁酯)、磷酸酯、胺、酰胺化合物、硫化鲸鱼油(T401)、硫化棉籽油(T404)、二聚酸(T402)等。另外,动植物油由于具有较好的油性,有时也作油性剂使用,但是其用量通常较大。

(3)极压剂。一般认为,通过极压剂或抗磨剂与金属表面反应可以改善边界润滑状况。由于边界润滑产生大量的摩擦热和局部高温,靠物理吸附的油性剂分子膜无法承受;相反,极压剂正是在这种状态下发挥作用,故又称 Extreme Pressure(EP)添加剂。极压剂的作用机理见图 5 – 18。含有硫、磷、氯等活性元素的极压剂在高温、高压下与金属表面化合并先在表面凸处生成化合膜,又称低熔点合金,见图 5 – 18(a)。然后该化合膜扩展至凹处,见图 5 – 18(b),并在金属表面形成一层平滑的极压膜,见图 5 – 18(c)。该极压膜具有较低的剪切强度,是不易大面积擦伤的无机膜,最大厚度为 3.1×10^{-10} m。

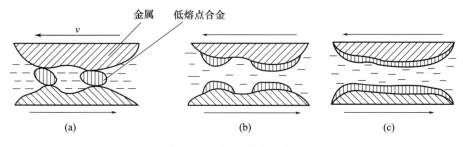

图 5 – 18 极压剂作用过程

极压剂一般分为有机氯化物、有机磷化物、有机硫化物和金属盐。其中,它们的反应活性顺序为硫系 > 磷系 > 氯系。极压剂的主要品种有氯化石蜡(T301)、亚磷酸正二丁酯(T304)、磷酸三甲酚酯(T306)、硫化异丁烯(T321)等。由于极压剂中的硫、磷、氯等活性元素容易与金属表面发生反应进而产生腐蚀或加速锈蚀,一些新合成的硫磷型复合极压剂、有机钼极压剂和有机硼极压剂等开始使用。图 5 – 19 所示为新型二烷基二硫代磷酸酯极压剂结构示意图。

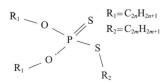

图 5 – 19 二烷基二硫代磷酸酯分子结构

(4)防锈剂。金属加工油液中的水分子容易与氧及其他杂质共同作用,导致金属表面发生锈蚀。防锈剂能有效地抑制金属表面发生的化学反应,属于分子具有亲油基团的油溶性表面活性剂。防锈剂的作用机理基本上同油性剂,作用是在金属表面形成一层吸附膜,把金属与水及空气隔开。另外,防锈剂在油中溶解时常形成胶束,使引起生锈的水、酸、无机盐等物质被增溶在其中,从而间接防锈,见图 5 – 20。

防锈剂只能用于暂时防锈以及潮湿地区使用的润滑油的添加剂。分油溶性和水溶性两种,其油溶性主要品种有以下几类:

① 羧酸类,如烯基丁二酸(T746),用量为 0.03% ~ 0.04%;

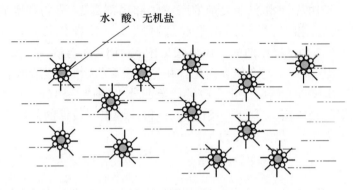

图5-20 防锈剂作用机理

② 磺酸类,如石油磺酸钡(T701)、石油磺酸钠(T702),用量为6%~20%;
③ 酯类,如羊毛脂、司本80等,用量为1%~3%;
④ 金属皂,如环烷酸锌(T704),用量在3%左右。

水溶性防锈剂主要有三乙醇胺、磷酸氢二胺、磷酸三钠、苯甲酸钠等。其防锈作用机理与油溶性防锈剂不同。

(5) 清净分散剂。清净分散剂不但能够减少或防止沉淀物的生成,同时还可以中和润滑油降解产生的酸性物质。特别是对于成形表面质量要求较高的制品时能够分散诸如氧化物、油污染物等沉淀物质,减少对产品表面的污染。清净分散剂主要是通过静电相互排斥和立体屏蔽作用来达到清净分散效果的。各种清净分散剂的作用效果比较见表5-21。

表5-21 各种清净分散剂的作用效果比较

作用效果	水杨酸盐	硫化酚盐	磺酸盐	丁二酰亚胺
中和速度	好	好	一般	差
增溶作用	较差	较差	较好	好
分散作用	较差	较差	较好	好
清洁性	好	一般	较差	差
油溶性	一般	一般	好	好
抗水性	好	好	一般	较差
高温稳定性	好	好	较好	较差
抗氧化性	好	好	较差	较差
防锈性	较差	较差	好	较差

(6) 防腐杀菌剂。由于乳化液都为循环使用,而且乳化液具有一定的温度,这样很容易滋生细菌,引起乳化液变质失效,导致使用周期减少。为此在乳化液中要加入防腐剂或杀菌剂,如有机酚、醛、水杨酸和硼酸盐等。然而,防腐剂或杀菌剂往往具有毒性,对皮肤有刺激性,使用寿命短,需要经常补充。

5-氯-3-异噻唑啉酮、1,1-二吗啉-1硝基丙烷、二乙基醇胺硼酸盐、三丹油等都是常用杀菌剂,如三丹油在乳化液中的使用浓度为10~20mg/kg。

5.7.3 添加剂的作用效果及影响因素

1. 添加剂特性

添加剂均为有极性的表面活性物质,添加剂极性大小与分子链长度不同,其作用效果也存在较大的差异。以极压剂为例,表5-22列举了乳化液中添加使用不同极压剂后油膜强度的变化。油膜强度的大小排序反映了极压剂极性的强弱。

表5-22 不同极压剂的油膜强度

极压剂	用量/%(质量分数)	油膜强度/N
未加	0	440
磷系	1	860
氯系	5	880
硫系	5	900
复合型	8	1070

除了添加剂的极性外,添加剂分子中碳原子数(分子链长)对润滑效果也有不同影响。图5-21表示在40℃运动黏度为2.29mm^2/s基础油中加入脂肪酸和脂肪醇时,添加剂分子中碳原子数对油膜强度的影响。很明显,添加剂类型不同,如分子的极性基团不同,表现出不同的承载能力。而且就是相同类型的添加剂,由于分子碳链长度的增加,导致油膜强度提高。

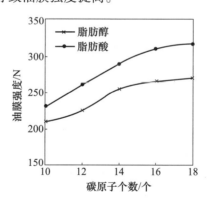

图5-21 添加剂碳链长度对油膜强度的影响

如果说油膜强度的大小反映了添加剂分子吸附膜抗压强度的高低,那么,摩擦系数则代表吸附膜剪切强度的大小。图5-22所示为烃类基础油、醇类和酯类添加剂分子中碳原子数与摩擦系数之间的关系。由于醇类和酯类分子极性强,即使在分子链长度相同的情况下,也表现出较强的减摩效果,而且相对于极性而言,分子链长的影响较小,图中烃类油的碳原子个数达到22时的摩擦系数还高于8个碳原子的添加剂的摩擦系数。

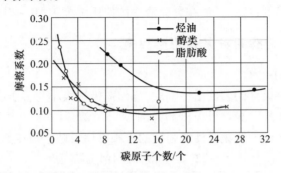

图 5-22　润滑剂分子中碳原子数与摩擦系数的关系

另外，任何添加剂都存在着饱和吸附浓度，超过其饱和浓度后，多余添加剂则视同基础油。含3%添加剂的摩擦系数并不比纯添加剂低多少。视添加剂分子极性大小、分子链长短，一般饱和吸附浓度不超过10%。

在选择添加剂时不仅要考虑到其减摩效果，而且还要考虑退火时对成形制品表面质量的影响。对于一般添加剂而言，往往是减摩效果与退火性能成反比，即随着分子极性增强或者碳链增加，减摩效果越好，而退火清净性变差。因此，选用添加剂时要从多方面考虑，如减小摩擦系数、降低变形力、退火油斑、氧化变质等。另外，还要考虑添加剂与基础油的相溶性及使用的方便性，如添加剂的黏度、是否为液体及毒性等。

2. 温度影响

由于添加剂是通过与金属表面发生物理或化学吸附来达到其减摩降压目的的，因此对温度特别敏感。一些诸如载荷、速度等工艺条件对添加剂作用效果的影响都可归结于温度变化对添加剂的影响。图 5-23 所示为温度对添加剂摩擦系数的影响。由于添加剂存在一个临界吸附或解吸温度，导致含有添加剂的矿物油在临界温度附近的摩擦系数发生改变。

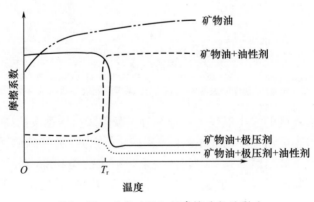

图 5-23　温度对添加剂摩擦系数的影响

5.8 润滑剂的使用与环境保护

随着人们环境保护意识的增强,金属加工清洁化生产的呼声越来越高。虽然工艺润滑在降低力能消耗、减少材料磨损和提高成品率等方面对清洁生产和环境保护起到积极作用,但如果使用不当也会带来一些对环境的负面影响,如润滑油液的毒性、油烟、废液排放等。而且这些负面影响必须引起高度重视,研发环境友好、绿色润滑剂,推动工艺润滑技术的应用。

5.8.1 润滑剂的毒性与防护

工艺润滑剂由有机和无机化合物组成,其中,抗氧剂、防腐杀菌剂、极压剂等添加剂可能会对人身健康造成危害,由于每个人对润滑剂中化学成分的敏感性不同,所以引起的症状也不尽相同。一般长期接触轧制工艺润滑剂的人,可能引起下列疾病。

(1) 接触性皮炎。水、溶剂、乳化剂、洗涤剂都可能使皮肤脱脂,导致干裂,引发接触性皮炎。尤其是一些乳化液呈现弱碱性,若人手长期接触可能造成皮炎。另外,如果皮肤被润滑剂中的金属碎屑划伤也可能引发皮炎。

(2) 毛囊炎。如果长期接触轧制油皮肤上的毛孔就会被油分堵塞,进而使皮肤长出黑头粉刺导致发炎。皮肤表面的细菌也能引起毛囊炎,特别是在手背、小臂和脸部容易出现症状。

(3) 肿瘤。医学上怀疑芳烃,特别是稠环芳烃可能引起皮肤角质层鳞状化,进而导致良性或恶性肿瘤发生。但是现在一般都对轧制油中芳烃含量作了限制,如美国食品与药品管理局(FDA)对轧制食品与药品包装用铝箔轧制油中芳烃含量限制小于1%。

上述因与润滑剂接触而可能导致的发病比较容易预防与避免,因为目前现代化设备都已实现全自动化操作,一般人体不会与工艺润滑剂频繁接触,只是在更换润滑剂或出现生产事故时才会偶尔接触,因此要注意防护。上下班时要用中性洗手液洗手,并涂护肤霜。另外还要对润滑剂,尤其是乳化液定期检测其化学性质、pH值和杀菌剂含量,要尽量使用毒性较小且经过有关部门许可使用的杀菌剂,并限制其用量。

虽然设备操作人员不与工艺润滑剂直接接触,但是在金属成形过程中高温条件下润滑剂会大量挥发、热分解或燃烧,使得车间内空气中的各种杂质含量和气味增加。当混有大量润滑油蒸气的空气进入人体呼吸系统和血液时,可能会引起较严重的头痛和痉挛现象,甚至发生中毒。这主要是由于矿物油中挥发的碳氢化合物和氧、硫、氮等非烃类化合物所致。

现代化生产设备上方都有油烟换气设备能够及时把油烟排出,除了气味外一般不会对人身造成伤害。因此,加强车间内的换气通风,控制一些物质在空气中的饱和浓度低于表 2 - 23 中的规定。

表 2 - 23 一些物质允许的饱和浓度

物质	饱和浓度/(mg/m³)	物质	饱和浓度/(mg/m³)
矿物油、烃类	300	氯化物脂肪系	0.7
环烷酸	200	磷的有机化合物	0.2
低级脂肪酸	10 ~ 50	碳酸盐	0.3
高级脂肪酸	300	石墨	10
低级脂肪醇	5 ~ 20	氯化硼	6.0
高级脂肪醇	200	氯	1.5
乙醚脂肪酸	300	硫	2.0
氯衍生脂肪系	10	硫化氢、二氧化硫	10

5.8.2 废油处理

油基润滑剂在循环使用过程中在高温高压作用下会逐渐老化,如分子结构被破坏、添加剂失效、外来油混入严重、腐败变质等。此时润滑性能下降,必须更换润滑剂,否则会影响润滑性能和加工精度,严重者造成生产事故。润滑油较乳化液不容易变质,若过滤精度较高,且外来油渗入较少则使用寿命可达 24 个月以上。

过去废油处理只是简单的焚烧,现在均改为再生处理。相比之下,金属加工与成形润滑油使用条件不如内燃机油、汽缸油等油品使用条件苛刻,所以再生处理工艺也比较简单。经过加热脱水、白土过滤、添加剂调配即可再生使用。对于轻质润滑油,如铜铝轧制油油烟的回收处理,目前开始采用一种小型冷凝装置对油烟进行冷却回收,其中回收率到达 90%。

5.8.3 废液处理

一般乳化液使用寿命在 3 ~ 6 个月,若管理维护水平高可以达到 9 ~ 12 个月。虽然乳化液大部分是水,但是由于乳化液已腐败变质,水也被严重污染,不允许直接排入下水管道或地表面,必须经过处理并达到国家规定的排放标准后才能排放。乳化液首先经过破乳,使得油水初步分离,其中油相按照废油进行处理,含水废液处理可分为物理法、化学法、生物法和焚烧法。

(1) 物理法。废液中的悬浮物质,包括金属碎屑、粉末和油粒子等,当粒子直径在 $10\mu m$ 以上时,一般可利用悬浮物质和水的相对密度差进行沉降分离和浮上分离。粒子直径越小,则沉降或上浮的速度越慢。极细小的粒子沉降 1m 的高度甚至要若干年。物理处理方法中还有利用滤材的过滤分离和利用离心装置的离心分离等。

(2) 化学法。当物理法不能有效分离极细小粒子时可用化学法处理,废液中的有害成分也可用化学法处理为无害成分。

① 用无机絮凝剂(聚氯化铝等)或有机絮凝剂(聚丙烯酰胺等)促使微细粒子凝聚成絮状物而除去。

② 用臭氧等氧化剂或电解方法使废液中有害物质发生氧化还原反应而除去。

③ 利用离子交换树脂将废液中有害离子交换下来等。

(3) 生物法。用物理法、化学法难以除去废液中的有机物,如有机胺、非离子型表面活性剂和多元醇类等,则可用生物处理法。最常用的生物处理法是活性污泥法。将废液和活性污泥混合、曝气,由活性污泥中的微生物将废液中的有害物质(有机物)分别处理。滴滤池法是废液流经载有微生物的滤床时,由滤材表面的微生物废液中有机物分解处理掉。

(4) 焚烧法。将废液直接焚烧,或者先将废液蒸发浓缩后再焚烧。

5.8.4 环境友好润滑剂

环境友好是指润滑剂产品应具有低生态毒性和可生物降解性,目前对环境友好润滑剂国际上并无统一标准,但各个国家都开始着手制定自己的环境友好润滑剂的规定或标准。例如,欧盟对金属加工液也作了规定,如禁止使用甲醛、酚及其衍生物,禁止使用氯乙酰胺、氯酚及其衍生物以及含锌的添加剂。各国对可生物降解润滑剂的基本要求如下:

(1) 基础油的生物降解性高于60%~70%;

(2) 没有水污染、无氯、低毒;

(3) 添加剂无致癌物,无致基因诱变、畸变物,不含氯和亚硝酸盐,不含金属(钙除外);

(4) 最大允许使用7%具有潜在可生物降解性添加剂(按OECO302B法生物降解大于20%);

(5) 添加剂应对水生系统低毒,不一定具备生物降解性;

(6) 可添加2%不可生物降解的添加剂,但必须是低毒的;

(7) 可生物降解类添加剂其添加量不受限制;

(8) 产品不可危害人体健康。

由此可见,选择容易生物降解的基础油和无毒或低毒性添加剂是当前环境友好型润滑剂的发展趋势,表5-24列举了一些常用的基础油和添加剂的生物降解性能。

表 5-24 一些润滑油基础油的生物降解性能和运动黏度

基础油	生物降解率/%	运动黏度(40℃)/(mm²/s)
环烷基矿物油	26.2	19.70
中间基矿物油	24.0	18.61
石蜡基矿物油	42.0	16.56
15 号白油	63.1	14.21
22 号白油	41.0	23.96
低芥酸菜籽油	94.4	34.56
高芥酸菜籽油	100	8.78
豆油	77.9	33.20
棉籽油	88.7	35.32
橄榄油	99.1	37.81
己二酸二正丁酯	96.3	3.55
己二酸二辛酯	93.1	7.86
己二酸二异十三醇酯	82.0	13.98
邻苯二甲酸二丁酯	97.2	8.95
邻苯二甲酸二异癸酯	69.5	4.73
邻苯二甲酸二异十三醇酯	48.0	110.28
三羟甲基三己酸酯	98.0	11.53
季戊四醇四己酸酯	99.0	78.16
三羟甲基三油酸酯	80.2	53.81
季戊四醇四辛酸酯	90.0	24.3

思 考 题

5-1 举例说明成形工艺润滑剂应具备哪些功能。

5-2 试比较矿物油与脂肪油的优缺点。

5-3 选择工艺润滑剂时应考虑哪些方面?

5-4 材料成形中常使用哪一种类型的乳化液?为什么?

5-5 简述油基润滑剂、水基润滑剂及固体润滑剂的应用范围。

5-6 纳米润滑剂的应用领域与可能存在的问题有哪些?
5-7 添加剂中油性剂与极压剂作用机理有何不同?
5-8 温度是如何影响添加剂作用效果的?
5-9 各类型的润滑油液中对环境影响最大的是哪种?为什么?

第6章 基本工艺润滑理论

金属成形过程中的工艺润滑目的是减少摩擦、降低磨损和保证成形过程的顺利进行。润滑效果与金属变形区所处的润滑状态密切相关。润滑状态不仅影响减摩降压效果,而且对成形后制品表面质量产生重要影响。同时工艺润滑理论也是进行各种工艺润滑实践的指导原则和工艺润滑计算的理论依据。

6.1 润滑状态

金属成形时润滑机制与机械润滑机制不同,金属塑性变形区润滑状态除了受润滑剂黏度、速度影响外,由于发生塑性变形还受到工件变形抗力 σ_f 的影响。为此 Schey 用修正的 Stribeck 曲线对金属塑性变形时的润滑状态进行了分析。当界面压力 $p = \sigma_f$ 时所构成润滑状态图即为传统的 Stribeck 曲线。当 $p > \sigma_f$,也即发生塑性变形时,必须构成一个三维润滑状态图,见图 6-1。图中 A—A 表示摩擦系数最小点的截面。

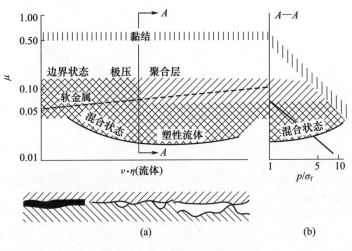

图 6-1 修正后的 Stribeck 曲线

从图 6-1 左边起点起,润滑剂黏度 η 小,速度 v 低,流体动压作用不大,还不能形成有效的油膜厚度,只有含有添加剂的边界润滑膜将表面分开,轧辊光洁表面就被复印到工件表面上,见图 6-2(a),此时摩擦系数较高。随着黏度、速度的增加,在接触表面的凹处首先形成流体动压池,油膜厚度增加,达到混合润滑范围时,导致摩擦系数降低。当图6-1(b)中p/σ_f减少时,流体润滑趋势增大,摩擦系数降低。混合润滑的工件表面形貌介于边界润滑与流体润滑之间,见图6-2(b)。一旦整个变形区表面完全被流体动压膜覆盖,摩擦系数达到最低点,表示进入流体润滑状态,加工表面开始产生粗糙化,见图6-2(c)。当$v\cdot\eta$进一步增加,流体膜剪应力增大,对应的摩擦系数也有所增加。然而,由于变形速度增加会导致变形温度上升,相应会抑制油膜厚度及摩擦系数的增加。

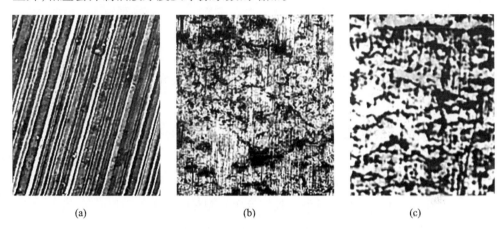

图6-2 变形后工件表面形貌
(a)边界润滑;(b)混合润滑;(c)流体润滑。

6.1.1 流体润滑状态

流体润滑的表现形式是两接触表面完全被润滑油膜隔开,也即油膜厚度远大于接触表面粗糙度,系统的摩擦力来源于润滑剂分子运动的内摩擦。流体润滑的摩擦学特征取决于润滑剂的流变学,所以可按流体力学的方法进行有关计算或估算。由于两表面不发生实际接触,因此流体润滑过程不产生磨损。流体润滑时的摩擦力可根据牛顿流体定律计算,即

$$T = \eta \frac{dv}{dy} S \qquad (6-1)$$

式中:η为润滑油黏度;dv/dy为垂直与运动方向上的剪切速度梯度;S为剪切面积。

流体润滑的主要优点是摩擦力小,而且只取决于润滑剂自身的特征,其摩擦系数可低至0.001~0.008。但是由于两表面完全被润滑油膜隔升,在成形过程中工件则处于类似自由变形状态,很容易产生塑性粗糙化现象,导致变形后金属表面粗糙度较高。因此,金属成形过程中流体润滑并不是最好的润滑方式。

6.1.2 混合润滑状态

混合润滑又称为部分流体润滑,在图 6-1 中若润滑剂的黏度或速度降低,润滑油膜就会变薄,如果此时发生了表面微凸体相互接触,便可以说进入了部分流体润滑或混合润滑。在混合润滑状态下,载荷一部分由润滑剂油膜承担,另一部分则由接触中的表面微凸体承担。因此,其摩擦学特征由润滑剂的流变学和微凸体的相互作用共同决定。

混合润滑的摩擦力 F 为

$$F = \tau_a S_a + \tau_b S_b + \tau_l S_l \tag{6-2}$$

式中:τ_a 为表面接触点的剪切强度(较软的金属剪切强度);τ_b 为边界膜的剪切强度;τ_l 为润滑油膜的剪切强度;S_a 为表面直接接触面积;S_b 为边界润滑区面积;S_l 为流体润滑区面积。

6.1.3 边界润滑状态

当发生边界润滑时,具有下列特征:
(1) 两金属表面间距非常小,以至于在表面微凸体之间发生明显的接触;
(2) 流体动压作用和润滑剂的整体流变性能对此几乎无影响;
(3) 摩擦学特性取决于薄层边界润滑剂与金属表面之间相互作用。

就边界润滑机制而言,主要是通过润滑剂中的表面活性物质在金属表面之间形成既易于剪切又能减小金属表面直接接触的边界润滑膜,该边界膜不是普通润滑油膜,而是定向吸附膜,通常在 $0.1\mu m$ 以下。Bowden 和 Tabor 考虑到表面微凸体的接触变形,首先提出吸附膜不连续的概念,并认为此时摩擦力 F 应按下式计算,即

$$F = A[m_c \tau_a + (1 - m_c)\tau_b] \tag{6-3}$$

式中:A 为名义接触面积;m_c 为表面接触率。

式(6-3)作为边界润滑摩擦力计算的经典公式至今一直在使用。边界润滑的摩擦系数范围一般为 0.05~0.15。然而,边界润滑具有较高的成形表面质量。

6.1.4 润滑状态的判别

润滑状态的判别较常见的是利用 Stribeck 曲线,但该曲线属于定性判别,应用不方便。因此,在实际的工艺润滑中多根据其润滑特征及润滑作用效果从以下几个方面来识别。

1. 膜厚比

众所周知,工程表面轮廓高度分布多数接近正态分布,其正态分布函数为

$$\varphi(x) = \frac{1}{\sigma\sqrt{2\pi}} e^{-z^2/2\sigma^2} \tag{6-4}$$

由计算可知,在 $\pm\sigma$ 范围内轮廓高度概率为 68.3%,而在 $\pm 3\sigma$ 范围内轮廓高度的概率已达 99.7%。虽然从理论上正态分布的区间为 $\pm\infty$,但实际上在 $\pm 3\sigma$ 区间内已包括了绝大部分的轮廓高度。

膜厚比 λ 定义为平均油膜厚度 h 与两接触表面综合粗糙度 σ 的比值,即

$$\lambda = \frac{h}{\sigma} \tag{6-5}$$

$$\sigma = \sqrt{\sigma_1^2 + \sigma_2^2} \tag{6-6}$$

式中:σ_1、σ_2 为工具、工件表面粗糙度(均方根值)。

膜厚比 λ 主要用于区别流体润滑与混合润滑,当 $\lambda > 3$ 时即为流体润滑。在流体润滑中有时又分为薄膜润滑($3 < \lambda < 10$)和厚膜润滑($\lambda > 10$)。

使用膜厚比判别润滑状态,一个最大的优点就是比较准确、定量,且在模型计算中使用方便。但是,膜厚比高低并不能反映润滑效果的好坏。

2. 摩擦系数

由于润滑状态不同,反映在摩擦系数上则有较大差别,图 6-3 表示不同润滑状态下摩擦系数的典型值。

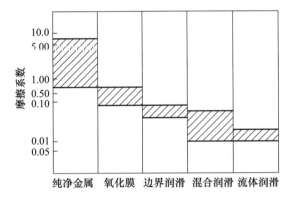

图 6-3 不同润滑状态下摩擦系数典型值

然而上述摩擦系数是在弹性变形时得到的,在不同类型摩擦系数大小排序上可作为研究塑性变形时的参考,但是由于塑性变形中影响摩擦系数的因素较多,即使在同一润滑状态下不同变形条件对应的摩擦系数也有较大不同,因此不同润滑状态下的摩擦系数不易界定。在塑性变形中一般可归纳为(曾田规定):流体润滑 $\mu_H < 0.01$,混合润滑 $\mu_M < 0.01 \sim 0.1$,边界润滑或干摩擦 $\mu_B < 0.1 \sim 1.0$。

该评价方法的优点是把润滑状态与摩擦系数联系起来,但是仅凭摩擦系数也不能完全界定润滑状态。

3. 表面质量

从图 6-2 的分析可知,不同的润滑状态对应的成形后工件表面质量有较大的不同,而且成形过程中表面质量还在不断变化。对于流体润滑,由于工模具与工件

表面完全被油膜隔开,粗糙的工件表面没有被工具充分压碾,如同自由表面,但当油膜压力较高时,很容易在工件表面形成油窝或者横向沟槽;相反,边界润滑由于变形区内存在一层极薄的边界膜,既防止了工模具与工件表面之间的黏附,又使工件表面得到了工模具充分的压碾,这样致使成形后制品表面较为光亮并接近于工模具表面粗糙度。混合润滑的表面介于流体润滑与边界润滑之间。使用该方法评判润滑状态较为直观,而且与工件润滑表面质量联系在一起。

4. 添加剂的作用

由于边界润滑是通过添加表面活性剂在金属表面形成一层极薄的边界膜来实现的,因此,如果变形区处于流体润滑状态,工模具与工件表面完全被隔开,那么添加剂就会失去其润滑减摩效果。实验中使用油酸为添加剂,采用高黏度基础油在高速下轧制铝板时发现,添加油酸与未添加的润滑剂具有相同的摩擦系数。分析其原因,主要是变形区处于流体润滑状态,而添加剂通常在边界润滑或混合润滑状态下才能发挥其作用。

总之,准确评判润滑状态不能仅从某一个方面,要从以上几个方面全面考虑。

6.2 流体润滑

自从1886年润滑力学的创始人雷诺导出了著名的雷诺方程以来,润滑力学的飞速发展已经为工艺润滑技术的应用提供了重要的理论依据。金属成形工艺润滑基本理论和技术都是建立在流体润滑理论基础上,或者讲是从流体润滑理论衍变而来。随着计算机及现代化表面分析仪器的广泛使用,促使人们对流体润滑作更深层次的研究,尤其是材料成形过程中,如轧制、拉拔变形区特殊的几何条件为流体润滑创造了基本条件。下面以轧制过程为例,具体计算分析流体润滑机制的特点、油膜厚度以及对轧制过程的影响。

在轧制变形区入口处特殊的几何条件(润滑楔角),使流体动力学成为轧制变形区最基础和最重要的油膜形成机制。在轧制变形区流体润滑的基本动力学方程仍是雷诺方程,即

$$\frac{\mathrm{d}}{\mathrm{d}x}\left(\frac{h^3}{12\eta_0 \mathrm{e}^{\theta p}}\frac{\mathrm{d}p}{\mathrm{d}x}\right) = -\frac{v_r + v_x}{2}\frac{\mathrm{d}h}{\mathrm{d}x} \tag{6-7}$$

式中:h 为油膜厚度;η_0 为润滑油动力黏度;θ 为压黏系数;p 为轧制压力;v_r 为轧辊速度;v_x 为轧件速度。

Wilson在比较了弹性流体动力学和塑性流体动力学在轧制入口区的区别后,导出了轧制变形区入口油膜厚度 h_a 的计算公式,即

$$h_a = \frac{3\eta_0 \theta R(v_a + v_r)}{x_a[1 - \mathrm{e}^{-\theta(K - \sigma_{xa})}]} \tag{6-8}$$

式中:R 为轧辊半径;v_a 为轧件入口速度;x_a 为变形区长度;K、σ_{xa} 分别为轧件平面变

形抗力和后张力。

式(6-8)到目前仍被广泛采用,而且求解油膜厚度具有相当高的精度。然而,式(6-8)中入口速度 v_a 求解较为困难。求解时通常假定前滑为零,再由体积不变求出。不过,这样不但会影响 h_a 的准确性,而且由于前滑为零,又无法进一步求解出口速度、摩擦系数、轧制压力等工艺参数值。

6.2.1 润滑模型的建立

为了分析问题的方便,把轧制变形区分成入口区、塑变区和出口区3个部分,见图6-4。

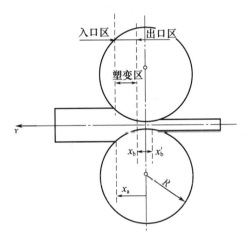

图6-4 轧制变形区示意图

1. 入口区

在入口区内直接对式(6-7)积分,并结合 $x = x_a$ 时的两个边界条件,即

$$p = K - \sigma_{x_a} \tag{6-9}$$

$$\frac{1}{e^{\theta p}} \frac{dp}{dx} = 0 \tag{6-10}$$

可得出入口区内压力分布,即

$$e^{-\theta p} = 1 + \frac{3\eta_0 \theta R(v_a + v_r)}{x_a h_a} \left[\left(\frac{h_a}{h}\right)^2 - \left(\frac{h_a}{h}\right) \right] \tag{6-11}$$

式(6-11)中入口区任意一点油膜厚度 h 可由间隙函数给出,即

$$h = h_a + \frac{x^2 - x_a^2}{2R} \quad (x \geq x_a) \tag{6-12}$$

进而得到入口处油膜厚度,即式(6-8)。

2. 塑变区

在该区间内轧件速度是连续变化的,若轧件无宽展及轧制油侧向无流动,则变

形区任意点的油膜厚度 h_x 按下式求出,即

$$h_x = h_a \left(\frac{v_a + v_r}{v_x + v_r} \right) \quad (x_{b'} \leqslant x \leqslant x_a) \tag{6-13}$$

对于塑变区尾端 $x_{b'}$ 的油膜厚度 $h_{b'}$ 则有

$$h_{b'} = h_a \left(\frac{v_a + v_r}{v_b + v_r} \right) \tag{6-14}$$

又根据体积不变原理,有

$$v_a t_a = v_b t_b \tag{6-15}$$

式中:v_b 为轧件出口速度;t_a、t_b 分别为轧件入口厚度和出口厚度。

由于轧制油为牛顿流体,工件表面上的剪切应力为

$$\tau = \frac{\eta_0 e^{\theta p}(v_x - v_r)}{h_x} \tag{6-16}$$

由式(6-16)可知,当 $v_x = v_r$ 时,剪切应力也即摩擦应力开始反向,把式(6-13)和式(6-15)代入可得

$$\tau = \frac{x_a e^{\theta p} \left[1 - e^{-\theta(K - \sigma_{xa})} \right] \left(v_r^2 - \frac{t_a^2}{t_b^2} v_a^2 \right)}{3R\theta(v_r + v_a)} \tag{6-17}$$

为了便于分析计算,引入一组无量纲变量,即

$$\bar{p} = \frac{p}{K}; \ \bar{\sigma}_{xa} = \frac{\sigma_{xa}}{K}; \ \bar{\sigma}_{xb} = \frac{\sigma_{xb}}{K}; \ \bar{\theta} = \theta K;$$

$$\bar{x} = \frac{x}{x_a}; \ \bar{t} = \frac{t}{t_a}; \ \bar{v}_a = \frac{v_a}{v_r}; \ \bar{x}_{b'} = \frac{x_{b'}}{x_a} \tag{6-18}$$

代入卡尔曼力平衡方程,有

$$\frac{dp}{dx} - \frac{K}{t} \frac{dt}{dx} - \frac{2\tau}{t} = 0 \tag{6-19}$$

$$\frac{d}{d\bar{x}} \bar{t} e^{\bar{\theta}\bar{p}} = \frac{2\varepsilon[1 - e^{-\bar{\theta}}(1 - \bar{\sigma}_{xa})]}{3(1 + \bar{v}_a)^2} \left(1 - \frac{\bar{v}_a^2}{\bar{t}^2} \right) \bar{t}^{\bar{\theta}-1} \tag{6-20}$$

由边界条件(6-9)可定出积分常数,从而得到塑变区内压力分布。

$$e^{\bar{\theta}\bar{p}} = \bar{t}^{-\bar{\theta}} e^{-\bar{\theta}(1-\bar{\sigma}_{xa})} - \frac{2\varepsilon[1 - e^{-\bar{\theta}}(1 - \bar{\sigma}_{xa})]\bar{t}^{-\bar{\theta}}}{3(1 + \bar{v}_a)^2} \int_{\bar{x}}^{1} \left(1 - \frac{\bar{v}_a^2}{\bar{t}^2} \right) \bar{t}^{\bar{\theta}-1} \tag{6-21}$$

其中

$$\bar{t} = 1 - \varepsilon + \varepsilon \bar{x}^2 \tag{6-22}$$

再考虑塑变区尾端 $x = x_{b'}$ 的边界条件:

$$p = K - \sigma_{xb} \tag{6-23}$$

由于 $x_{b'}$ 较小,近似

$$\bar{x}_{b'} = \frac{x_{b'}}{x_a} \quad (6-24)$$

因此得

$$(1-\varepsilon)^{\bar{\theta}} e^{-\bar{\theta}(1-\bar{\sigma}_{xb})} = e^{-\bar{\theta}(1-\bar{\sigma}_{xa})} - \frac{2\varepsilon[1-e^{-\bar{\theta}(1-\bar{\sigma}_{xa})}]}{3(1+\bar{v}_a)^2}$$

$$\int_0^1 \left[1 - \frac{\bar{v}_a^2}{\bar{t}^2(\bar{x})}\right][\bar{t}(\bar{x})]^{\bar{\theta}-1} d\bar{x} \quad (6-25)$$

这样可由上式求出 $\bar{v}_a$，从而得到变形区任一点油膜厚度 h_x。

3. 出口区

出口区内工件恢复刚性，v_b 为常数，令 $x=0$ 时油膜厚度为 h_b，其油膜厚度为

$$h = h_b + \frac{x^2}{2R} \quad (x \leq x_{b'}) \quad (6-26)$$

因此有

$$h_{b'} = h_b + \frac{x_{b'}^2}{2R} \quad (6-27)$$

假设油膜在 $x=x_e$ 处分离，则由雷诺边界条件可知：

$$p = \frac{dp}{dx} = 0 \quad (6-28)$$

对雷诺方程积分一次，得

$$\frac{1}{e^{\theta p}}\frac{dp}{dx} = -6\eta_0(v_r+v_b)\frac{h-h_{b'}}{h^3} \quad (6-29)$$

由式(6-29)及式(6-26)可知：

$$x_e = -x_{b'}, h_e = h_{b'} \quad (6-30)$$

继续将式(6-29)积分，则可得到出口内压力分布为

$$e^{-\theta p} = \frac{\eta_0 \theta(v_a+v_r)(x^3 - 3x_{b'}^2 x - 2x_{b'}^3)}{Rh_{b'}^3} + 1 \quad (6-31)$$

利用边界条件式(6-23)，得

$$e^{-\theta(K-\sigma_{xb})} = 1 - \frac{4\eta_0\theta(v_r+v_b)x_{b'}^3}{Rh_{b'}^3} \quad (6-32)$$

由此求出 $x_{b'}$，从而再求得 h_b。

6.2.2 轧制变形区润滑效果分析

将式(6-25)数值积分首先求出 v_a，代入式(6-8)求得入口油膜厚度 h_a；代入式(6-17)、式(6-21)求得塑变区摩擦力与压力分布。再由式(6-15)求出 v_b 后，代入式(6-14)可得到塑变区尾端油膜厚度 $h_{b'}$，并经式(6-32)求出 $x_{b'}$ 后，一起代入式(6-27)可得到 h_b；并由式(6-26)、式(6-31)得到出口区油膜厚度与压力

分布。同理,由式(6-11)、式(6-12)得到入口区油膜厚度与压力分布。

取轧制油黏度 $\eta_0 = 2.0 \text{Pa·s}, R = 200\text{mm}, \varepsilon = 20\%, v_r = 0.32\text{m/s}, K = 1.155 \times 120\text{MPa}$ 及 $\theta = 3.78 \times 10^{-8} \text{m}^2/\text{N}$,采用上述模型计算整个轧制变形区内不同压下率时压力 p、油膜厚度 h、前滑 S_f 与摩擦力 F 分布见图6-5~图6-8。

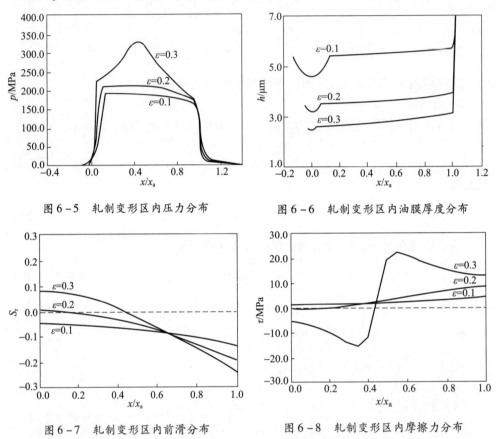

图6-5 轧制变形区内压力分布　　图6-6 轧制变形区内油膜厚度分布

图6-7 轧制变形区内前滑分布　　图6-8 轧制变形区内摩擦力分布

图6-5中入口区($\bar{x} > 1$)内压力随 $\bar{x}$ 的减少逐渐升高,当 $\bar{x}$ 接近1.0时,上升幅度很快,同时图6-6中入口区油膜厚度 h 几乎直线下降,这些呈现出典型的流体动力学特征。

当 $\bar{x} = 1.0$ 时,标志着塑变区的开始。在图6-5中随着压下率的减小,压力峰值降低,并向出口移动,同时图6-7和图6-8中前滑和摩擦力也相应降低。当 $\varepsilon = 30\%$ 时,对应的中性点位置在 $\bar{x}_1 = 0.45$;当 $\varepsilon = 20\%$ 时,$\bar{x}_2 = 0.2$;但当 $\varepsilon = 10\%$ 时,压力峰消失,中性点移出出口平面,摩擦力不变向,且在出口处仍为负前滑。这种情况在轧制过程中应该避免,因为出口时出现负前滑对轧后表面质量不利。所以,要保证在出口时存在一定的前滑,需保证一定的压下量。当然,除了调整压下率外,还可通过改变轧制油黏度来实现。

以 $\varepsilon = 20\%$ 为例,经计算 $x_{b'} = 0.27\mathrm{mm}$,即 $\bar{x}_{b'} = 0.0426$,可近似为零,符合式(6-18)的假设。当 $\bar{x} = \bar{x}_{b'}$ 时,标志着塑变区的结束。此后油膜厚度下降很快,在 $\bar{x} = 0$ 时达最低点,而后上升且在 $\bar{x} = \bar{x}_e = -\bar{x}_{b'}$ 处油膜开始分离,此时即为测量油膜厚度。

6.3 混合润滑

润滑理论一直以流体润滑的雷诺方程为基础。然而,实际金属变形区多处于混合润滑状态,如轧制、拉拔、挤压、冲压等成形过程。两接触表面上的微凸体已发生部分接触,变形区内压力一部分仍由流体承担,另一部分则由相接触的微凸体承担,并且表面微凸体的大小、方向性已明显影响到润滑剂的流动以及形膜厚度。因此,若仍用原来的雷诺方程求解混合润滑问题显然是不适宜的。

6.3.1 平均流动方程

Patir 和 Cheng 于 1978 年提出了"平均流动模型"(Average Flow Model),用于解决粗糙表面的润滑问题,并且从理论和实践上都取得了令人满意的结果。含有粗糙度影响的平均流动雷诺方程为

$$\frac{\partial}{\partial x}\left(\phi_x \frac{h^3}{12\eta}\frac{\partial \bar{p}}{\partial x}\right) + \frac{\partial}{\partial y}\left(\phi_y \frac{h^3}{12\eta}\frac{\partial \bar{p}}{\partial x}\right) = \frac{U_1 + U_2}{2}\frac{\partial \bar{h}}{\partial x} + \frac{U_1 + U_2}{2}\sigma\frac{\partial \phi_s}{\partial x} + \frac{\partial \bar{h}_T}{\partial t} \quad (6-33)$$

式中:ϕ_x、ϕ_y 分别为 x、y 方向上的压力流量因子;ϕ_s 为剪切流量因子;$\bar{h}_T$ 为平均油膜厚度;$\bar{p}$ 为平均压力;σ 为两表面综合粗糙度。

显然,平均流动模型通过加权函数的办法解决了两个随机函数 $\bar{h}_T$ 和 $\bar{p}$ 乘积的均值分解,这些加权函数就是 ϕ_x、ϕ_y 及 ϕ_s,它们反映了粗糙表面对润滑的影响。并且有 ϕ_x 的近似计算公式,即

$$\phi_x = 1 - Ce^{-r\lambda} \quad (\gamma \leqslant 1) \quad (6-34)$$

$$\phi_x = 1 - C\gamma e^{-r} \quad (\gamma > 1) \quad (6-35)$$

式中:λ 为膜厚比;γ 为轮廓表面纹理方向因子。

而 ϕ_y 可直接由下式得到,即

$$\phi_y(\lambda, \gamma) = \phi_x\left(\lambda, \frac{1}{\gamma}\right) \quad (6-36)$$

有关参数 γ、C、r 和 λ 的值见表 6-1。显然,当 $\gamma > 1$ 时,$\phi_x > 1$,即纵向粗糙度有利于润滑剂的流动;当 $\gamma < 1$ 时,$\phi_x < 1$,即横向表面粗糙度阻碍润滑剂的流动;当膜厚比 $\lambda \to \infty$ 时,$\phi_x = 1$,即由于油膜较厚,表面粗糙度对润滑剂的影响可以忽略。但是,当 $\lambda < 3$ 时,ϕ_x 对粗糙度的大小及纹理方向较为敏感。

表 6-1　计算 ϕ_x 的参数 γ、C、r 和 λ 值

γ	C	r	膜厚比 λ
1/9	1.48	0.42	>1
1/6	1.38	0.42	>1
1/3	1.18	0.42	>0.75
1	0.90	0.56	>0.5
3	0.225	1.5	>0.5
6	0.53	1.5	>0.5
9	0.87	1.5	>0.5

对于实际平均油膜厚度 $\bar{h}_T$ 在表面粗糙度分布特征一定后，$\bar{h}_T$ 仅仅是 h 的函数。例如，对于典型的高斯分布则为

$$\begin{cases} h_T = \dfrac{3\sigma}{256}\{35 + z\{128 + z\{140 + z^2[-70 + z^2(28-5z^2)]\}\}\} \\ z = \dfrac{h}{3\sigma} \end{cases} \quad (6-37)$$

通过进行以下变换，即

$$\begin{cases} \dfrac{\partial \bar{h}_T}{\partial x} = \dfrac{\partial \bar{h}_T}{\partial h}\dfrac{\partial h}{\partial x} \\ \dfrac{\partial \bar{h}_T}{\partial t} = \dfrac{\partial \bar{h}_T}{\partial h}\dfrac{\partial h}{\partial t} \end{cases} \quad (6-38)$$

并由此定义了一个无量纲参数接触因子 ϕ_c，即

$$\phi_c = \dfrac{\partial \bar{h}_T}{\partial h} \quad (6-39)$$

ϕ_c 反映了润滑表面某处非接触部分所占的比例，也即表面某一点 (x,y) 处非接触的概率，"接触率" $= 1 - \phi_c$。当 $\phi_c \to 1$ 时，即表示全膜润滑。

进一步推导可以得到 4 种常见的接触因子分布，即高斯分布、线性分布、矩形分布和指数分布。其中，高斯分布的接触因子为

$$\phi_c = \dfrac{1}{2}\left[1 + \exp\left(-\dfrac{H}{\sqrt{2}}\right)\right] \quad (6-40)$$

该式不易直接使用，可用下面的拟合公式代替，最大误差不超过 0.5%，即

$$\phi_c = \begin{cases} \exp(-0.6912 + 0.732H - 0.304H^2 + 0.0401H^3) & (\lambda \leq 3) \\ 1 & (\lambda \geq 3) \end{cases} \quad (6-41)$$

将接触因子 ϕ_c 代入式(6-33)，则平均流动方程变为

$$\dfrac{\partial}{\partial x}\left(\phi_x \dfrac{h^3}{12\eta}\dfrac{\partial \bar{p}}{\partial x}\right) + \dfrac{\partial}{\partial y}\left(\phi_y \dfrac{h^3}{12\eta}\dfrac{\partial \bar{p}}{\partial x}\right) = \dfrac{U_1+U_2}{2}\phi_c\dfrac{\partial h}{\partial x} + \dfrac{U_1+U_2}{2}\sigma\dfrac{\partial \phi_s}{\partial x} + \dfrac{\partial \bar{h}_T}{\partial t} \quad (6-42)$$

6.3.2 粗糙表面接触变形机制

对于求解塑性变形区内油膜厚度与压力问题,除了应用平均流动方程外,还要对塑性变形过程中微凸体的变形机制进行分析,同时还要考虑到变形区中流体压力、接触面积的变化等相关因素。

1. 表面微凸体变形机理分析

单个凸峰在承受应力大约达到3倍的变形抗力时才能发生屈服,因为尚未变形的基体阻碍其自由变形。随着微凸体接触数量的增加,作用在微凸体上的应力场开始相互作用,塑性变形开始在基体中发生。发生整体变形时,由于下层金属发生流动,向纵向伸展,导致对凸峰产生拉应力,致使表面凸峰变形时所需外界压力减少,凸峰被压平,凹谷则上升。

正是由于整体塑性变形趋势减小了凸峰的有效硬度,故使金属变形中的混合润滑机理复杂化,这种现象将导致高比例的接触面积,也使粗糙表面间传统的润滑模型不再适用。

Wilson 和 Shen 运用上限法分析说明了整体塑性变形减少了工件表面纵向纹理的有效硬度。他们提出了微凸体无量纲有效硬度 H_A 和无量纲应变率 E_A 的半经验公式,即

$$H_A = \frac{p_a - p_b}{k} \tag{6-43}$$

$$E_A = \frac{\varepsilon l}{v_a + v_b} \tag{6-44}$$

式中:p_a 为凸峰触点压力;p_b 为凸峰周围自由表面流体压力;v_a 为凸峰向下压平速度;v_b 为凹表面上升速度;ε 为工件平面应变速率;k 为工件平面剪切强度;l 为凸峰间距的一半。

同时,接触面积比 A 与 H_A、E_A 有以下关系,即

$$H_A = \frac{2}{E_A f_1(A) + f_2(A)} \tag{6-45}$$

$$f_1(A) = -0.86A^2 + 0.345A + 0.515 \tag{6-46}$$

$$f_2(A) = \frac{1}{2.572 - A - A\ln(1-A)} \tag{6-47}$$

工件表面粗糙度较高时,接触面积比 A 的变化只与微凸体被压下有关,即

$$\frac{dA}{d\varepsilon} - \frac{1}{E_A M} \tag{6-48}$$

M 为凸峰倾角,即凸峰轮廓与轧辊表面夹角的平均值,且假定与应变无关。令

$$P_a = \frac{p_a}{K} \tag{6-49}$$

$$P_b = \frac{p_b}{K} \tag{6-50}$$

将式(6-43)代入式(6-45)求得 E_A,并代入式(6-48),则有

$$\frac{dA}{d\varepsilon} = \frac{(P_a - P_b)f_1(A)}{[1-(P_a-P_b)f_2(A)]M} \tag{6-51}$$

2. 塑性变形区内流体压力

对于流体润滑状态下的塑性变形区,雷诺方程为

$$\frac{h^3}{12\eta_0 e^{\theta p}} \frac{dp}{dx} = \bar{U}h - \bar{U}_a h_a \tag{6-52}$$

通常塑性变形区内压力 p 很高,且 dp/dx 变化不大,故方程式(6-52)左端近似为零,即认为在塑性变形区内润滑剂流量不变,也即通过式(6-13)求解不同位置的轧件速度来定出塑性变形区任一点的油膜厚度。然而,对于混合润滑,由于凸峰接触,产生的流体压力相对较小,但压力梯度却较大,因此,不能通过假定润滑剂流量不变来求解塑性变形区内任一点油膜厚度,但仍可以此为思路去研究 p_b 与 x 的关系,并结合凸峰变形机理来处理混合润滑问题。

为此,有必要建立一个表面接触的几何模型。一般轧制过程工件表面通常为平行于轧制方向的纵向条纹,故可以认为表面凸峰为锯齿形纵向条纹。这既与实际相符,又便于数值计算,图6-9所示为轧辊与轧件表面接触前后横向(垂直于轧制方向)的剖面图。

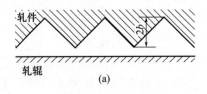

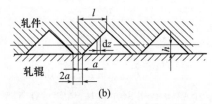

图6-9 锯齿形工件表面接触前后形貌
(a)接触前;(b)接触后。

对于两者均为粗糙表面的情况,可通过综合表面粗糙度化为一个表面粗糙度为 σ,另一个表面光滑的接触模型。图6-9中凸峰宽度为 $2l$,凸峰到凹谷的高度为 $2b$,接触变形时凸峰被压平产生了 $2a$ 宽的平面,其表面粗糙度 σ 为

$$\sigma = \left(\frac{1}{l}\int_{-\frac{l}{2}}^{\frac{l}{2}} |y^2| dx\right)^{\frac{1}{2}} \tag{6-53}$$

针对上述模型可解得

$$\sigma = \frac{b}{\sqrt{3}} \quad (6-54)$$

并由几何关系可以得到

$$h = \frac{b(l-2a)}{l} \quad (6-55)$$

$$h_t = \frac{b(l-a)^2}{l^2} \quad (6-56)$$

而接触面积比 A 可表示为

$$A = \frac{a}{l} \quad (6-57)$$

结合式(6-54)、式(6-56)得到

$$h_t = \sqrt{3}\sigma(1-A)^2 \quad (6-58)$$

将模型凹谷 $\mathrm{d}z$ 宽度的流量记为 $\mathrm{d}q$,则有

$$\mathrm{d}q = \left(\bar{U}h - \frac{h^3}{12\eta e^{\theta p}}\frac{\mathrm{d}p_b}{\mathrm{d}x}\right)\mathrm{d}z \quad (6-59)$$

那么平均体积流量 Q 可由下式给出,即

$$Q = \frac{1}{l}\int_0^l \left(\bar{U}h - \frac{h^3}{12\eta e^{\theta p}}\frac{\mathrm{d}p_b}{\mathrm{d}x}\right)\mathrm{d}z \quad (6-60)$$

根据几何模型,并结合式(6-54)、式(6-55)、式(6-56)可得到一个新的平均流动方程,即

$$\frac{\sqrt{3}\sigma h_t^2}{6\eta}\frac{\mathrm{d}p_b}{\mathrm{d}x} = \bar{U}h_t - Q \quad (6-61)$$

6.3.3 混合润滑变形区模型

同建立流体润滑变形区模型一样,在模型建立之前,为了使问题简化,故先要做一些假定:
(1) 不计温升对润滑剂黏度的影响,在冷轧过程中该条件易于满足;
(2) 油膜很薄,不会影响到工件厚度和塑变区的大小;
(3) 不考虑前后张力;
(4) 忽略轧辊的弹性压扁。

在研究整个变形区的混合润滑问题时,通常在入口区与塑变区之间增加一个过渡区。当工件表面第一个凸峰与轧辊表面接触时,就可认为过渡区的开始,而当工件整体发生屈服时,就意味着过渡区的结束。其实,建立过渡区的目的就是把入口区和塑变区连接起来,并为塑变区提供边界条件。

鉴于过渡区的存在,入口区以及出口区可按流体动力学模型处理。塑变区的

混合润滑模型见图 6-10。

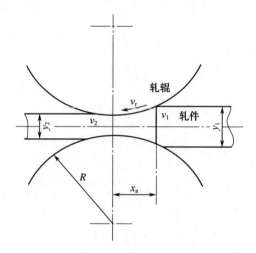

图 6-10 轧制变形区示意图

为了便于对式(6-60)进行无量纲处理,定义

$$X = \frac{x}{x_a} \tag{6-62}$$

$$Z = \frac{v_2}{v_r} \tag{6-63}$$

$$Y = \frac{y}{y_1} \tag{6-64}$$

$$H_t = \frac{h_t}{\sigma} \tag{6-65}$$

$$F = \frac{2\eta x_a v_r}{K\sigma^2} \tag{6-66}$$

$$Q' = \frac{Q}{v_r \sigma} \tag{6-67}$$

所以,式(6-61)可变成无量纲形式,即

$$\frac{\sqrt{3} H_t^2}{12F} \frac{dP_b}{dX} = -\frac{Y + Z(1-E)}{2Y} H_t - Q' \tag{6-68}$$

式中:E 为无量纲压下率,且有

$$Y = 1 - E + EX^2 \tag{6-69}$$

$$H_t = \sqrt{3}(1-A)^2 \tag{6-70}$$

$$\eta = \eta_0 e^{\theta p} \tag{6-71}$$

将式(6-69)、式(6-70)代入式(6-68)得到

$$\frac{dP_b}{dX} = -\frac{4F}{(1-A)^2} \left[\frac{1-E+EX^2+Z(1-E)}{2(1-E+EX^2)} + \frac{Q'}{\sqrt{3}(1-A)^2} \right] \tag{6-72}$$

运用链式法则进行微分变量替换,有

$$\frac{dA}{dx} = \frac{dA}{d\varepsilon}\frac{d\varepsilon}{dy}\frac{dy}{dx} = \frac{dA}{d\varepsilon}\left(-\frac{1}{y}\right)\frac{2x}{R} \tag{6-73}$$

因而式(6-51)可变为

$$\frac{dA}{dx} = -\frac{2x(P_a - P_b)f_1(A)}{MRy[1 - (P_a - P_b)f_2(A)]} \tag{6-74}$$

对式(6-74)进行无量纲化,则有

$$\frac{dA}{dX} = -\frac{2XE(P_a - P_b)f_1(A)}{MY[1 - (P_a - P_b)f_2(A)]} \tag{6-75}$$

考虑入口区内总压力 p 应由两部分组成,令 $P = p/K$,写成无量纲形式为

$$P = P_b + A(P_a - P_b) \tag{6-76}$$

当在入口处工件发生屈服时,式(6-76)变为

$$P_b + A(P_a + P_b) = 1 \tag{6-77}$$

将式(6-77)代入式(6-75)得到

$$\frac{dA}{dX} = -\frac{2XE(1 - P_b)f_1(A)}{MY[A - (1 - P_b)f_2(A)]} \tag{6-78}$$

再将式(6-46)和式(6-47)代入式(6-78),则由式(6-78)和式(6-72)组成了一个关于 A, P_b 的微分方程组,即

$$\begin{cases} \dfrac{dP_b}{dX} = -\dfrac{4F}{(1-A)^2}\left[\dfrac{1-E+EX^2+Z(1-E)}{2(1-E+EX^2)} + \dfrac{Q'}{\sqrt{3}(1-A)^2}\right] \\ \dfrac{dA}{dX} = -\dfrac{2XE(1-P_b)(-0.86A^2+0.345A+0.515)}{M(1-E+EX^2)\left[A - \dfrac{(1-P_b)}{2.571 - A - A\ln(1-A)}\right]} \end{cases} \tag{6-79}$$

6.3.4 混合润滑变形区分析

从微分方程组(6-79)可知,影响混合润滑变形区内流体压力、接触面积比、油膜厚度的因素有无量纲速度 F、压下率 E、出口速度比 Z、凸峰倾角 M 及无量纲流量 Q' 等。这说明变形区油膜厚度变化不完全取决于流体压力,而总是与接触面积比变化相反,这也正是代表了混合润滑的特征。其实,从式(6-77)可知,当入口边界条件 $A = 0.5$ 时,膜厚比 $H_t = h_t/\sigma = 0.433$,这显然是处于混合润滑状态;若 $A = 0$,则 $H_t = 1.732$,在纵向锯齿形表面接触中可以认为达到流体润滑状态了;若 $A = 1$,则 $H_t = 0$,这只能是边界润滑状态,而并非干摩擦状态,因为此时 $P_b = 1$,而不为零。

1. 无量纲速度 F

无量纲速度 F 代表了流体动力学机制在混合润滑形膜中的作用,黏度和轧制速度增加都会导致 F 值增大。当 $E = 0.2$、$Z = 1.0$、$M = 0.2$ 时,变形区内最大流体

压力 $P_{b(max)}$,出口接触面积比 A_2,出口膜厚比 H_{t2} 及无量纲流量 Q' 随无量纲速度 F 值的变化如图 6-11 所示。

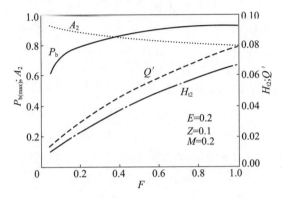

图 6-11　F 对 $P_{b(max)}$、A_2、H_{t2} 和 Q' 的影响

值得注意的是,在 F 较小时($F<0.1$),最大流体压力 $P_{b(max)}$ 随 F 增加较快;而当 F 较大时($F>0.5$),则 $P_{b(max)}$ 变化不大,其原因是此时流体已承担了大部分变形区压力,同时较高的流体压力不仅在变形区中间,而且还向变形区两端扩展。由于流体压力的增加,接触面积比有所减少,出口膜厚比增大。此外,无量纲流量 Q' 是由出口膜厚控制,故表现出与 H_{t2} 相似的变化趋势,其值略高于 H_{t2}。

2. 压下率 E

当 $Z=1.0$、$F=0.1$、$M=0.2$ 时,压下率对最大流体压力 $P_{b(max)}$、出口接触面积比 A_2、出口膜厚比 H_{t2} 和无量纲流量 Q' 的影响见图 6-12。

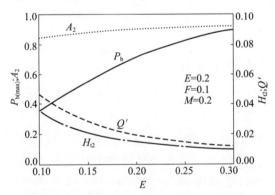

图 6-12　E 对 $P_{b(max)}$、A_2、H_{t2} 和 Q' 的影响

虽然,随着压下率的增加,接触面积比增加,但是迅速增加的流体压力会抵制两表面的进一步接触,所以,反映在图 6-12 中 A_2 相对于 $P_{b(max)}$ 随压下率增加较为缓慢,尤其是在压下率较低时。而 H_{t2} 和 Q' 随压下率的变化则恰恰与图 6-11 中 H_{t2} 和 Q' 随 F 的变化相反,这说明出口膜厚比和无量纲流量主要由接触面积比控

制,而不是取决于流体压力。

3. 出口速度比 Z

当 $E=0.2$、$F=0.1$、$M=0.2$ 时,不同出口速度比 Z 下变形区内最大流体压力 $P_{b(max)}$、出口接触面积比 A_2、出口膜厚比 H_{t2} 及无量纲流量 Q' 的变化如图 6-13 所示。

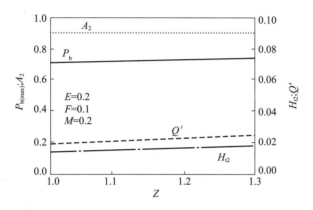

图 6-13 Z 对 $P_{b(max)}$、A_2、H_{t2} 和 Q' 的影响

其实,由轧制理论可知,在 F 值和 E 值一定的条件下,出口速度或前滑值已基本确定,也即 Z 值已基本不变化。当然,由于其他润滑条件的变化,也会在一定程度上影响 Z 值,但对变形区内流体压力、接触面积比、膜厚比及无量纲流量已无多大的影响。上述现象,有些类似边界润滑状态。

4. 凸峰倾角 M

与前面 3 个参数不同,凸峰倾角 M 是表征表面特征的参数,它与表面粗糙度和方向因子 γ 一起表征了接触表面特征。在过去的轧制工艺润滑理论中几乎没有涉及。当 $E=0.2$、$Z=1.0$、$F=0.1$ 时,不同凸峰倾角对最大流体压力 $P_{b(max)}$、出口接触面积比 A_2、出口膜厚比 H_{t2} 及无量纲流量 Q' 的影响见图 6-14。

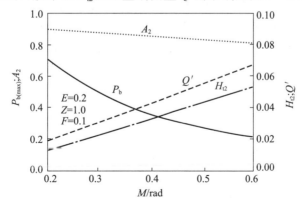

图 6-14 M 对 $P_{b(max)}$、A_2、H_{t2} 和 Q' 的影响

其实,凸峰倾角也就是凸峰与轧辊表面接触的接触角,也即瞬时咬入角。凸峰与轧辊接触时咬入角的减小,增加了咬入角内的流体压力,接触面积比也因接触角的减小而增大,出口膜厚比较小。根据图6-14可以预测,当$M\rightarrow0$时,$P_b\rightarrow1$,$A_2\rightarrow1$,$H_2\rightarrow0$,$Q'\rightarrow0$。这正是边界润滑状态,即轧辊与轧件表面完全接触,变形区压力完全由油膜承担,而且该油膜极薄,有较高的极性,能牢牢地吸附在接触表面之间。变形区内的摩擦与润滑状态则完全取决于该油膜的物理和化学性能,如油膜、强度、吸附性能等。显然,该油膜并不是一般的流体润滑油膜,而是由活性物质组成的边界膜。

6.4 边界润滑

为了获得优质的加工表面质量以及适应工模具冷却的需要,金属材料成形时变形区通常处于混合或边界润滑状态。混合润滑变形区接触面积与油膜厚度的计算与实验结果表明,随着变形率的增加,变形区实际接触面积增大到大于80%,而膜厚比则减小至0.1以下,此时变形区润滑状态正由混合润滑向边界润滑过渡。在边界润滑时,工模具与工件表面接触处的油膜对于有效地防止黏附、减小摩擦系数及降低变形力起到了关键的作用。然而,在边界润滑状态下,膜厚比接近于零,如此薄的油膜将无法承受高的压力,为此必须在润滑剂中加入含有极性的表面活性物质,又称润滑添加剂或极压添加剂。边界润滑的摩擦学特征主要由接触力学和接触物理-化学决定,而润滑剂的整体流变学以及由此产生的流体动压几乎不产生影响。除了金属变形时表面微凸体的塑性变形即接触力学外,边界膜的物理—化学特征也对边界润滑产生重要影响。

6.4.1 边界吸附膜

按形成机理,边界膜可分成两大类,即吸附膜和反应膜。吸附膜又分成物理吸附膜和化学吸附膜,而反应膜又分成化学反应膜和氧化膜。反应膜是润滑剂中活性分子与金属表面发生化学反应而生成的新物质。考虑到金属冷成形时对表面质量的影响,在使用如硫、磷、氯等高反应活性的添加剂时应加以注意。相反,在金属热成形中反应膜应用非常广泛。

图6-15所示为单分子层吸附膜的润滑作用模型。当润滑油中极性分子的浓度足以使金属表面吸附的单分子层达到饱和时,极性分子就会紧密排列,分子间的内聚力很大,好像使分子聚集成为具有一定承载力的整体膜。极性分子之间的吸附强度以硬脂酸为例,羧基的吸附能约为38kJ/mol、烃基为7kJ/mol,当其定向排列时,互相平行的分子链间的吸附能可达80kJ/mol。当硬脂酸分子在金属表面上形成单分子层吸附膜时,羧基吸附在金属表面上,而烃基朝外。一旦表面发生运动,滑动就发生在吸附能最小的烃基之间,从而保持金属表面不被擦伤。

吸附膜与金属表面之间的吸附强度,化学吸附膜大于物理吸附膜。化学吸附膜在金属表面上的吸附能为 42~420kJ/mol,而物理吸附膜则为 82~42kJ/mol。金属表面之所以能形成坚固吸附膜,主要是分子间范德华力作用的结果,对于化学吸附还有化学键参与作用。范德华力在分子范围内的吸引力是很强的,超出分子范围就迅速减弱。粗略的计算表明,固体表面的范德华力的典型值在距离为 1nm 时约为 11kN/cm²,距离为 2nm 时约为 3kN/cm²,距离为 10nm 时仅为 15N/cm²。而被吸附的硬脂酸分子链长约为 1.9nm。在空气中固体表面的实际吸附力小于理想吸附力的 10%。实际上,由于色散力、诱导力等在分子间传递的结果,金属表面上的吸附膜通常不只是一层,往往可形成多层,甚至上百层。双层吸附膜示意图见图 6-16。由于金属表面分子的范德华力对吸附分子层的定向作用随金属表面距离的增大而减弱,多分子层定向排列程度也就减弱。直到最后,定向效应的作用低于润滑油所处温度下的分子热运动的作用时,极性分子的状态与基础油的分子状态相同,呈不规则运动,此时,润滑油的流变又恢复到原来的性质。

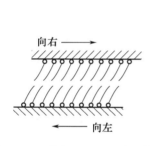

图 6-15 单分子层吸附膜示意图

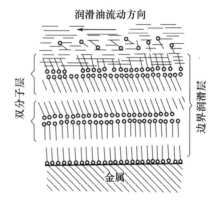

图 6-16 双分子层吸附膜示意图

6.4.2 边界润滑模型

由于极性分子的吸附作用,在金属表面间形成一层边界吸附膜,阻止了两金属表面的接触,然而,当发生塑性变形后,因接触压力过高而导致边界膜的破裂,发生部分金属直接接触,见图 6-17。摩擦力可看作剪断表面黏着部分的剪切力与剪断边界膜的剪切力之和,即

$$F = A_r[m_c\tau_a + (1 - m_c)\tau_b] \quad (6-80)$$

式中:τ_a 为较软金属的剪切强度;τ_b 为边界膜的剪切强度;A_r 为变形区面积;m_c 为变形区中发生金属直接接触部分的百分数,且有

$$m_c = \frac{A_{rm}}{A_r} \quad (6-81)$$

载荷 W 是由接触的微凸体和边界膜共同承担的,故有

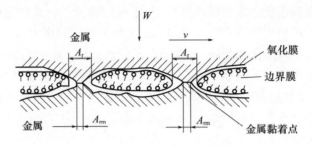

图 6-17 金属表面间边界润滑模型

$$W = m_c A_r \sigma_s + (1 - m_c) A_r \sigma_{sf} = A_r [m_c \sigma_s + (1 - m_c) \sigma_{sf}] \quad (6-82)$$

式中：σ_s 为金属的屈服强度；σ_{sf} 为边界膜屈服强度。

一般这两者相差不很大。假定取平均值 $\bar{\sigma}_s$，使 $\sigma_s > \bar{\sigma}_s > \sigma_{sf}$，且有

$$W = A_r \bar{\sigma}_s \quad (6-83)$$

由此可得边界润滑时的摩擦系数为

$$\mu = \frac{F}{W} = \frac{m_c \tau_a + (1 - m_c) \tau_b}{\bar{\sigma}_s} \quad (6-84)$$

因为边界膜的剪切强度一般比金属的屈服强度低许多，所以边界润滑的摩擦系数明显小于干摩擦。但是，当边界膜破裂不能完全起作用时，金属接触面积就会增加，即 m_c 值增大，摩擦系数也相应增大。此时，摩擦系数可以表示成为

$$\mu = m_c \mu_a + (1 - m_c) \mu_b \quad (6-85)$$

式中：μ_a 为金属直接接触时摩擦系数；μ_b 为边界膜的摩擦系数；m_c 为油膜破损率，且有

$$m_c = \frac{\mu - \mu_b}{\mu_a - \mu_b} \quad (6-86)$$

或者

$$1 - m_c = \frac{\mu_a - \mu}{\mu_a - \mu_b} \quad (6-87)$$

6.4.3 润滑机理与作用效果

Kinsbury 提出边界膜所占比例为

$$1 - m_c = \exp\left(-\frac{t_x}{t_r}\right) \quad (6-88)$$

式中：t_x 为摩擦表面以滑动速度 U_s 通过接触长度 x 的时间，即 $t_x = x/U_s$；t_r 为吸附分子占据接触面的平均时间，且有

$$t_r = t_0 \exp\left(\frac{4.18 E_a}{RT_s}\right) \quad (6-89)$$

式中:t_0 为极性分子垂直于表面的热振动周期;E_a 为吸附热(吸附能);R 为气体常数;T_s 为表面接触温度。

将式(6-89)代入式(6-88)得到

$$1 - m_c = \exp\left\{-\left[\frac{\left(\frac{x}{U_s}\right)}{t_0}\right]\exp\left(-\frac{E_a}{RT_s}\right)\right\} \tag{6-90}$$

或者

$$\ln\left[\ln\left(\frac{1}{1-m_c}\right)\right]^{-1} = \ln\left(\frac{U_s t_0}{x}\right) + \frac{E_a}{RT_s} \tag{6-91}$$

又有

$$t_0 = 4.75 \times 10^{-13}\left(\frac{MV_m}{T_m}\right)^{\frac{1}{2}} \tag{6-92}$$

$$x = 1.64 \times 10^{-8} V_m^{\frac{1}{3}} \tag{6-93}$$

式中:M 为极性分子摩尔克数;V_m 为摩尔体积;T_m 为基础油的熔点,并取 $T_m = 0.4 T_r$,T_r 为润滑剂的临界温度值,即开始出现表面擦伤时的绝对温度。

将 t_0、x 代入式(6-91),有

$$\ln\left[\ln\left(\frac{1}{1-m_c}\right)\right]^{-1} = \ln\left[5.15 \times 10^{-5} U_s \left(\frac{M}{T_r}\right)\right] + \frac{E_a}{RT_s} \tag{6-94}$$

进而得到

$$E_a = RT_s\left\{\ln\left[\left(\frac{1}{1-m}\right)\right]^{-1} - \ln\left[5.15 \times 10^{-5} U_s\left(\frac{M}{T_r}\right)^{\frac{1}{2}}\right]\right\} \tag{6-95}$$

$$m_c = 1 - \exp\left[-\frac{1.95 \times 10^4}{U_s}\left(\frac{T_r}{M}\right)^{\frac{1}{2}}\exp\left(-\frac{E_a}{RT_s}\right)\right] \tag{6-96}$$

对于不同的吸附能 E_a,由式(6-95)或式(6-96)可绘制出 $m_c - T_r$ 曲线,并在曲线上选定某个临界点作为边界润滑失效的准则。理论上,临界点应取在 $m - T_r$ 曲线上曲率变化最大处,即该曲线的拐点,则应满足:

$$\frac{d^2 m}{d^2 T_r} = 0 \tag{6-97}$$

根据这一条件,可以推导边界膜失效时的临界温度为

$$T_r' = \frac{3\left(\frac{E_a}{RT_r'} - 2\right) - \left[5\left(\frac{E_a}{RT_r'}\right)^2 - 12\left(\frac{E_a}{RT_r'}\right) + 12\right]^{\frac{1}{2}}}{\frac{6.16}{U_s}\left(\frac{T_m}{M}\right)^{\frac{1}{2}}\left(\frac{E_a}{RT_r'}\right)\exp\left(-\frac{E_a}{RT_r'}\right)} \tag{6-98}$$

当表面接触温度 T_s 超过临界温度 T_r' 时,边界润滑膜会发生破裂,导致摩擦系数增加、磨损加剧。图 6-18 所示为纯基础油十六烷和纯添加剂硬脂酸的油膜破损率 m_c 与临界温度 T_r 的关系曲线。对于任何一种物质,温度越高,油膜破

损率越大,特别是变形过程中产生的大量变形热导致温度增加,分子热运动加剧,分子定向吸附减弱,甚至发生破裂,导致金属表面直接接触面积增加,即 m_c 增大。然而,对于极性分子硬脂酸,由于具有较高的吸附能,在相同的油膜破损率下所对应的临界温度高于非极性分子十六烷。或者说,由极性分子所形成的吸附膜可以在较高的温度下保持不破裂。然而,从图中可以看到,一旦油膜发生破裂,也即 $m_c > 0$,m_c 值随温度迅速增加。相对而言,在 m_c 较低时 T_r 变化更加剧烈。实际情况也是如此,因为一旦油膜破裂,金属表面发生直接接触,摩擦系数增加,磨损加剧,变形温度也随之上升,这又促使油膜进一步破裂,m_c 值迅速上升。考虑计算方便,可以把 $m_c = 0.001$ 作为失效标准,那么由式(6-91)可以导出失效临界温度为

$$T'_r = \frac{E_a}{R}\left[\ln\left(\frac{x}{t_0}\right) - \ln U_s + 6.907\right] \tag{6-99}$$

即

$$T'_r = \frac{E_a}{R}\left\{\ln\left[3.08 \times 10^4 \left(\frac{T_m}{M}\right)^{\frac{1}{2}}\right] - \ln U_s + 6.907\right\} \tag{6-100}$$

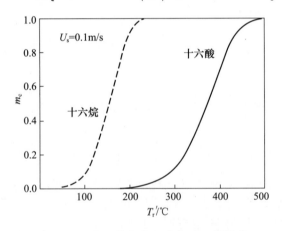

图 6-18 十六烷和十六酸的 $m_c - T'_r$ 曲线

以 $m_c = 0.001$ 为失效标准求得十六烷失效温度 $T'_r = 16℃$,而十六酸则为 162℃。图 6-19 所示为相对分子质量 M 不同时吸附能 E_a 与失效临界温度 T'_r 的关系。很明显,随吸附能的增加,失效临界温度直线升高,吸附膜也越牢固,而往往分子的极性越强,其分子吸附能也就越大。分子链长度可以以分子质量大小为代表,相对分子质量越大,链就越长。图 6-19 还展示了分子质量 M 对 T'_r 的影响,图中失效临界温度随相对分子质量增加略有增加。在 E_a 相同时,M 从 150 到 300,T'_r 相应增大 4~8℃。这说明分子链长度与分子极性相比,对吸附膜的强度影响较小,但对于结构相同的分子,其吸附能随相对分子质量增大也相应增加,因而在实际中分子链长对 T'_r 的影响比图 6-19 中的结果要大些。

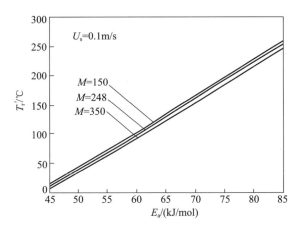

图6-19 失效临界温度与吸附能的关系

6.5 纳米润滑理论

6.5.1 纳米尺寸效应

纳米粒子由于粒径小、比表面能高,所以在相同条件下其化学势远大于块状固体,使熔点和烧结温度大大降低,且纳米粒子的粒径越小,熔点和烧结温度越低。诸多模型用来描述纳米材料熔点与粒径的关系中目前使用较多的仍然是 Wautelet 等推导的公式,即

$$\frac{T_m}{T_{m,n}} = 1 + \frac{3(\gamma_1 - \gamma_s)}{RH_{m,n}} \quad (6-101)$$

式中:T_m 和 $T_{m,n}$ 分别为纳米粒子熔点和普通块体材料熔点(K);γ_1 和 γ_s 分别为液态和固态时的表面能(J/m^2);$H_{m,n}$ 为熔化焓(J/m^3);R 为纳米粒子半径(nm)。

以类球形 TiO_2 粒子为例,其相关参数如表6-2所列。

表6-2 TiO_2 熔点参数

形状	T_m/K	$\gamma_1/(J/m^2)$	$\gamma_s/(J/m^2)$	$H_{m,n}/(10^9 J/m^3)$
类球形	2075	0.38	1.32	4.443

一般来说,当纳米粒子粒径 $R \geq 5nm$ 时,式(6-101)与实验测得结果相符。但是当粒径 $R < 5nm$ 时,理论计算结果与实验结果误差较大。图6-20所示为经过计算纳米 TiO_2 熔点随粒径变化曲线。

从图6-20可以看出,对于类球形纳米 TiO_2,当粒径较小时,熔点变化较大,随着粒径增大熔点逐渐接近普通 TiO_2 粉体,当粒径为20nm时,达到1736℃,也远高于金属热成形时温度。表明纳米 TiO_2 在金属热成形时未发生熔融而仍然以颗粒状态存在,发挥润滑作用。

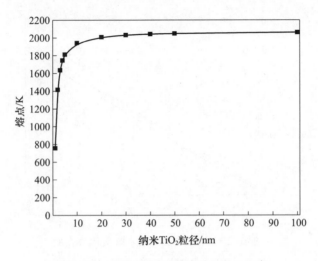

图 6-20　纳米 TiO_2 熔点随粒径变化曲线

6.5.2　纳米粒子的改性与分散

由于纳米粒子具有团聚效应,因此,纳米粒子在水中或油中分散良好,不发生团聚是获得良好润滑效果的重要前提。影响纳米液稳定性的机制可以归纳为两类:一是空间位阻;二是静电双电层。如图 6-21 所示,对于空间位阻,一些添加剂,如分散剂、表面活性剂等,有着阻碍纳米液中纳米粒子互相团聚的作用。这些分散剂、表面活性剂一端吸附在纳米粒子的表面,而另一端则游离在水中或油中,阻止纳米粒子相互靠近,从而实现纳米液的稳定,见图 6-21(a)。而对于静电双电层,假如纳米液中纳米粒子因吸附了带电离子而带电时,就会形成静电双电层,在纳米粒子之间形成一种互相排斥的作用力。如图 6-21(b)所示,静电双电层会在纳米粒子之间形成一种互相排斥的作用力。

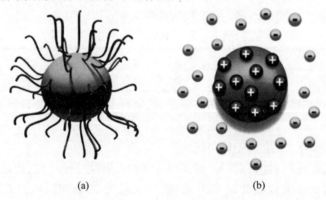

图 6-21　纳米液稳定分散的两种方式
(a)空间位阻效应示意图;(b)静电双电层效应示意图。

纳米粒子在润滑油液中稳定分散的途径主要有添加分散剂、调节 pH 值以及物理超声分散等。添加分散剂是一种有效提高纳米液稳定性的方法。分散剂的引入,不但可以降低基础液的表面张力、提高纳米粒子在基础液的浸润性,而且也会引起纳米液黏度的提高,更有利于改善纳米液的润滑性能。调节 pH 值是通过静电双电层稳定机制来改善纳米的分散稳定性。而物理超声分散则是最常用的分散方式。值得一提的是,这 3 种分散方式往往同时使用,以达到纳米液稳定分散的目的。

为提高纳米粒子在基础液中的分散稳定性,往往会预先对纳米粒子进行表面改性。纳米粒子的表面改性即纳米粒子表面与表面改性剂发生作用,改善纳米粒子表面的可润湿性,增强纳米粒子在介质中的界面相容性,使纳米粒子容易在有机化合物或水中分散。表面改性剂分子结构必须具有易与纳米粒子的表面产生作用的特征基团,这种特征基团可以通过表面改性剂的分子结构设计而获得。根据纳米粒子与改性剂表面发生作用的方式,改性的机理可分为包覆改性、偶联改性等。以纳米铜的表面改性为例,过程如图 6-22 所示。由于纳米表面大多数的羟基被取代,因而改性后的纳米铜具有良好的分散稳定性。将改性后的纳米铜分散到润滑油中并对其润滑性能进行研究。结果表明,当载荷较大时,纳米铜能够在摩擦副表面形成一层边界润滑膜,因而可以有效地提高润滑液的润滑性能。

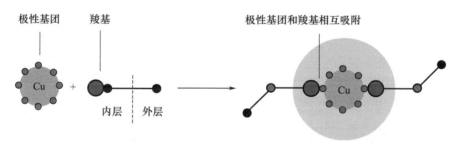

图 6-22 纳米铜表面改性过程示意图

6.5.3 润滑机理

作为润滑材料的纳米粒子的润滑效果,在很大程度上依赖于粒子特征、粒度、基础油的类型、表面活性剂的加入量、接触面的温度和压力等,特别是由于纳米粒子具有许多材料自身所不具有的特性,其润滑机理更加复杂。几种金属纳米润滑粒子的润滑机理见表 6-3。

表 6-3 金属纳米润滑粒子的润滑机理

纳米粒子	润滑机理
Ag	通过纳米 Ag 粒子的"沉积"在摩擦副表面形成一种具有低剪切力的保护膜

(续)

纳米粒子	润滑机理
Cu	Cu 的自修复作用,形成一种具有低弹性及一定硬度的保护膜
Ni	通过 Ni 的沉积形成一种保护膜
ZnO	ZnO 的沉积作用
TiO_2	纳米粒子的滚动效应;表面修复作用
ZnO 和 CuO	在摩擦副上形成低粗糙度、高致密性的摩擦膜
Fe_3O_4 和 Al_2O_3	纳米粒子的滚动效应
Al_2O_3/TiO_2	从滑动摩擦向滚动摩擦转变
Cu/TiO_2	生成一种由 FeS、$FeSO_4$ 和 TiO_2 的"摩擦膜";Cu 的表面修复作用
Cu/GO	Cu 和氧化石墨烯的协同效应

由表 6-3 可见,纳米粒子的润滑作用机理主要有微滚动、沉积润滑膜等两大类。详见图 6-23。微滚动机制认为,均匀分散在润滑剂中的纳米颗粒可以将摩擦副表面的滑动摩擦变为滚动摩擦,同时起到支撑作用,提高了承载能力,表现出优异的抗磨减摩和极压性能,如图 6-23(a)所示。当载荷较大或摩擦副硬度较小时,在载荷作用下,纳米粒子可能会嵌入到基体表面,或通过扩散的方式进入表面层中以弥散强化或固溶强化的方式起到强化或修复作用,如图 6-23(b)所示。此外,还有学者提出了纳米薄膜润滑理论,认为摩擦过程中纳米粒子在摩擦副表面形成一层纳米薄膜,纳米薄膜的功能不同于一般的薄膜,它的韧性、抗弯强度均大大优于一般薄膜。这层膜减小了摩擦,提高了承载能力,从而减轻了磨损。

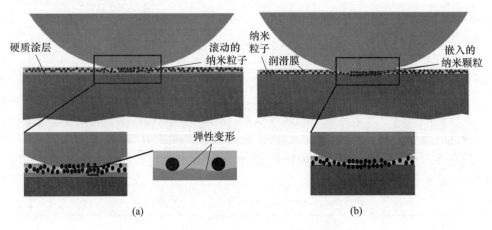

图 6-23 纳米粒子微滚动机制及沉积润滑膜机制
(a)微滚动机制;(b)沉积润滑膜机制。

除此之外,纳米粒子的润滑作用机理还有表面修复、机械抛光以及各种机制的协同效应。

思 考 题

6-1 材料成形工艺润滑中,润滑状态有哪几种?各自的特征是什么?

6-2 如何判别润滑状态?

6-3 若不考虑前滑,试推导轧制变形区入口油膜厚度与压下率的关系,并由此说明压下率对润滑状态的影响。

6-4 推导轧制变形区入口与出口油膜厚度的关系。

6-5 某一轧制润滑道次中,已知轧件入口厚度为 1.0mm,加工率为 20%,工作辊直径为 240mm,轧制速度为 2.0m/s,轧制油黏度为 0.65MPa·s,压黏系数为 $2.1 \times 10^{-8} Pa^{-1}$,工件屈服强度为 400MPa,轧件与轧辊的表面粗糙度均为 0.3μm,不计前滑和张力,求入口油膜厚度,并判别所处润滑状态。

6-6 与吸附膜分子结构相比,为什么其分子量对失效温度影响较小?

6-7 分析使用氧化石墨烯作为边界吸附膜的可行性。

6-8 查阅相关资料,选择一种纳米粒子就其润滑机理综合分析,并对在金属成形润滑中的应用前景进行展望。

第 7 章　轧制过程摩擦与润滑

摩擦在轧制过程中既是保证轧件顺利咬入及轧制稳定进行的有利因素,同时又导致轧制压力升高、轧辊磨损加剧等不利影响。为此,轧制过程必须采用工艺润滑控制轧制过程的摩擦,减小轧辊磨损和改善轧后产品质量,包括尺寸精度、板形和表面质量。

7.1　轧件的咬入与稳定轧制

轧制过程是通过轧辊与轧件之间形成的摩擦力将轧件拖进辊缝之间,使其产生平面压缩变形过程。轧制过程除使轧件获得一定形状和尺寸外,还使其具备一定的性能。轧制是板带箔材的主要生产方法,另外还可轧制型材、棒线材、管材等。以板材轧制过程为例,轧制变形区示意图见图 7-1。

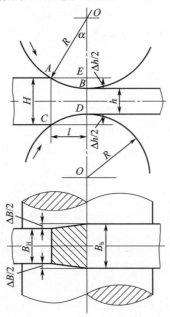

图 7-1　轧制变形区示意图

H—轧件轧前厚度;h—轧件轧后厚度;B_H—轧件轧前宽度;B_h—轧件轧后宽度;
R—轧辊半径;l—接触弧长水平投影(变形区长度)。

在一个轧制道次里,轧件的轧制过程可以分为咬入、稳定轧制和轧制终了(抛出)3个阶段。

(1)咬入阶段。轧件开始接触到轧辊时,由于轧辊对轧件的摩擦力作用实现了轧辊咬入轧件。一旦轧件被旋转的轧辊咬入之后,由于轧辊对轧件的作用力变化,摩擦力逐渐增加,轧件逐渐被曳入辊缝,直至轧件完全充满辊缝为止。即轧件前端到达两辊连心线位置。咬入过程时间很短,而且轧制变形、几何参数、力学参数等都在变化。

(2)稳定轧制阶段。轧件前端从辊缝出来后,轧制过程连续不断地稳定进行。整个轧件通过辊缝承受变形。

(3)轧制终了阶段。从轧件后端进入变形区开始,轧件与轧辊逐渐脱离接触,变形区逐渐变小,直至轧件完全脱离轧辊被抛出为止。此阶段时间也很短,其变形和力学参数等也均发生变化。

7.1.1 轧件咬入条件

轧件咬入时受到摩擦力 T 和压力 p 共同作用,受力分析如图7-2(a)所示。考虑水平方向的受力平衡,可以得到

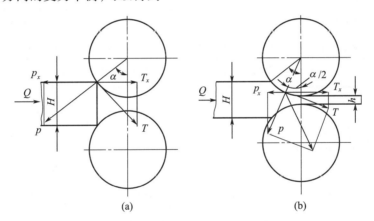

图7-2 轧制过程受力分析
(a)咬入;(b)建成。

$$Q + 2T_x = 2p_x \tag{7-1}$$

式中:Q 为后推力;p_x 为压力的水平分量;T_x 为摩擦力的水平分量,且有 $T_x = \mu p_x$。

根据图7-2(a)分析可知:$T_x = T\cos\alpha = \mu p\cos\alpha$,$p_x = p\sin\alpha$。

若顺利轧制,则满足:

$$Q + 2T_x \geq 2p_x$$

代入 T_x、p_x 后可得下式:

$$\mu \geq \tan\alpha - \frac{Q}{2p\cos\alpha} \tag{7-2}$$

设定 β 为摩擦角,$\mu = \tan\beta$。若不计后推力,且 $Q = 0$,则有

$$\tan\beta \geq \tan\alpha \tag{7-3}$$

所以,实现自然咬入条件为:摩擦角不小于咬入角,即

$$\beta \geq \alpha \tag{7-4}$$

咬入角等于摩擦角时称为最大咬入角 $\alpha_{\max}$。由于轧机能力的原因,对 $\alpha_{\max}$ 有一定的限制。但是,若摩擦力系数过小,当压下量较大时,咬入角也较大,则无法满足自然咬入条件,轧件咬不进去。热轧时最大咬入角与入口摩擦系数的关系见表7-1,冷轧时最大咬入角与入口摩擦系数的关系见表7-2。两表比较可以明显看出摩擦系数对轧件咬入的影响。

表7-1 热轧时最大咬入角与入口摩擦系数

轧辊	最大咬入角/(°)	入口摩擦系数
光滑磨削轧辊	12~15	0.21~0.27
厚板轧机轧辊	15~22	0.27~0.40
小型轧机轧辊	22~24	0.40~0.45
平板轧机扁槽轧辊	24~25	0.45~0.47
带箱形孔轧辊	28~30	0.53~0.58
带刻痕箱形孔轧辊	28~34	0.53~0.67

表7-2 冷轧时最大咬入角与入口摩擦系数

轧辊	最大咬入角/(°)	入口摩擦系数
矿物油润滑光滑磨削轧辊	3~4	0.05~0.07
矿物油润滑一般磨削轧机轧辊	6~7	0.11~0.12
无润滑粗糙轧辊	7~8	0.12~0.15

凡是影响摩擦系数的因素原则上都会对轧件咬入产生影响,如轧制温度、轧制速度等。表7-3列举了热初轧机在不同速度和辊面状况条件下的最大咬入角。表7-3中随轧辊速度的增加,最大咬入角明显减少。这说明了轧制生产中为什么要低速咬入高速轧制。表7-4列举了热轧不同有色金属时的最大咬入角与对应的入口摩擦系数。

表7-3 某钢厂热初轧机最大咬入角 单位:(°)

轧辊	速度/(m/s)			
	0	1.0	2.0	3.0
平辊身	25.5	24.5	19.5	12.5
窄辊身	29.0	27.5	21.0	13.0
带有刻痕	33.0	32.0	28.0	24.0

表7-4 有色金属热轧最大咬入角与摩擦系数

金属	轧制温度/℃	$\alpha_{max}/(°)$	μ
Al	350	20~22	0.36~0.40
Cu	900	27	0.50
Ni	950	22	0.40
Zn	200	17~19	0.30~0.35

7.1.2 稳定轧制

随着轧件的咬入,接触压力水平分量 $p\sin\alpha$ 逐渐减少,轧件被摩擦力曳入辊缝,轧制过程建成,如图7-2(b)所示。假设摩擦力沿接触弧平均分布,摩擦力作用点在接触弧中点,则轧制建成所需的摩擦条件为

$$T\cos\frac{\alpha}{2} - p\sin\frac{\alpha}{2} \geq 0 \quad (7-5)$$

即有

$$\beta \geq \frac{\alpha}{2} \quad (7-6)$$

对比咬入条件,只要能自然咬入,即可满足稳定轧制条件。当 $\mu = \frac{\alpha}{2}$ 时的摩擦系数被称为最小允许摩擦系数 μ_{min}。此时,既不发生轧辊打滑现象,轧制过程又不产生前滑。定量估计计算 μ_{min} 对确保轧制过程的稳定进行具有重要的理论和实际意义。

在实际轧制过程中,轧辊产生弹性压扁,变形后的轧辊直径可按 Hitchcock 公式计算。对于实际冷轧过程及采用工艺润滑条件下的轧辊压扁直径可近似认为是原辊径的两倍,即 $D' = 2D$,那么有

$$\mu_{min} = \frac{\alpha}{2} = \frac{1}{2}\sqrt{\frac{\Delta h}{R}} = \sqrt{\frac{H\varepsilon}{2D'}} = \frac{1}{2}\sqrt{\frac{H\varepsilon}{D}} \quad (7-7)$$

若考虑前后张力,可得

$$\mu_{min} = \frac{1}{2}\left[1 + \frac{t_H - (1-\varepsilon)t_h}{K'\varepsilon}\right]\sqrt{\frac{H\varepsilon}{D}} \quad (7-8)$$

式中: t_h、t_H 为前、后单位张力; K' 为材料平面变形抗力。

7.1.3 改善咬入的措施

比较式(7-6)与式(7-4)不难分析发现,轧制建成条件所需的摩擦条件仅为咬入时的一半,即一旦轧制过程建成,有一半以上的摩擦是多余的,多余的摩擦被称为剩余摩擦。剩余摩擦必须以另一种方式消耗掉,其中推动前滑区金属流动速度大于轧辊线速度,即产生前滑;另一部分在后滑区用来平衡前滑区的摩擦力,它们之间的关系见图7-3。

图 7-3 有效摩擦与剩余摩擦的关系

根据对轧件咬入条件、轧制建成条件和轧制建成后剩余摩擦的理论分析,可以得到改善轧制过程轧件的咬入措施,即增加咬入时的摩擦系数、减少咬入时的加工率、利用剩余摩擦。具体做法如下:

(1) 改变轧辊表面状况,在轧辊上刻槽、焊点、滚花等;
(2) 咬入时不润滑或恶化润滑,稳定轧制后再润滑;
(3) 清除氧化铁皮和表面污物;
(4) 轧件小头咬入;
(5) 低速咬入、高速轧制;
(6) 带钢压下;
(7) 增加轧辊直径;
(8) 增加后推力。

7.1.4 前滑与后滑

轧制过程中变形区内金属被压缩,除了少部分形成宽展外,主要向变形区出口和入口流动。由于变形区的形状限制,流动结果导致轧件出口速度 v_h 大于轧辊线速度 v,即产生前滑。而轧件在入口速度 v_H 小于轧辊入口线速度的水平分量 $v\cos\alpha$,即产生后滑。前滑区与后滑区交界面称为中性面,中性面上金属流动速度 v_λ 等于轧辊在该点的线速度的水平分量 $v\cos\gamma$,对应的角度称为中性角 γ,见图 7-4。其中,前滑率 S_h 和后滑率 S_H 分别表示为

$$S_h = \frac{v_h - v}{v} \times 100\% \tag{7-9}$$

$$S_H = \frac{v\cos\alpha - v_H}{v\cos\alpha} \times 100\% \tag{7-10}$$

根据前滑的定义和轧制过程秒流量相等的原则可知,当轧制速度或加工率一定时,轧件的出口速度和入口速度决定于前滑率,而且后滑率也与前滑率有关。为此,前滑在轧制过程中起着重要的作用。

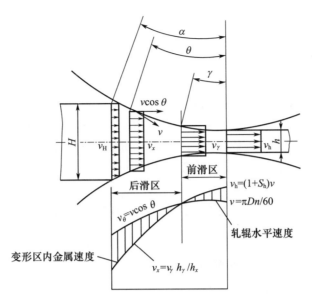

图 7-4 轧制过程速度示意图

7.1.5 前滑与摩擦系数的关系

根据前滑的定义及轧制变形区的几何关系,可以得到

$$S_h = \frac{v_h}{v} - 1 = \frac{h_\gamma \cos\gamma}{h} - 1 = \frac{[h + D(1-\cos\gamma)]}{h} - 1 \qquad (7-11)$$

化简后得

$$S_h = \frac{(1-\cos\gamma)(D\cos\gamma - h)}{h} \qquad (7-12)$$

式(7-12)为 E. Frank 前滑计算公式,前滑主要与轧辊直径 D、轧件厚度 h 和中性角 γ 有关,尤其是中性角。此外,随着压下率与张力的增加,前滑有不同程度的增加。

从图 7-4 中也可看到前滑的大小与变形区中性面的位置有关。由变形区力平衡可导出中性角 γ,即

$$\gamma = \frac{\alpha}{2}\left(1 - \frac{\alpha}{2\mu}\right) \qquad (7-13)$$

由于中性角很小,取 $1 - \cos\gamma = 2\sin\frac{\gamma}{2} = \frac{\gamma^2}{2}$,$\cos\gamma = 1$,则 Frank 前滑公式可写为

$$S_h = \frac{\gamma^2}{2}\left(\frac{D}{h} - 1\right) \qquad (7-14)$$

对于冷轧薄板,由于 $D/h \gg 1$,且有 $D = 2R$,故可进一步导出:

$$S_h = \frac{\gamma^2}{h}R \qquad (7-15)$$

结合式(7-13),可推导摩擦系数与前滑的关系式为

$$\mu = \frac{\alpha}{2\left(1 - 2\sqrt{\frac{S_h h}{\Delta h}}\right)} \quad (7-16)$$

从式(7-16)可看出,前滑值越小,摩擦系数越小,此时中性角也越小,中性面向出口移动。在轧制过程中保持适当的前滑是非常重要的。虽然前滑越小,摩擦系数越小,但是,若摩擦系数过小,不但影响到轧制过程的咬入和轧制稳定性以及连轧稳定性问题,而且对轧件表面质量也有不利影响。

7.2 轧制过程中的摩擦与磨损

7.2.1 轧制变形区摩擦条件

轧制过程的卡尔曼力平衡方程为

$$\frac{\mathrm{d}p}{\mathrm{d}x} - \frac{K}{y}\frac{\mathrm{d}y}{\mathrm{d}x} \pm \frac{\tau}{y} = 0 \quad (7-17)$$

该方程进行求解时必须确定单位压力 p 与单位摩擦力 τ 的关系,也即摩擦条件。由于轧制过程摩擦的复杂性,在求解时常采用一些假设:①滑动摩擦条件;②黏着摩擦条件;③流体摩擦条件。

1. 滑动摩擦条件

轧制变形区为滑动摩擦时,如冷轧过程和润滑条件下的热轧过程,可以采用库仑摩擦条件计算,其计算公式为

$$\tau = \mu p \quad (7-18)$$

2. 黏着摩擦条件

热轧过程中在无润滑条件下,轧制变形区有可能表现为黏着摩擦状态,相对运动时剪切发生在工件表面,此时摩擦力与变形金属的流动切应力 k 有关,即

$$\tau = mk \quad (7-19)$$

式中:m 为摩擦因子,且有 $0 < m < 1.0$。

当 $m = 1.0$ 时,为最大黏着摩擦条件。在轴对称条件下,$k = 0.5K$;在平面变形条件下,$k = 0.557K$,其中 K 为材料的变形抗力。

3. 流体摩擦条件

在冷轧工艺润滑条件下,当轧制速度高、压下率低以及润滑剂黏度大时,变形区油膜厚度较厚,轧辊与轧件表面完全被润滑油膜隔开,形成流体摩擦条件,此时摩擦力的计算式为

$$\tau = \eta \frac{\mathrm{d}v}{\mathrm{d}y} S \quad (7-20)$$

式中:η 为润滑剂动力黏度;dv/dy 为垂直于运动方向上剪切的速度梯度;S 为剪切面积。

7.2.2 摩擦对轧制压力的影响

采用不同摩擦条件计算变形区轧制单位压力和摩擦力的结果比较见图 7-5。很明显,采用的摩擦条件不同,计算的摩擦力与轧制压力差别较大。

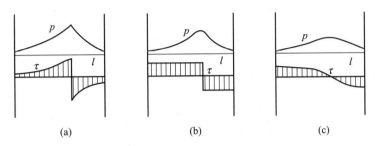

图 7-5 不同摩擦条件单位压力与摩擦力沿接触弧长的分布
(a)滑动摩擦条件;(b)黏着摩擦条件;(c)流体摩擦条件。

同样,在摩擦条件相同的情况下,摩擦系数对轧制压力的影响也是很明显的。图 7-6 所示为采用滑动摩擦条件,摩擦系数对轧制压力的影响。按卡尔曼方程计算的轧制单位压力在中性点处出现一个峰值,称为摩擦峰。摩擦峰的大小与形状除了与计算选用的摩擦模型有关外,还与摩擦系数密切相关,特别是当摩擦系数较高时,轧制压力成倍增加。

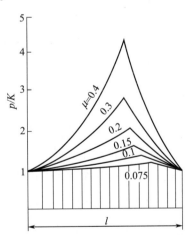

图 7-6 滑动摩擦条件下摩擦系数对轧制压力的影响

其实,摩擦沿接触弧长分布是不均匀的,摩擦的机制也不相同。上述摩擦条件可以在变形区不同区域分别使用。由于变形区长高比 $\left(\dfrac{l}{h}\right)$ 不同,整个变形区可能除了后滑区和前滑区外,在前滑区与后滑区之间还存在黏着区,其中,在黏着区中部,中性点附近还会出现塑性变形停滞区。单位摩擦力和单位压力沿接触弧长分布与变形区长高比关系如图 7-7 所示。

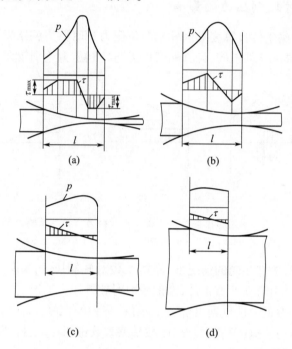

图 7-7 单位摩擦力和单位压力沿接触弧长分布规律

(a) $\frac{l}{h} > 5$; (b) $\frac{l}{h} = 2 \sim 5$; (c) $\frac{l}{h} = 0.5 \sim 2$; (d) $\frac{l}{h} < 0.5$。

当 $\frac{l}{h} > 5$ 时,一般认为接触弧上有几个区域,靠近出口、入口处为滑动区,该区遵从干摩擦定律,单位压力 p 向接触弧中心方向逐渐升高,当单位摩擦力因 p 升高而达到 k 值,即 $\tau = \mu p = k$ 时,即出现了黏着区。此外,在黏着区中部,中性点附近,出现塑性变形停滞区,在该区域内没有塑性变形发生,在该区段中摩擦力可近似按直线规律变化,见图 7-7(a)。此时摩擦峰表现出很陡峭。

当 $\frac{l}{h} = 2 \sim 5$ 时,单位摩擦力常数区段消失,见图 7-7(b),摩擦力沿接触弧分布呈三角状态,产生上述情况是因为接触弧长度还不足以使单位摩擦力达到最大值时,塑性变形停滞区就开始发生了,此时摩擦峰较陡峭。

当 $\frac{l}{h} = 0.5 \sim 2$ 时,黏着区发生在整个变形区,金属滑动趋势非常小,摩擦力可用近似停滞区的三角形分布来表示。此时摩擦峰较为平缓,见图 7-7(c)。

当 $\dfrac{l}{h}<0.5$ 时,金属沿接触弧滑动趋势更小,摩擦力对单位压力影响减弱,摩擦峰很平缓,见图 7-7(d)。

7.2.3 轧制过程的磨损

黏着磨损、磨粒磨损与疲劳磨损在轧制过程磨损中起主要作用。黏着磨损又称黏附磨损,主要是在轧制黏着性强的金属,如不锈钢、钛、铝及其合金等极易发生黏着,结果造成轧件表面出现啄印(Pick-up),更严重者轧辊黏着金属后,黏附物在轧制过程中被重新压入轧件表面形成新的表面缺陷,或者硬化后在轧辊上形成"结疤",划伤轧件表面,或在轧件表面形成压痕。

金属的黏着与摩擦是密切相关的两种现象,产生黏着的基本过程:首先在润滑条件不好、润滑剂导入不正常等情况下,金属与工模具之间的边界润滑膜破裂;然后由于金属的塑性变形使金属表面的氧化膜也发生破裂,并且无法生成新的保护膜,从而使新鲜的基体金属与工模具接触,在压力和温度等条件作用下,使其与工模具表面产生金属的黏着。金属产生黏着的原因,除临界温度条件、单位压力条件和临界膜厚条件等因素外,关键的因素是接触表面上金属的剪切变形。

另外,轧辊与轧件表面很容易被污染同时又被润滑,这样又造成一些硬的杂质小颗粒混入接触面中,还有轧辊及轧件表面上一些硬的凸起物、氧化皮脱落等也易引起磨粒磨损。

金属轧制过程通常是在工艺润滑条件下进行,润滑剂有降低摩擦系数、减少磨损的作用。另外,还可以把接触表面的磨屑和热量带走,防止磨屑在表面间的聚集和长大,造成磨粒磨损。

如果轧辊上的"结疤"脱落,则在辊缝间形成磨粒产生磨粒磨损。特别是轧制有色金属时磨粒磨损占主导地位。而热轧板带钢时,氧化皮的脱落在辊缝间形成的磨粒造成板面出现麻点。

轧辊报废的主要原因是剥落,剥落是疲劳磨损的结果。有时剥落层很深,致使轧辊表面硬化层只留下很少的一层。由局部磨损产生的应力不均匀分布、氧化层过厚引起的龟裂、研磨裂纹以及轧辊上的残余应力都是导致剥落的原因。

表 7-5 是按照热粗轧前道次、后道次,热精轧前几架、后几架区分的轧制负荷条件及轧辊磨损情况统计。热粗轧和热精轧前几架容易因氧化铁皮而产生黑皮,形成表面缺陷。轧制不锈钢时易产生热黏着。热精轧后几架不产生氧化铁皮,以磨损为主。针对不同的轧制条件,应选择适用的轧辊材质,以转化不利条件。例如,使用高镍铬和高铬轧辊时,氧化铁皮形成的黑皮可以提高轧辊的耐表面缺陷性能和耐磨损性能,因此要尽量利用黑皮。

表 7-5 热粗轧、热精轧的工作辊负荷和磨损情况统计

类别		热粗轧		热精轧	
		前道次	后道次	前几架	后几架
轧制力	轧制速度/(m/s)	1~6	2~4	2~8	8~25
	单位轧制力/MPa	10~12	12~22	25~60	50~100
	轧辊温升/℃	500~550	550~600	600~650	650~750
	轧辊材质	锻钢、铸钢、高镍铬铸钢、高铬铸钢		高铬铸铁、高镍铬铸铁、高速钢	
轧辊表面损伤	剥落	—		多发生于精轧的前几架	
	形成黑皮-脱落	容易产生黑皮		不产生黑皮	
	轧不锈钢热黏着	—		多发生于精轧的前几架	
	其他表面缺陷	粗轧后段发生凹坑		精轧后段产生凸凹	
	裂纹、热冲击和折叠	轧厚板时因咬入冲击而形成		折叠多发生于精轧后段	
	磨损			在精轧的后段磨损严重	

7.2.4 影响磨损的因素

温度、速度、载荷、环境因素、金属表面氧化物、加工硬化、工模具与工件材质、润滑条件等都会对磨损产生影响。图 7-8 表示了热轧带钢过程中轧制参数对轧辊疲劳磨损和磨粒磨损的影响。由于在粗轧道次轧件温度高,轧辊与轧件接触时间长,导致轧辊热疲劳磨损较大。随着轧制道次的增加,轧件加工硬化,再加上精轧时轧制速度增加,结果使得轧辊机械疲劳磨损和磨粒磨损(研磨)较大。

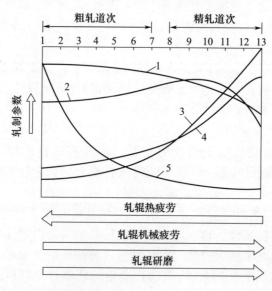

图 7-8 热轧带钢过程中轧制参数对轧辊疲劳磨损和磨粒磨损的影响
1—轧件温度;2—轧制力;3—轧件硬度;4—轧制速度;5—轧制接触时间。

7.3 热轧工艺润滑

长期以来,水一直作为热轧板带钢时轧辊的润滑和冷却介质使用。随着轧机向高速化、连续化、自动化和大压下量方向发展,轧辊工作负荷明显增加,加速了轧辊的剥落和磨损,频繁地换辊又造成轧制作业率的降低。此时,水已远远不能满足热轧时作为润滑介质的需要。为此,开始考虑用热轧工艺润滑来减少轧辊磨损、提高作业率。而有色金属热轧时由于极易发生黏辊,故应用工艺润滑较早。

7.3.1 热轧工艺润滑的特点

1. 轧制温度高

以板带钢热轧为例,板带钢的热轧温度在 1000～1100℃,轧制变形区内轧辊表面温度可达 900℃。高温条件对热轧润滑剂性能如热稳定性、闪点、黏度等提出更高要求。

2. 氧化铁皮的影响

板带钢在加热过程中表面生成氧化铁皮以及轧制过程中产生二次氧化铁皮对轧制变形区摩擦状态、润滑效果与表面质量产生重要影响。

3. 分解产物及其燃烧速度

高温引起热轧润滑剂燃烧、气化或分解,导致润滑失效或者分解产物污染环境。

7.3.2 热轧工艺润滑的作用

1. 减少热轧过程轧辊与轧件之间的摩擦系数

不采用热轧工艺润滑时的摩擦系数一般为 0.35 左右,而采用工艺润滑时的摩擦系数可减小到 0.12。

2. 降低轧制力

摩擦系数的减小直接导致轧制力的降低,一般可降低轧制力 10%～25%,这样不仅可以降低轧制功率,节约能耗,而且更重要的是可以在原有轧机的接触上进行大压下轧制,有利于轧制薄规格的热轧产品,同时也可以有效地消除轧制过程中轧机的振动。

3. 减少轧辊消耗、提高作业率

在热轧条件下,工作辊因与冷却水长期接触发生氧化在其表面生成黑皮,这是造成轧辊异常磨损的主要原因。润滑剂能够阻止轧辊表面黑皮的产生,进而延长轧辊使用寿命,同时减少换辊次数,提高轧制生产作业率。

4. 改善轧后表面质量

轧辊磨损的降低、氧化皮的减少直接改善了轧后板面质量。另外,工艺润滑对变形区摩擦的调控作用可以促进轧后板形的提高。轧后表面质量的改善还可以提高热轧板带的酸洗速度,降低酸液消耗,减少酸洗金属的损失。

5. 改善制品内部组织性能

工艺润滑不仅能够提高轧后制品表面质量,而且还可以使轧后带钢的晶粒组织得到改善,提高其深冲性能。例如,热轧 IF 钢时,由于摩擦系数的降低,表层的剪切变形减少,使板厚方向从表层到中心的织构差别减小,有利于织构的增加,从而可提高热轧板的 r 值。

7.3.3 热轧工艺润滑机理

通常热轧润滑剂是以油水混合液的形式被送到轧辊表面的,水是载体,少量的油均匀分散在水中。一般认为,油水混合液的作用过程是水包油相向油包水相的转变过程。混合液到达辊面后,以水包油的形式迅速地在辊面展开,当进入变形区与高温的轧件接触时,在温度和压力的作用下,水很快蒸发并转变成油包水相,一部分油燃烧产生以灰分为主的燃烧物;一部分油以油膜的形式均匀地覆盖在轧辊与轧件的接触弧上,两者在变形区大约 0.01s 的时间内都起到一定的润滑作用。因此,热轧变形区的润滑机理可以归纳成以下 3 种方式。

(1) 轧制油被燃烧,燃烧残留物主要是残炭,使轧辊与金属表面隔开。

(2) 热轧油在变形区高温、高压下急剧气化和分解,形成高温、高压的气垫,将金属与轧辊表面隔开,起到润滑作用。

(3) 由于变形区接触时间很短,轧制油来不及燃烧,以油膜的形式均匀地覆盖在轧辊与轧件的接触弧上以流体形式通过变形区。

计算与实验表明,在热轧润滑时,变形区也会存在着流体动力润滑。油膜厚度对降低轧制力的试验结果表明,膜厚大于 $0.5 \sim 0.6 \mu m$ 时,降低轧制压力的作用将减少,这意味着只要极少量的油就足以得到好的润滑效果。另外,热轧润滑易在铸铁轧辊表面形成一层黑皮,这是一种磁性氧化层,也有很好润滑性。

而在热轧有色金属时,由于温度相对较低,当热轧乳化液喷射到轧辊表面上时,乳化液遇高温其稳定状态被破坏,油水分离,油黏附在轧辊表面起润滑作用,水则起冷却作用。乳化液正是以提高这种热分离性能来达到润滑-冷却效果的。除了乳化液本身性质外,基础油的黏度、添加剂、乳化液中油滴尺寸与分布、乳化液的使用时间都会影响其热分离性,进而影响工艺润滑效果。

7.3.4 热轧工艺润滑剂

热轧板带钢与有色金属由于在轧制温度、材料变形抗力等方面,包括润滑机制不同,因此在热轧润滑剂的选择和使用上也存在差异。

1. 板带钢热轧润滑剂

板带钢热轧润滑剂又称为热轧油,在热轧时高温、高压和大量轧辊冷却水喷淋的工作条件下,热轧油应具备以下基本功能。

（1）良好且稳定的润滑性能,能充分降低或调控变形区的摩擦,从而减少轧辊磨损。

（2）很好的润湿性和黏着性,能均匀地分散在轧辊表面并牢固地黏着,抗水淋性好,可以防止或减少在工作辊和支撑辊上形成的氧化物。

（3）在高温下有良好的抗氧化性和耐分解性,保证在与轧件接触之前不在轧辊表面燃烧或分解,但是轧机出口带钢上的残余热轧油要在尽可能短的时间内烧尽,防止残余油遗留在带钢表面形成新的污染。

（4）有良好的抗乳化性和离水展着性。

（5）无毒、无味,特别是在热分解中产生的气体也无毒、无味,而且燃烧产物进入废水中的残留物也无毒,对环境无污染。

由于现有热轧机组都用水冷却轧辊,事先没有设计供油系统,所以尽管热轧润滑剂有水基和油基两种形式,但水基热轧润滑剂使用条件复杂,同时又不便废水处理,所以目前大部分采用油基热轧油。热轧油的组成见表7-6,主要理化性能及用途见表7-7。

表7-6 热轧油的组成

热轧油	成分	含量/%（质量分数）
基础油	矿物油	50~100
	聚烯烃	50~100
	酯类油	0~100
油性剂	动、植物油	0~50
	脂肪酸	0~50
	高级脂肪醇	0~50
	合成酯	50~100
	固体润滑剂	不确定

表7-7 热轧油的理化性能及用途

牌号	HB 1053	HB 1081	M 0882	M 0814
外观	褐色液体	褐色液体	褐色液体	褐色液体
运动黏度(40℃)/(mm²/s)	46	64	180	75~102
闪点/℃	222	184	270	260
凝点/℃	-6	-10	-12	-15
酸值/(mgKOH/g)	5	17	11.0	3.5
用途	普碳钢	普碳钢	不锈钢	普碳钢

2. 铝及其合金热轧润滑剂

与钢板热轧不同,由于铝及其合金热轧温度为350~550℃,而且铝较软,极易黏附轧辊,所以在考虑热轧工艺润滑剂时必须兼顾润滑和冷却性能。过去铝及其合金热轧速度不高,用过油基润滑剂,如机油等,但是冷却效果较差,特别是油烟污染严重,故目前热轧均用润滑-冷却性良好的乳化液进行工艺润滑。由于乳化液是循环使用,因此除了应具备一般热轧润滑剂的基本特征外,还要对轧辊有良好的洗涤性和轧后铝粉分离性,同时还要有较好的热分离性以及稳定性和较长的使用寿命。表7-8所列为国内外几种有代表性的铝热轧乳化液的性能。

表7-8 几种有代表性的铝热轧乳化液的性能

乳化液	产品黏度(40℃)/(mm²/s)	油膜强度(5%乳化液)/N	pH值(5%乳化液)	使用浓度/%	使用周期/月
59ц	22.0	390~490	7.8~8.0	3~7	1
A-100HR	56.7	685~715	7.5	2~2.5	6
PROSOL67	55.0	—	7.5~9.0	5	6
LRE-88	56.6	685~735	7.5	2~3	10~12
UAR68	55.0	685~785	7.5~8.0	2~4	6~12

3. 铜及其合金热轧润滑剂

铜及其合金热轧温度通常为750~850℃,所以热轧润滑多使用乳化液或水,其中所采用的乳化液大体上与铝相同,如美国 Mobil 公司的 PROSOL67 既可轧铝也可轧铜,但是铜粉尘易与乳化液中的活性物质反应生成铜皂,使得乳化液使用周期缩短。另外,由于铜的热轧温度比铝热轧高许多,故在热初轧时也用水冷。国外铜轧制乳化液有关性能见表7-9。

表7-9 国外铜材轧制乳化液有关性能及用途

性能	PROSOL35	PROSOL66	EA66AP	Somenter E2
乳化油黏度(40℃)/(mm²/s)	27.0	36.0	46.0	31
稳定性	稳定	极稳定	稳定	稳定
对水质要求	<350mg/kg	无	无	无
用途	冷轧	热、冷轧	冷轧	热、冷轧

7.3.5 热轧工艺润滑效果

1. 工艺润滑对力能参数的影响

采用不同类型的热轧油进行热轧普碳钢工艺润滑效果实验,测量轧后轧制压力,并与采用工艺润滑的轧制压力进行对比,实验结果见表7-10。

表7-10 不同类型热轧油的润滑效果

热轧油类型	轧制压力下降率/%
矿物油	10.1~20.4

(续)

热轧油类型	轧制压力下降率/%
植物油	20.0~22.6
脂肪油	30.0~40.8
合成酯	17.3~21.3
矿物油+添加剂	32.7~33.3

除了热轧油类型特征外,热轧油的使用浓度对热轧润滑效果也有较大影响。一般认为,变形区油膜厚度在 2~3μm 就可达到润滑目的,增加用量并不产生更有效的润滑作用。最佳使用浓度由具体轧制材料、轧制制品的厚度、轧制温度、热轧油自身特性以及具体形态决定。例如,轧制黑色金属时轧制油的浓度低于轧制有色金属;轧制不锈钢时乳化液的浓度低于轧制低碳钢;油水混合型的浓度低于乳化型。一般热轧油的使用浓度为 1%~5%。

2. 工艺润滑对轧辊磨损的影响

降低轧辊磨损,减少换辊次数,改善轧后板形和表面质量是热轧工艺润滑的重要目的。这在轧制黑色金属时尤为重要。图 7-9 所示为 1450 机组轧辊磨损情况对比。从图中可明显看出,采用工艺润滑后轧辊磨损大大减少,而且沿辊身磨损也较为均匀,这样有利于改善轧后板形。同时还发现,可以沿辊身长度控制润滑剂的用量来达到控制轧辊磨损的目的。

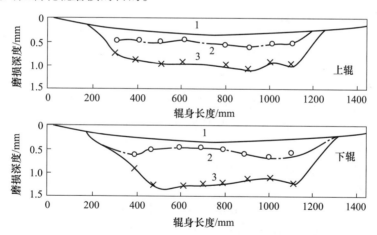

图 7-9 1450 机组工作辊磨损断面
1—原始断面;2—工艺润滑后轧辊磨损断面;3—无润滑轧辊磨损断面。

实际表明,带有分段喷射的上、下辊独立的润滑剂供应系统通过对润滑剂的流量和压力的控制,保证辊面耗油量在 1.4~4.0g/m² 范围内,则全部类型的润滑剂均可降低轧辊磨损 59%。如果润滑剂用量过大,如大于 4.0g/m²,不但不能进一步降低轧辊磨损,而且会导致轧件咬入困难、轧辊打滑,如图 7-10 所示。

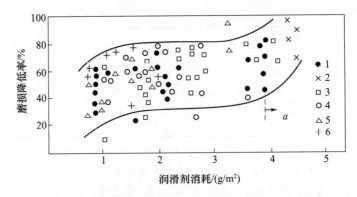

图 7-10 润滑剂类型和耗量与轧辊磨损降低率间的关系
1—合成酯；2—油脂；3—合成酯+水；4—油脂+水；5—合成酯+水；6—酯+水。

7.4 冷轧工艺润滑

与热轧工艺润滑不同，冷轧过程中工艺润滑是轧制工艺中的重要环节。因为热轧过程中氧化膜、水也可以起到一部分润滑作用，而且材料变形抗力较低。但是，在冷轧时由于材料加工硬化、变形抗力增加，导致轧制压力升高，同时，随着轧制速度的提高，轧辊发热，必须采用兼有冷却作用的润滑剂进行工艺润滑以减少摩擦，降低轧制压力和冷却轧辊。

7.4.1 冷轧工艺润滑的作用

1. 润滑作用

采用工艺润滑可以减少或调控变形区摩擦系数。摩擦系数的减少不仅可以降低轧制压力、减少轧辊磨损，而且根据 Stone 最小可轧厚度计算公式可知，轧机的最小可轧厚度在其他条件一定的情况下，只与轧制时的摩擦系数有关，其中摩擦系数越小，轧机最终轧得越薄；或者说在轧机辊缝一定的条件下，摩擦系数越小，道次压下量就越大。

随着轧制速度的不断提高，轧制过程的稳定与控制日益重要。从稳定轧制的观点来看，摩擦系数并非越小越好。因为摩擦系数越小，前滑就越小，而适当的前滑对轧制过程的稳定是有利的。另外，前滑太小对轧后板带表面质量也有不利影响。因此，润滑作用的最好表现是对整个轧制变形区的摩擦系数进行调控，特别是沿辊身方向摩擦系数的一致性。

2. 冷却作用

轧制过程中的摩擦热和变形热导致轧辊温度增加，由于冷轧过程轧辊没有水冷，所以必须考虑工艺润滑时的冷却作用。另外，对轧辊的分段冷却与控制也是板形控制的常用手段之一。相对于有色金属,黑色金属的冷轧时轧辊温升更大,润滑剂的冷却作用更加重要。表7-11列举了不同温度下水和油有关传热学的物理性能参数。

表7-11 不同温度下水和油有关传热学的物理性能参数

物质	温度/℃	密度/(kg/m³)	比热容/(kJ/(kg·K))	热导率/(W/(m·K))
水	20	998.3	4.1882	0.603
	40	992.3	4.1788	0.623
	60	998.2	4.1811	0.654
柴油	20	908.4	1.838	0.128
	40	895.5	1.909	0.126
	60	882.4	1.980	0.124
润滑油	40	876.0	1.995	0.144
	80	825.0	1.995	0.144
变压器油	20	886.0	1.892	0.124
	40	852.0	1.993	0.123
	60	842.0	2.093	0.122

从表7-11中可以看出,在相同条件下水的冷却性能要优于油,而乳化液的冷却能力介于水和油之间,一般为水的40%~80%,而且随着乳化液浓度的增加,其冷却能力下降。

7.4.2 冷轧工艺润滑剂

鉴于冷轧工艺润滑的重要作用,作为润滑剂除了应具备一般润滑剂的基本功能外,还应满足以下特征要求:

(1)润滑性能好,能够有效地降低或调控摩擦系数;
(2)冷却能力强,具有较高的导热系数和传热系数;
(3)性能稳定,在高温、高压环境下循环使用不变质,润滑效果不变,或者具有较长的使用周期;
(4)使用方便,作为油基润滑剂应具有较高的闪点和较低的凝固点,确保使用的安全性和低温时的流动性;
(5)作为乳化液应在乳化温度、时间、水质等方面无特殊要求,乳化液管理维护方便,破乳方法简单;
(6)清洁性强,在使用过程中能随时带走轧辊和板带表面的磨削和粉尘,轧后板面无油渍,退火时表面无油斑;
(7)防锈性好,能有效防止与其长期接触的轧机与所轧板带材锈蚀;
(8)无毒、无味,排放或者板带材表面残留物符合环保要求;

(9) 使用的经济性。

由于冷轧黑色金属和有色金属在材料变形抗力、轧制速度、温度等方面的不同,所使用的润滑剂在类型和性能要求上也存在较大差异,现分述如下。

1. 板带钢

板带钢冷轧工艺润滑主要采用乳化液,对于轧制表面质量要求高,如不锈钢、精密合金等产品或者轧制速度不高时,也采用全油润滑轧制。具体分类及使用特征见表 7-12。由于冷轧产品品种较多,轧制工艺也存在差异,应根据具体情况如轧件材质、轧件厚度、轧机、轧制速度、表面质量要求等选择最适合的润滑剂。一些国内外商品板带钢冷轧乳化油制油的使用特征见表 7-13。

表 7-12 板带钢轧制润滑剂的分类与使用特征

使用特征	分类			
	乳化液			轧制油
	矿物油基础油	脂肪油基础油	混合型基础油	矿物油或混合油
性能	油脂含量低,清洁性好,乳化液较硬,皂化值 30~40	润滑性最好,清洁性较差,适宜高速轧制,皂化值 190~200	润滑性好,热分离性强,乳化液较软,皂化值 100~160	低黏度 + 添加剂,循环使用,低速轧制,轧后表面质量好
用途	连轧机、可逆轧机、森吉米尔轧机	连轧机、可逆轧机	连轧机、可逆轧机	连轧机、可逆轧机、森吉米尔轧机
工况	浓度 2%~8%,温度 35~50℃	浓度 2%~5%,温度 50~60℃	浓度 2%~5%,温度 50~60℃	添加剂含量 1%~10%(质量分数)
轧制钢种	普碳钢、特殊钢	普碳钢、特殊钢	普碳钢、特殊钢	特殊钢、极薄带

表 7-13 一些国内外商品板带钢冷轧乳化油的使用特征

使用特征	Quaker N620-DPD	RH-4-200	M1713	M3781
外观	褐色液体	黄褐色液体	琥珀色液体	褐色液体
密度(15℃)/(g/cm³)	0.88~0.91	0.897	0.88~0.92	0.88~0.92
运动黏度/(mm²/s)	45~60	30~42	48~50	43~56
酸值/(mgKOH/g)	20	4	5	8
皂化值/(mgKOH/g)	140	176	168	175
产品类型	脂肪油型乳化油	混合型乳化油	混合型乳化油	混合型乳化油
用途	连轧机	1700 轧机	可逆轧机连轧机	可逆轧机连轧机
轧制品种	普板、硅钢	汽车板	普板、硅钢	不锈钢
轧制速度/(m/s)	高速	25~30	高速	高速
使用浓度/%	1.5~3.5	2.0~3.0	2.5~3.0	2.0~5.0

2. 铝及铝合金

与板带钢不同,铝及铝合金板带箔冷轧润滑剂均为纯油型轧制油,一般不使用乳化液。轧制油通常由低黏度轻质矿物油加添加剂组成。添加剂包括脂肪酸、醇、酯等,其含量通常在10%以下。除了具备轧制润滑剂基本性能外,铝材轧制油着重要考虑循环使用时的氧化安定性、铝粉易过滤分离性、高速轧制时摩擦的可控制性、高速轧制时的使用安全性、轧后退火表面的清洁性和使用后的环保与人身健康安全性。

由于铝材轧制过程中有时需要中间退火或成品退火,退火时无保护气氛,退火后没有酸洗,因此对轧制油的黏度和添加剂的要求特别高。尤其是铝材常常被用作装饰材料,而铝箔被用于食品和药品包装,所以除了对铝板带箔表面质量要求较高外,对轧制油中的芳烃含量严格控制,表7-14列举了国内外有代表性的铝板、带、箔冷轧油基础油的有关性能。从表中看到低黏度、高闪点、窄馏程、低硫低芳是高档铝材轧制油发展方向。

表7-14 国内外铝板、带、箔冷轧油基础油性能及用途

性能及用途	CH-6		ESSO		EXXON
	D80	D90	S31	S34	D100
密度(20℃)/(g/cm^3)	0.80	0.81	0.80	0.81	0.81
运动黏度(40℃)/(mm^2/s)	1.70	2.07	1.70	2.40	2.29
闪点(闭口)/℃	80	90	80	106	100
酸值/(mgKOH/g)	0.02	0.03	—	—	0.1
溴价/(gBr$_2$/100g)	0.2	0.3	—	—	0
馏程/℃	205~245	215~255	205~260	235~265	215~255
硫含量/(mg/kg)	1.0	1.0	5.0	5.0	3.0
芳烃含量/%	1.0	1.0	1.0	1.0	1.0
用途	箔	板、带	箔、带	板、带	板

铝材轧制油最常用的添加剂是脂肪酸、脂肪醇及脂肪酸酯,由于分子的极性基团不同、分子碳链长度不等,故表现出不同的润滑性能。对于轧制油的油性添加剂来讲,主要是长链脂肪酸、醇、酯,而且随着它们分子链长度的增加,其润滑性能变好,如18个碳原子的酸比8个碳原子的酸轧制压力可低10%~20%。一般而言,碳原子个数在12~18之间应用效果最佳。然而,碳链越长,其退火效果就越差。

对于相同碳链长的油性剂来说,资料表明,减摩效果最强的是酸,醇居中,酯最差。这主要是由于酸、醇、酯与金属表面吸附能的强弱不同。脂肪酸、醇、酯的主要性能比较见表7-15。

表 7-15　脂肪酸、醇、酯的主要性能比较

特性	脂肪酸	脂肪醇	脂肪酸酯
油膜厚度	深	深	厚
油膜强度	强	弱	强
浸润性	劣	优	良
热稳定性	良	良	优
表面光亮性	优	良	劣
不形成污痕能力	良	优	良
碳数(铝箔);碳数(铝板)	$C_{10} \sim C_{14}$	$C_{10} \sim C_{12}$	$C_{10} \sim C_{14}$
铝板	$C_{12} \sim C_{18}$	$C_{14} \sim C_{16}$	$C_{12} \sim C_{18}$

在选择油性剂时不仅要考虑到其减摩效果,而且还要考虑其退火性能。对于任一种油性剂来说,当碳原子个数达到一定值后,其减摩效果与退火性能成反比,即随碳链增长,减摩效果越好,而退火性能变差。因此,选用油性剂时要从多方面考虑,如减小摩擦系数、降低轧制压力、退火油斑、氧化变质等。另外,还要考虑添加剂与轧制油基础油的相溶性及使用的方便性,如添加剂的黏度、是否为液体、毒性等。

3. 铜及铜合金

近几年来,在铜材轧制过程中越来越多地采用光亮退火,由于光亮退火省去了原来退火后的酸洗和刷拭两道工序,因此对轧制油提出了更高的要求,即除具有轧制油应有的性能外,更重要的是光亮退火后铜材表面不能形成油污或斑渍,典型的适用于铜材轧制光亮退火的矿物油见表 7-16。

表 7-16　国内外铜材冷轧矿物油相关性能

产品	运动黏度(40℃)/(mm²/s)	闪点/℃	酸值/(mgKOH/g)	馏程/℃	用途
Genrex 26B	8.7	150	0.02	280~340	粗轧
Genrex 24B	4.3	130	0.05	260~320	精轧(板)
UCR-1	7.6	166	0.06	284~374	精轧(带)
M0738	7.3	162	0.08	240~340	铜带

7.4.3　冷轧工艺润滑的应用

1. 酸洗涂油

在酸洗、清洗和烘干后,热轧带钢在卷取前要进行涂油,所用的油称为酸洗油(Pickle Oil)。酸洗后涂油的目的是:①防止酸洗后带钢表面生锈;②保护板卷在下一工序开卷时避免相互擦伤;③在冷轧时头一道次或头几道次起润滑剂作用。涂油时,应避免通过一套加油辊和挤油辊在带钢表面涂上一层薄油膜,而应通过控制油温(或者油的黏度)来控制加油量。

酸洗油的理化特征是由带钢后续加工工艺所决定的。如果酸洗后由开卷机进行开卷,由于擦伤可能性较小,故用中等黏度($56℃$,$40\sim50mm^2/s$)的矿物油即可。但是,如果用带有导辊的开卷箱进行开卷时,则希望用黏度更高些(高至$95mm^2/s$)的矿物油或混合油。最新采用的涂油方法是干式涂镀或静电涂油。前者是在酸洗线的热水清洗段之中或之后,以2%~3%的乳化液进行涂镀,水在空气干燥器中蒸发掉,在带钢表面留下一薄层油;后者则需要静电喷涂设备才能进行。

酸洗后的带钢进行冷轧时,要求酸洗油在第一道次具有适当的润滑性能,特别是在连轧机组。如在六机架冷轧机上轧制镀锡板时,第一架轧机由于咬入角较大,对润滑性要求不高,但只有酸洗油和冷却水在起润滑作用。另外,值得注意的是,在后几架轧机上轧制时,酸洗油将与循环使用的乳化液混合,酸洗油在性质上应与乳化液相协调,一方面希望乳化液不会因为酸洗油的混入而发生性能改变,影响其润滑效果,另一方面希望酸洗油不会导致轧后板面退火时清洁性变差。出于上述原因,最好将连轧机上使用的乳化液(乳化油)直接用于酸洗涂油。实际上也常常如此。

2. 薄板轧制润滑

在单机架低速冷轧薄板,特别是当薄板较厚时,可以直接使用酸洗油进行工艺润滑,或者酸洗油中掺入部分脂肪油,水则作为冷却液。若轧制成品厚度大于0.4mm的钢带时,可采用矿物油型乳化液,使用该乳化液冷轧轧机清洁性较好,轧后钢带可不经脱脂直接进行罩式退火,退火后表面清洁性好。

当轧制成品厚度小于0.3mm的镀锡原板和镀锌原板时,通常使用脂肪型乳化液并添加油性剂和挤压剂以满足其润滑性能,但是,轧后需经脱脂后才能进行退火。

上述乳化液循环过滤使用时,乳化液浓度为3%~5%,温度为38~66℃,流量为11350~18900L/min。轧制1t带钢油耗为0.4~1.5kg。

3. 硅钢轧制润滑

硅钢由于比普碳钢硬,通常使用森吉米尔轧机进行轧制。由于轧机工作辊辊径较小,相对而言对润滑剂的润滑性能要求不高,过高的润滑性会引起辊系间打滑。因而硅钢冷轧时采用矿物油、合成酯等为主的稳定型乳化液。若轧制速度不高,且对轧后硅钢表面要求较高,也可以使用类似不锈钢纯油型轧制油。

随着轧制技术的发展,无取向硅钢可以在六辊单机或连轧机上进行轧制生产,为了满足轧制速度要求和保证高表面质量,对轧制润滑性能提出了更高的要求,一些高皂化值、高使用浓度的乳化液开始广泛应用,或者借助冷轧汽车板的乳化液进行润滑轧制。表7-17列举了新型高润滑性能硅钢轧制油的主要性能及应用范围。

表 7-17 新型硅钢轧制油的主要性能及应用范围

性能及应用范围	帕卡	大同	中石化润滑油
密度(25℃)/(g/cm³)	0.89~0.94	0.82~0.94	0.90
运动黏度(40℃)/(mm²/s)	30~50	70	50
皂化值/(mgKOH/g)	165~195	160	170~180
酸值/(mgKOH/g)	3~12	<15	5~10
应用范围	连轧	二十辊可逆	连轧

4. 不锈钢轧制润滑

从不锈钢冷轧的发展来看,由于不锈钢的特性和产品质量的特殊要求,其冷轧生产工艺具有不同于其他钢种的特点。

(1) 不锈钢是高合金钢,变形抗力比碳钢高得多,一般比低碳钢大60%,为此多采用多辊轧机(森吉米尔轧机)进行轧制,少数也采用四辊轧机轧制,同时必须采用润滑冷却效果好的轧制油进行工艺润滑。

(2) 采用特殊的焊接工艺也是不锈钢冷轧带钢生产的一个特点。

(3) 不锈钢生产中退火是其中重要的环节,不同的钢种、不同的生产流程热处理制度也不同,如退火酸洗、光亮退火等。

(4) 冷轧不锈钢对表面质量有着严格的要求,这是不锈钢区别于其他钢种的重要特点。

(5) 不锈钢的精整不同于普通钢,有着特殊要求。平整工序采用表面粗糙度很低的轧辊,在改善板形的同时,保证不锈钢的表面光泽。

由于乳化液可能对不锈钢表面光泽有不利影响,所以不锈钢冷轧常常采用纯油型轧制油。其中以 Genrex 26 系列、Somentor N65 系列及 M0781 系列应用较为广泛。表 7-18 列举了国内外有代表性的不锈钢薄板轧制油的主要性能及应用范围。

表 7-18 国内外有代表性的不锈钢薄板轧制油的主要性能及应用范围

性能及应用范围	Genrex 26	Somentor N65	M0781
密度(15℃)/(g/cm³)	0.86	0.89	0.89
运动黏度(40℃)/mm²/s	8.7	11.0	11.1
闪点(开口)/℃	150	140	175
酸值/(mgKOH/g)	0.02	0.1	0.1
凝固点/℃	-21	-6	-10
应用范围	多辊冷轧,高速	不锈钢专用	多辊冷轧

虽然不锈钢冷轧油与铝材冷轧油有很多相似之处,但与铝轧制油不同的是,不锈钢薄板冷轧油供货一般以复合油形式(Compounded Roll Oil),如 Mobil Genrex 26 系列和 ESSO Somentor N60 和 N65 均为复合油。另外,从轧制油成分组成上看,其基础油多为精制矿物油,添加剂有油性剂、极压剂、抗氧剂等。添加剂的用量在 10% 以内。

不锈钢冷轧过程中要特别注意轧制油的黑化问题,黑化是纯油型轧制油在循环使用过程中金属磨损粉末混入油中引起的。黑化既影响轧制油的润滑性能,同时又严重污染轧后板面。黑化的程度与轧辊和轧件的磨损,磨损粉末颗粒大小、形状、沉降速度等有很大关系,特别是轧制油中的添加剂(表面活性剂)最容易吸附聚集微粒,加剧黑化现象。不过可以通过严格过滤、调整添加剂等措施减少黑化的形成。

5. 平整用油

轧制板带材在达到规定厚度要求并完成退火后,还要经过平整轧制(Temper Rolling)。平整是板带材精整线中最重要的工序,平整时的压下率为 0.5%～3%。平整的目的在于:①提高退火后带钢的平整度;②消除退火板带屈服平台,调整其所要求的力学性能;③使带钢表面达到所要求的粗糙度。平整有干平整和湿平整两种。干平整不用平整液,而一般平整机均采用湿平整。湿平整与干平整的比较见表 7-19。

表 7-19 湿平整与干平整的比较

特性	湿平整	干平整
生产效率	高	低
轧制力/(kN/mm)	2～3	3～5
延伸率控制	高延伸率范围容易控制	低延伸率范围容易控制
粗糙度复制率/%	30～50	60～80
防锈效果	好	无
表面缺陷	少	容易产生
轧辊消耗	低	较高
工作环境	干净	有粉尘

湿平整则需使用平整液,由于退火后带钢表面带有灰尘、油斑等轻微污染物,所以要求平整液应具有较强的清洗性和防锈性。为此,有时连轧机的最后一架轧机就用平整液代替轧制润滑剂使用。另外,平整后的带钢表面粗糙度由平整机工作辊表面粗糙度控制,其中,轧辊表面有磨光或抛光表面(提供镜面)和喷丸表面(提供毛面或麻面)。因此,还要求平整液具有较高的摩擦系数,以保证得到与轧辊相近的表面。

平整液按其组成特征分为无机型、有机型和混合型 3 种类型,它们各自的特点见表 7-20。平整液的选用主要是依据平整的作用而定。若一般平整,则可选用去污性、防锈性好的无机型平整液;若平整时需要较大的压下量,则可选用具有一定润滑性能的平整液;若平整涂层板,则可选用低黏度的溶剂油,且要有较高的闪点。

表 7-20 不同类型平整液的特征(浓度 10%)

性能	无机型	有机型	混合型
相对密度(15℃/40℃)	1.21	1.04	1.06
pH 值	10.7	9.8	9.7
碱值/($gI_2/100g$)	10.4	9.5	2.1
表面张力/(N/m)	29×10^{-3}	30×10^{-3}	32×10^{-3}
摩擦系数	0.44	0.38	0.44

6. 铝及铝合金轧制润滑

铝板带材冷轧通常在四辊或六辊轧机上进行,原料为热轧坯或铸轧坯,厚度为 6~8mm,分粗轧、精轧,有时粗轧、精轧在一台轧机上进行。轧制速度在 1~10m/s 之间。成品厚度为 1.0~0.2mm,产品有时需成品退火或中间退火,对产品表面质量要求较高。铝箔分为轧制箔和真空沉积箔两大类,其中轧制箔由 0.2mm 厚的铝箔坯料经冷轧后成为厚箔(0.2~0.025mm)、单零箔(0.025~0.01mm)和双零箔(0.006~0.008mm)。由于铝箔轧制最后几道次轧辊已压靠,铝箔厚度主要靠轧制速度、张力和轧制油润滑来调节,同时铝箔板形也要通过轧制油的分段冷却来控制,因此对轧制油的要求特别高。此外,当成品铝箔厚度小于轧机最小可轧厚度时,需要将两张铝箔叠在一起进行轧制,称为叠轧或双合。双合时还要在两张铝箔中间加入双合油,以防止轧制时压合,同时又便于分卷。有关铝板、带、箔冷轧油基础油理化性能参见表 7-14。

影响铝合金轧制过程润滑效果的因素较多,主要是轧制油黏度及添加剂对轧制过程的力能参数和轧后铝板表面质量的影响。

随着轧制油黏度的增加,变形区油膜厚度增加,摩擦系数减少,见图 7-11,然而通过增加黏度来降低摩擦系数会对轧后表面质量,特别是退火表面光亮度产生不利影响,因为随着轧制油黏度的增加,铝板轧后退火时由于油膜较厚,对表面污染增加,导致轧后表面光亮度下降。为了克服上述矛盾,通常在低黏度基础油中加入添加剂。

添加剂主要是通过与金属表面发生物理吸附来减小摩擦,如图 7-12 所示。随着添加剂含量的增加,轧制变形区摩擦系数下降,当添加剂含量增加到一定值后,表面吸附达到饱和,摩擦系数基本上不变。图中由于添加剂极性和链长不同,导致其减摩效果上的差异。

现代化铝箔轧机轧制速度达到 10~30m/s,因此,对铝箔轧制油提出了更高的要求。除了必须具备铝板带轧制油的一般要求外,其基础油黏度更低,以满足高速轧制的冷却性要求。另外,对轧制油中芳烃含量严格限制在 1% 以下,而且添加剂的种类和用量也有所不同。

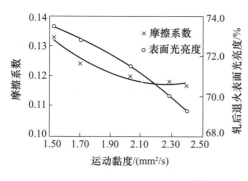

图7-11 轧制油黏度对油膜厚度和摩擦系数的影响

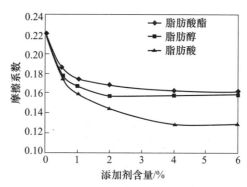

图7-12 添加剂对轧制变形区摩擦系数的影响

双合轧制相比于单张轧制,除了可以进一步减小铝箔可轧厚度外,由于铝箔能承受更大的张力,可以减少断带次数,提高生产率。从轧制稳定性考虑,不希望两层铝箔之间有滑动,也即不施加润滑,但这给分卷带来困难,为此在两张铝箔双合时在铝箔之间只施加双合油以便分卷。出于润滑剂使用与管理的方便,双合油通常为铝箔轧制油的基础油,不再单独选用其他油品。由于双合轧制时铝箔内外表面润滑状况不同,在分卷后可得到一面光、一面暗的铝箔。

7. 铜及铜合金轧制润滑

Schey认为对铜冷轧润滑剂的要求并不高,因为冷轧中的黏辊是非积累性的,故只要求润滑剂达到减少摩擦和降低轧辊磨损的目的。其实,轧制油对铜板带的腐蚀和污染是铜板带轧制过程中的一个突出问题,尤其是铜带光亮退火技术的推广应用,对轧制油提出更高的要求。为了避免光亮退火时黄铜中锌的氧化,退火温度从600℃降低至450～530℃,这样如果轧制油性能不好,很容易在退火后铜带表面形成斑渍或导致表面失色,因而作为轧制油的基础油的黏度、馏程、闪点等受到严格限制。表7-15所列出的轧制油都适用光亮退火。

以矿物油为基础油的轧制油可以提供混合膜润滑,2%～4%浓度的乳化液在大压下量下可以获得较好的表面质量。但是添加剂,特别是极压剂的使用要特别注意。以油膜强度P_B值为例,添加剂能够有效地提高轧制油油膜强度,进而防止轧制中油膜破裂,造成黏辊、压痕等表面缺陷,然而,当油膜强度过高时,又可能因添加剂表面活性过大对铜板带产生不必要的腐蚀,因而针对不同的铜合金以及不同的轧制道次和工序(热轧、冷轧、粗轧、精轧)有它所规定的轧制油P_B值。P_B值应该是轧件材质、轧制速度、变形区温度等工艺参数和材料参数的函数。根据大量实验结果可以得到铜板带不同轧制工况条件下,极压剂的添加量应使轧制油的油膜强度P_B值满足:

$$600N < P_B < 900N$$

随着电子设备小型轻量化和高性能技术开发需求,市场要求印制电路板必须具有优良的特性和品质,压延铜箔因其强度韧性高、致密度高,广泛应用于高频高速传送、精细线路的印制电路板。同时,对铜箔也有了更高、更新的要求,主要表现在高物理性能和可靠性、低粗糙度、超薄 $9\mu m$、无外观缺陷等方面。因此,工艺润滑对压延铜箔生产过程具有重要的作用,使用不同的轧制油,润滑状态不同,对铜箔的最小可轧厚度、板形控制都有一定影响,尤其影响轧后表面质量和退火后表面清洁性,进而影响铜箔后续的表面处理。可以选用低黏度、高闪点、窄馏程、低硫、低芳烃等特征的精制矿物油作为轧制油的基础油,并添加极压剂、油性剂、抗氧剂、腐蚀抑制剂等多种表面功能活性剂,具有良好稳定性和润滑性、腐蚀性能小、退火清洁性优良的压延铜箔全配方轧制油可以直接用于冷轧加工工艺过程,获得压延铜箔最小可轧厚度达到 $5\sim15\mu m$。表 7-21 所列为压延铜箔轧制油的典型性能。

表 7-21 压延铜箔轧制油的典型性能

性能	CFO-1	CFO-2	标准
外观	清澈无色透明	清澈无色透明	目测
运动黏度(40℃)/(mm^2/s)	5.42	8.15	GB/T 265—1998
密度(25℃)/(g/cm^3)	0.789	0.820	GB/T 1884—92
闪点(开口)/℃	142	145	GB/T 267—1988
倾点/℃	-9	-37.5	GB/T 3535—2006
馏程/℃	262.1~336.4	252.3~427.6	GB/T 255—77
皂化值/(mgKOH/g)	14.73	14.68	GB/T 5534—2008

8. 钛及其他稀有金属轧制润滑

钛、钨、钼、铌、锆等稀有金属,在物理、化学性质以及与此有关的加工成形特性方面有许多的共同之处。这类金属的化学性质比较活泼,在压力加工过程中,特别是热加工过程中,易受周围气氛污染,从而使加工性能变坏。此外,这类金属与工具极易黏着,若无有效的润滑剂,加工过程将无法进行。

钛材在轧制过程中极易黏辊,为此应对坯料预先进行表面处理以及选择行之有效的工艺润滑剂。表面处理包括氧化膜、阳极氧化膜、草酸盐膜、氯化与氟化膜等。试验表明,表面处理情况及润滑剂对冷轧时轧制载荷有较大影响。特别在使用氟化润滑脂时,其负荷可比使用矿物油时降低 60%,显然这是卤素效应所致。此外,羊毛脂、棕榈油等动植物油也表现出比较好的润滑效果。

现场实际生产中用于冷轧钛及合金板带箔材的工艺润滑剂情况如表 7-22 所列。对于纯矿物油,为了提高其吸附能力,保证在轧辊与轧件之间形成一层均匀、连续的油膜,最好添加少量油性剂或掺和部分植物油。

有关钨、钼、钽、铌、锆等金属及合金板、带、箔材轧制时使用工艺润滑剂的情况与轧制钛材有许多相似处,这里不再一一论述,仅在表 7-22 中列出一些冷轧这些材料时常用的润滑剂。

表 7-22　稀有金属及其合金冷轧常用润滑剂

产品	润滑剂
钛带材	透平油、变压器油、轧制油
钛及钛合金板材	透平油、变压器油、轧制油、棉籽油、蓖麻油、棕榈油
钛及其合金箔材	5 号轧制油、白油
钨板材	机油、锭子油、白油
钼及其合金板材	机油、锭子油、白油
钽、铌板材	机油（中间冷轧）、白油（成品冷轧）
钨带、箔材	5 号轧制油
钼带、箔材	5 号轧制油
钽铌带、箔材	5 号轧制油
锆及其合金板材	机油、变压器油、轧制油

7.5　工艺润滑系统

工艺润滑系统可分为循环式的和非循环式的。循环系统主要用于热轧铜、铝等有色金属；拉拔铜线、铝线；冷轧板带钢、铜、铝等有色金属，其特点是系统中的乳化液或润滑油可以多次使用，这些润滑剂既起着润滑作用又起到冷却作用。由于工艺润滑剂为循环使用，因此工艺润滑系统的循环、过滤以及润滑剂在使用过程的维护和管理不仅直接影响其润滑冷却效果，而且还会对成形制品表面质量产生影响，更有甚者会引起诸如咬入困难、打滑等生产事故。

非循环系统的工艺润滑剂只能一次性使用，如挤压、锻造、冲压等工艺润滑过程，润滑方式包括涂抹、喷涂等，方法较为简单。但是板带钢的热轧工艺润滑系统较为复杂和典型，在热轧机上由于润滑剂和热轧带钢接触发生热分解并随冷却水混合排出，所以不能循环使用。因为若采用循环系统会牵涉回水循环系统的复杂结构，工作机架必须有独立的回水循环。即使有专门的回水循环系统，也必须将冷却水和所供润滑剂分开。同时润滑剂与高温的工件和轧机装备接触会引起燃烧，使车间空气产生污染。另外，热轧中生成很多氧化铁皮也会黏附在润滑剂中。

7.5.1　热轧工艺润滑系统

非循环式工艺润滑系统的程序、设备的结构和组成取决于所用的润滑形式，根据机组情况不同，工艺润滑结构和系统程序由一系列单元系统构成，包括润滑剂的储存、润滑剂使用前的配制、润滑剂向工作机架和油量分配装置的供给以及向轧辊喷涂润滑剂等，见图 7-13。目前板带钢热轧工艺润滑常用的供油方法有以下几个。

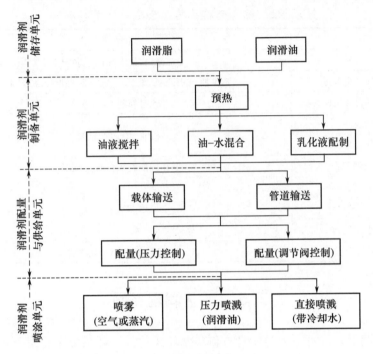

图7-13 热轧润滑系统组成框图

1. 油水预搅拌混合法

在油箱中按要求的油水比例预先配好,通过搅拌均匀混合成油水机械混合液后送到轧辊表面,见图7-14(a)。为了保证油品的流动性,轧制油进入混合器前将油温控制在 50~70℃,必要时水也需事先预热。油水混合液可以借助喷嘴或润滑油喷涂系统单独喷涂,也可以同冷却水一起喷射到轧辊表面。

此法易于控制混合液的温度和浓度,操作灵活性大,供油稳定,油耗量可控制很小,但喷嘴有时堵塞,设备投资比直接注入法稍大。

2. 蒸汽雾化混合法

实际也是一种油水预先搅拌混合法,见图7-14(b)。将一定压力和温度的蒸汽通入混合器与油水混合液混合。通常蒸汽温度为200℃,压力为3MPa,经压力调节器调节降至1MPa后进入混合器,通过蒸汽的压力把油水混合液雾化送入轧机。在高温蒸汽的作用下,轧制油流动与分散更加容易和均匀。可以实现微量供油,油耗量少,同时,油在辊面上的附着效率高。

另外,蒸汽雾化法还可应用于稳定、半稳定或不稳定的乳化液的供油与喷射。工业试验表明,采用蒸汽雾化法喷射乳化液和用一般方法直接喷射乳化液后,用水冲洗辊面,前者辊面剩余油量是后者的 100~200 倍。

蒸汽雾化混合法的另一特点是油水混合液从机架入口直接喷射到支撑辊与工作辊接触区内的工作辊面上,这样能够提高润滑系统的响应速度和抛钢时停止供

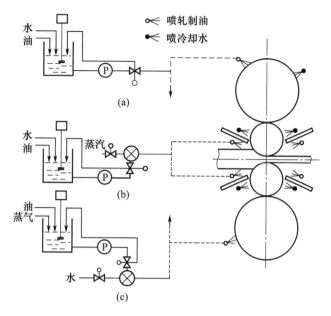

图 7-14 几种常用的油水混合供油系统示意图
(a)油水预搅拌混合;(b)蒸汽雾化混合;(c)直接注入轧辊冷却水。

液的轧制速度。若油水混合液直接喷射到支撑辊上,再经由与工作辊接触黏附在工作辊上,这样工作辊面上的油量难以控制,而将油水混合液直接喷射到工作辊上可以避免形成润滑残余油膜。尤其是在与支撑辊接触后,轧件咬入后入口处工作辊面实际上是干的,有利于油水混合液中油滴的附着。而在未咬入轧件时工作辊表面有冷却水,辊面实际上不附着轧制油,这样有利于轧件的咬入。

另外,由于热蒸汽能够防止轧制油黏附管壁,保证了润滑油路的畅通,喷嘴不容易堵塞,提高了工艺润滑系统的可靠性,减少了相应的维护维修工作。但设备造价高,油水混合与蒸汽的接触时间要严格控制。

3. 直接注入轧辊冷却水法

轧制油直接注入轧机原有的轧辊冷却水管路系统中形成油水混合液,随冷却水喷射到轧辊表面。此方法设备投资少,操作简便,油水混合的浓度易于控制,废水处理容易;但喷油时间滞后,难以控制,造成油耗过大,喷嘴容易堵塞,见图 7-14(c)。这是传统的热轧工艺润滑方式,虽然有些热轧厂仍采用此方法,但已进行了不断地改进。

7.5.2 冷轧工艺润滑系统

板带材冷轧工艺润滑方式与热轧有类似之处,所不同的是乳化液或轧制油为循环使用,同时还兼有分段冷却、控制轧后板形的作用,同时冷轧过程一般不存在咬入问题,对轧后板带材表面质量要求较高。因此对轧制工艺润滑剂在使用过程中的循环、过滤提出了新的要求。

1. 乳化液系统

由于冷轧乳化液为循环使用,乳化液的循环、过滤、分段冷却、温度和浓度等对其润滑效果和轧后板带钢表面质量产生不同程度的影响。

1)乳化液的循环

现代冷轧机都有轧辊分段冷却调节系统,一般工作辊为多段,支撑辊为一段。冷轧板带钢乳化液用量为 1kW 主电机功率为 1~2L/min。乳化液在喷嘴出口处的压力为 0.39~0.49MPa;乳化液在使用前应进行过滤。全连轧乳化液循环系统见图 7-15。

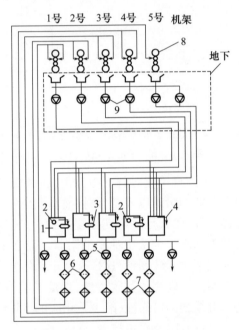

图 7-15 全连轧乳化液循环系统
1—乳液槽;2—搅拌器;3—磁过滤器;4—撇油装置;5—输送泵;
6—反冲过滤器;7—冷却器;8—轧机;9—回流泵。

2)乳化液的过滤

在冷轧过程中钢板表面上的氧化铁皮与轧辊表面磨损脱落物质会形成细小微粒悬浮在乳化液中,如果过滤不干净,就会在轧制过程中被压入板带钢表面,造成轧后表面黑化,影响轧后表面质量。

一般乳化液过滤装置为霍夫曼过滤器,但该装置只能滤去较大的粒子,而较细小的微粒仍留在乳化液中。通过改进的新型电磁净化装置可以实现在短时间内捕获乳化液中微细及超微细的铁磁粒子。循环过滤后的乳化液控制参数如下:

(1) 铁含量小于 200mg/kg;
(2) 电导率小于 200μs/cm;
(3) 氯含量小于 30mg/kg;
(4) pH 值小于 6.0~6.5。

3) 分段冷却

现代冷轧机多具有闭环板形控制系统,其中轧制润滑剂的分段冷却也是板形的控制手段之一。以五机架连轧为例,多数品种和规格的板带钢轧制都采用稳定型乳化液(使用浓度为 3.5%~4.5%)。由于全连续轧制时连续高速运行,轧辊和带钢表面温度较高,所以乳化液不仅要喷射到工作辊和支撑辊表面上,而且也要喷射到机架间的带钢上,以保证良好的冷却条件。为了高速轧制薄带钢(小于0.6mm)及难变形带钢,还可以在每架轧机前向带钢喷射半稳定型乳化液以提高其润滑性能。同时,为了控制工作辊的热凸度,在不同机架上进行分段冷却。因为各机架工作辊热凸度控制精度要求不同,所以第 1、2 架分 3 段冷却控制,第 3、4、5 架分 5 段冷却控制,第 6 架轧机由于直接影响到出口带钢板形,故分 9 段冷却控制。乳化液的喷射与分段冷却方式见图 7-16。

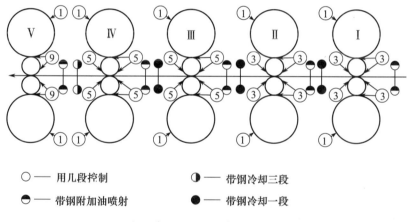

○ — 用几段控制　　◐ — 带钢冷却三段
◒ — 带钢附加油喷射　　● — 带钢冷却一段

图 7-16　冷轧带钢时乳化液喷射与分段冷却示意图

4) 温度、浓度控制

乳化液温度控制除了与乳化液的冷却性能和腐败变质有关外,还影响乳化液中油滴的粒径,进而影响到乳化液的轧制润滑性能和轧后带钢表面清洁性。因为温度增加,乳化液油滴粒径增大,润滑性能提高,轧制过程中铁粉生成量降低,轧后带钢表面清洁性增加,但是乳化液温度过高会影响其稳定性和冷却能力。

当然,乳化液的使用浓度与乳化液的类型有关。其中,若使用稳定型乳化液,浓度为 3.5%~4.5%,乳化液温度控制在 45~50℃内;若使用半稳定型乳化液,浓度为 4.5%~5.5%,必要时 20%~30%,乳化液温度控制在 50~55℃内。

2. 轧制油的循环系统

除了轧制油本身特性外,轧制油的循环过滤系统及其运行水平高低也是影响其润滑效果的关键因素之一。轧制油的循环系统包括过滤系统、温度控制和压力系统以及喷射控制系统等,见图 7-17。

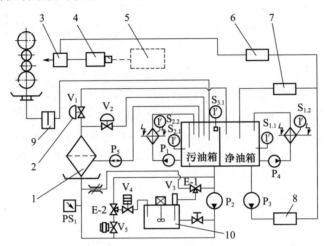

图 7-17 轧制油系统示意图

1—板式过滤器;2—隔膜阀;3—喷嘴阀;4—换向阀;5—板型系统;6—压力控制装置;
7—旁路控制装置;8—温度控制装置;9—防火器;10—搅拌桶。

在图 7-17 中,轧制油系统包括两套主要循环系统:由污油箱、过滤泵组、板式过滤器、混合搅拌箱和净油箱等组成的过滤转注系统;由净油箱、供油泵组、温度控制装置、压力控制装置、喷射控制装置、防火闸门和污油箱等组成的轧辊冷却喷射系统。另外,净油箱和污油箱各有一套循环加热系统,由油箱、加热泵、电加热器等组成,其作用是将两油箱内的轧制油加热到设定值。

整个循环系统运行步骤:污油箱→过滤泵→过滤器→净油箱(过滤系统)→冷却泵→温度控制装置→旁路控制装置→压力控制装置→喷射控制装置→轧机→污油箱。

1) 过滤系统

诸如铝箔轧制对表面质量,包括针孔度的要求较高,而在轧制过程中产生的金属粉末导致轧制油变黑,为此轧制油在使用过程中必须经过过滤以保持轧制油的清洁。高速轧机所使用的轧制油过滤装置主要有以下两种。

(1) 平板式过滤器。平板式过滤器主要是通过过滤板上的过滤纸或过滤布及硅藻土对轧制油进行过滤的。其过滤能力主要取决于过滤板数。大型金属加工厂轧制油的过滤普遍使用平板式过滤器,其中,每块过滤板的面积为 $1m^2$,平板式过滤器的总过滤能力可达 800~1300L/min。过滤后的净油中杂质含量小于 0.005%,残留杂质的最大颗粒直径为 $0.5\mu m$。

（2）立管式过滤器。立管式过滤器主要是通过由金属丝网制成的过滤管外面粉末层把净油吸入管内，然后从管的上面排出。振动过滤管可以除去过滤管外部已经被污染的粉末层。立管式过滤器的过滤能力可达 2300L/min，过滤后的油杂质含量小于 0.006%，杂质颗粒小于 0.5μm。

2）温度控制装置

在铝材高速轧制过程中，由于环境温度和轧制道次的变化，轧制油的温度是变化的。温度的变化导致轧制油黏度的变化，进而影响其润滑效果。为了满足生产工艺要求，所以在冷却、喷射系统上加温度控制系统来控制温度。

3）压力控制装置

在轧制过程中需要对轧制油的喷射压力和流量进行调整，流量要适应喷射控制装置的要求，并且压力一旦调定，无论喷射流量怎样变化，压力仍稳定。因此，在压力控制系统中设置了压力控制装置和旁路控制装置以满足上述要求。压力控制装置主要起调整和控制压力的作用，而旁路控制装置主要起稳压和调整流量的作用。

4）喷射控制装置

喷射控制装置主要由喷嘴、喷嘴阀、喷射梁和控制阀组等组成，见图 7-18。轧制油的喷嘴安装在轧机的入口侧，以免轧制后的铝材表面残留有轧制油。各列喷嘴的位置也如图 7-18 所示。以 1350 铝箔轧机为例，A、B 和 C 列上每排对称分布 23 个喷嘴，Z 列对称分布 16 个喷嘴。来自板形控制测量系统或操作台设置的信号，使换向阀通电或断电来控制喷嘴阀的开闭，实现喷油或停止喷油。

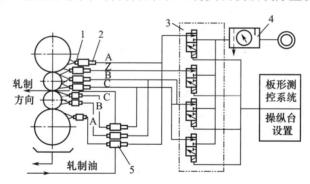

图 7-18　喷射控制装置示意图
1—喷嘴；2—喷嘴阀；3—控制阀组；4—气源调节装置；5—喷射梁。

7.6　润滑剂的维护与管理

由于轧制润滑剂多为循环使用，其润滑效果的高低与轧后金属表面质量的优劣除了与润滑剂本身性能有关外，维护与管理水平的高低就显得格外重要。特别是一些高质量的润滑剂如果维护管理不当,润滑效果很快就下降,直至成为废液。这也是金属成形工艺润滑过程中常见的问题,同时也是常常被忽视的问题。润滑剂使用周期的减少,又加重了废液处理的负担,增加了对环境的影响。

7.6.1 乳化液使用与管理

乳化液最易于感染微生物,而水分也是生长所必需的,不过在纯油中也会存在微生物感染问题。乳化液及纯矿物油的微生物感染比较见表7-23。

表7-23 乳化液及纯矿物油的微生物感染

乳化液	纯矿物油
有机物在连续相(水)中生长	有机物生长在分隔开的水相或水细散的水相中
碱性环境,一般是慢慢变成中性或弱酸性	常常很快变成酸性
微生物主要是细菌	一般产生细菌、霉菌及酵母菌
水包油乳状液变得不稳定(由于乳化剂的变质)	由于微生物的表面活性,使得油包水乳状液变得稳定
抗微生物杀菌剂,如甲酚常常包含在润滑油成分中,可以提供初期保护	很少含有抗微生物成分
比周围略高的温度帮助微生物生长	温度时常甚高使得油路系统自动消毒
进行抗微生物处理,包括用水溶性杀菌剂	杀菌剂必须有一些能溶解于油的性能

由于乳化液是油水两相动平衡体系,油相中含有各种表面活性剂且添加剂较多,在兑水前被称为乳化油,而兑水形成乳化液后,由于本身含有大量的水,而且在轧制过程中乳化液长期处于高温和高压条件下,很容易出现析油和析皂现象,导致乳化液腐败变质发生。另外,大量外来油混入以及金属粉末又进一步促进了乳化液的腐败变质,这也是乳化液管理比轧制油管理严格的原因之一。

乳化液的腐败变质不仅直接影响其使用性能,而且废液的排放与污染治理又增加了乳化液的使用成本,同时还包括:①更换变坏的油或乳液的直接费用;②在换油时损失了生产时间,并且带来有关操作的停工;③换油时的直接人工与动力所用成本;④排除已变坏的油或乳液的成本;⑤污染生产产品的质量;⑥过滤物过分堆积的成本,如离心机过载和砂轮堵塞、过滤器堵塞等;⑦轧制过程轧辊的磨损及腐蚀,堵塞管路、阀门及油泵失效;⑧由于有臭味及影响健康而对工作人员带来的问题。表7-24所列为乳化液使用过程中的变化可能对其使用性能的影响。

表7-24 乳化液变化和可能对使用性能产生的影响

性能	润滑性能下降	轧后金属表面粗化	乳化液稳定性变差	锈蚀	产生泡沫	腐败变质
浓度	+	+	-	+	(+)	(+)
水质	-	-	+	+	(+)	+
pH值	-	(+)	+	+	-	+

(续)

性能	润滑性能下降	轧后金属表面粗化	乳化液稳定性变差	锈蚀	产生泡沫	腐败变质
乳化	（+）	+	+	（+）	-	+
消泡	-	-	-	-	+	-
防腐	-	-	+	+	-	+

注：+表示有影响；（+）表示有关系，可能产生影响；-表示满意影响。

对乳化液的管理项目包括浓度管理、水质管理、温度管理、pH 值管理、防锈管理等，其具体管理项目与目的见表 7-25。其中浓度控制对乳化液的润滑与冷却性能具有重要影响，同时由于轧机漏油等外来油混入也会导致乳化液浓度的改变。乳化液浓度的变化对其性能的影响见表 7-26。因此，乳化液的浓度管理与控制对确保其使用效果具有重要意义。一般乳化液浓度测定为每天一次。一旦使用浓度超出控制范围应及时调整。也可以根据日均金属轧出量和油剂耗量自动补充油剂和水，自动控制乳化液浓度。

表 7-25　乳化液管理项目与目的

管理项目	目的
外观观察	判断外来油混入、乳化液稳定性、腐败变质程度
嗅味	判断是否腐败
浓度测定	了解润滑性能变化，推算油剂的消耗与补充
温度测定	了解润滑与冷却性能变化，防止细菌生长
测 pH 值	判断是否变质
防锈性能测定	了解防锈性能，判断是否腐败变质
细菌数测定	判断是否腐败变质，推算杀菌剂用量

表 7-26　乳化液浓度的变化对其性能的影响

浓度过高	浓度过低
油烟味严重	对金属吸附性变差，润滑性能下降
消泡性下降	防锈性能降低
抗乳化性下降	容易腐败变质
对非金属影响增加	乳化液温度增加
对皮肤刺激性强	铁粉增加，乳化液黑化加速
成本增加	使用寿命缩短

7.6.2　轧制油使用与管理

与水基润滑剂相比，油基润滑剂变质速度较慢，尤其是矿物油型的轧制油基本上不需要更换,只要按时补充,同时保障过滤即可。表 7-27 列举了常用的轧制油管理项目与目的。

表 7-27　常用的轧制油管理项目与目的

管理项目	目的
外观	检查由于混入杂质而污染的程度,判断是否变质
黏度测定	测定外来油的混入量,判断其变质程度
闪点测定	判断是否混入轻质矿物油
酸值测定	判断油品变质程度
水分测定	判断油品变质程度和防锈能力
添加剂含量测定	判断添加剂吸附情况和润滑性能变化
金属粉末含量测定	轧制油黑化,轧后表面清洁性

但是当有水、设备漏油以及金属磨削混入轧制油时会加速轧制油润滑效果的恶化,另外,与乳化液不同,轧制油在使用时还要注意火灾的防护。

1. 水的混入

水的混入会造成轧制油润滑性能下降,防锈性能变差,更严重者对板带材表面产生不利影响,如铝箔轧制时若轧制油中含水量高,则在退火时铝箔卷内部轧制油中水分挥发不完全对铝箔产生腐蚀,铝箔表面出现白点,严重时导致铝箔黏结在一起。

2. 轧机漏油

轧机其他机械润滑部位用油,如液压油、齿轮油、轴承油脂等非轧制油渗漏到循环系统中,特别是轧机调整机构中液压装置较多,液压油漏油经常发生,不可避免,严重时可达 20%。而且外来油的混入从外观上不容易发现,可以通过每天测定轧制油的黏度来了解外来油的混入情况。由于对润滑的要求不同,外来油性质与轧制油截然不同,要么添加剂被稀释、浓度下降,导致润滑性能下降;要么轧制油黏度增加,导致轧后金属表面退火时污染增加。因此,目前要求轧机的液压油尽量使用轧制油代替,或者使用与轧制油相同类型的矿物油。

3. 金属粉末、磨削的堆积

在轧制过程中,轧辊和轧件的磨损粉末、金属氧化物碎片、金属表面的夹杂物在轧制油循环系统中的堆积会加速轧制油变质,导致油的黏度升高或生成胶状物质。尤其是金属磨损粉末如铝粉、铜粉和铁粉等在粒度小到一定尺寸时,可能会与轧制油形成悬浮液,致使轧制油"黑化",导致轧后表面清洁性下降。

4. 添加剂的消耗

鉴于吸附作用机制,添加剂会在板带材轧制过程中吸附在金属表面被带走,另外在循环过滤过程中也易吸附在过滤介质上而导致耗量增加、浓度降低。这表现在轧制油润滑性能下降,轧制压力增加、轧后金属表面光亮度下降。

5. 火灾预防

高速铜铝材冷轧机和不锈钢冷轧机在轧制过程中使用轻质矿物油进行润滑冷却,如高速铝箔轧机使用的轧制油属于煤油馏分,闪点只有80℃,具有易燃性。尤其是高压、高温和高速条件下,工艺油温度通常在36~65℃内,在这样的温度下必然会产生大量的油蒸气,当空气中油蒸气达到一定浓度时,一旦遇到火源(如静电、打击火花和其他因素等),极易引起燃烧或爆炸。由此可见,轧制过程中着火的主要原因是高温下油蒸气浓度过大和由于静电、摩擦、断带打击产生火花。

针对导致火情的原因,除了经常对生产人员进行轧机安全防火教育,提高生产人员的操作水平外,还可以从以下几个方面采取防火措施:

(1) 在保证产品质量和能够正常生产的情况下,合理分配粗、中、精轧的道次轧制率,使变形温度降低;

(2) 在生产工艺允许的情况下,降低轧制油的温度,以避免由于油温过高产生的油蒸气浓度过大而引发火情;

(3) 加强轧机的排烟、通风;

(4) 轧机断带保护装置可在极短的时间内打断铝箔,避免工作辊附近塞料太多而产生静电或摩擦引发火情;

(5) 及时清理轧机底盘内的碎箔,防止堆积过多露出油面的带电碎铝屑形成尖端放电;

(6) 在轧制油中加入抗静电剂,降低轧制油静电起火的能力;

(7) 保证轧机各部分运转正常,防止机械润滑失效导致局部高温;

(8) 配置安全可靠、灵敏度高的二氧化碳灭火系统。

思 考 题

7-1 何谓摩擦峰?

7-2 什么是有效摩擦和剩余摩擦?它们在轧制过程中的作用是什么?

7-3 摩擦如何影响轧制压力?典型的单位摩擦力和单位压力沿接触弧长分布规律是什么?

7-4 分析解释轧制变形区摩擦系数与轧后板带表面质量的关系。

7-5 轧制过程轧辊磨损的形式以及影响因素有哪些?

7-6 钢的热轧工艺润滑与铝的热轧工艺润滑有何不同?

7-7 试比较铝和铜冷轧工艺润滑的异同。

7-8 干平整与湿平整有何不同?能否用冷轧工艺润滑剂代替平整液使用?

为什么?

7-9 乳化液中铁粉含量与轧制润滑效果有何关系?为什么要控制乳化液中铁粉含量?

7-10 如何利用工艺润滑来实现控制轧后板形?

7-11 轧制油与乳化液日常管理各自的侧重点是什么?

第8章 拉拔过程的摩擦与润滑

拉拔过程是利用拉拔力使金属通过拉拔模孔,以获得与模孔尺寸和形状相同的制品的塑性成形方法。与其他金属成形方法相比,拉拔具有模具和设备简单、产品尺寸精确、表面质量好的特点。但是,拉拔过程中随着拉拔速度的提高,因摩擦导致模具和被加工材料温度升高,会造成断线、模具磨损加剧以及拉拔制品表面质量和尺寸精度下降。采用工艺润滑的目的在于降低变形区的摩擦力,冷却模具以避免金属的黏结,延长模具的使用寿命,同时改善被加工金属的表面质量。润滑剂的优劣不仅对产品质量、生产效率的提高有影响,而且还关系到作业环境、操作者的健康。

拉拔金属的种类很多,产品包括线材、棒材、管材及异型材等,见图 8-1。拉拔管材工艺有直拉和盘拉两种,同时又分长芯杆、游动芯头和管材空拉。

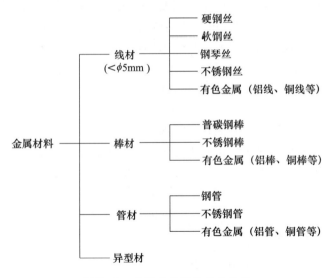

图 8-1 拉拔金属的种类与品种

8.1 拉拔过程摩擦分析

8.1.1 拉拔过程受力分析

金属通过模孔发生塑性变形过程中受到拉拔力、模子内壁的反作用力(径向力)和与拉伸方向相反的摩擦力共同作用。变形区金属处于两向压缩、一向拉伸的应力状态。变形区金属应力分布见图8-2。由于接触面上的摩擦作用,金属产生附加剪切变形,即产生附加应力。

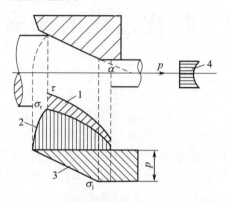

图8-2 拉拔过程变形区金属应力分布
τ—摩擦应力(分布如1);σ_r—径向应力(分布如2);σ_1—拉应力(分布如3);
p—拉拔力(分布如4)。

由于金属从变形区模孔被拉出后仍受拉拔力p作用才能使得拉拔过程继续进行,而且为了保证拉拔金属制品的尺寸精度与拉拔过程的稳定进行,要求拉出变形区的金属不允许再发生变形,为此,拉应力必须满足大于金属变形区中金属变形抗力,同时小于模孔出口处金属的屈服强度。由于拉拔过程金属的加工硬化,模孔出口处金属的屈服强度可以用抗拉强度R_m代替,即

$$K < \sigma_1 < R_m \tag{8-1}$$

式中:K为金属的变形抗力;R_m为抗拉强度。

被拉拔金属的变形区出口抗拉强度与拉应力的比值称为拉拔安全系数K_s,只有$K_s > 1$时拉拔过程才能实现。拉拔型材时的安全系数一般大于1.35~1.4。

$$K_s = \frac{R_m}{\sigma_1} \tag{8-2}$$

式中:K_s为拉拔安全系数。

8.1.2 摩擦对拉拔过程的影响

拉拔过程包括材料、模具、润滑剂、拉拔工艺等各种因素条件,其因素之间相互影响关系见图8-3。

1. 对拉拔力的影响

金属拉拔时,拉拔力由金属的变形抗力、变形程度、摩擦力、模具形状等因素决定。根据А·Л·Тарнаоский的拉拔力p的计算公式有

$$p = p_1 + p_2 + p_3 + p_4 \tag{8-3}$$

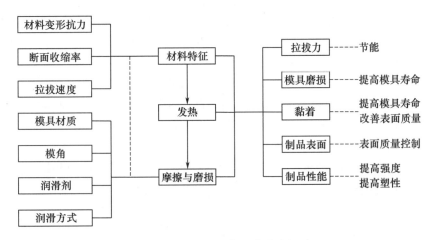

图8-3 拉拔过程各因素关系框图

式中:p_1 为产生变形与克服变形区摩擦所需的拉拔力分量;p_2 为使变形区入口和出口各层金属弯曲所需的拉拔力分量;p_3 为克服由摩擦引起的附加剪应力所需的拉拔力分量;p_4 为克服模具定径带上的摩擦所需的拉拔力分量。

由式(8-3)可以看到,除了 p_2 外的所有拉拔力分量都与摩擦有关。据统计,由摩擦引起的拉拔力分量之和占总拉拔力的36%。资料表明,一般情况下,上述比例可达40%~60%。由此可见,摩擦力对拉拔力的影响十分显著。

由 Siebel 公式(式(8-4))和 Wistreich 公式(式(8-5))计算拉拔力,进一步表明摩擦系数与拉拔力的关系,即

$$p = KF_1\left[\phi\left(1+\frac{\mu}{2}\right)+\frac{2}{3}\alpha\right] \tag{8-4}$$

$$p = KF_1\frac{2\gamma(1+\mu\cos\alpha)}{2-\gamma}; \quad \alpha < \frac{25\gamma}{2-\gamma} \tag{8-5}$$

式中:F_1 为变形后金属截面积;ϕ 为对数变形率;γ 为断面收缩率;α 为模具半锥角;μ 为摩擦系数。

根据计算,当对数变形率 $\phi = 0.2$ 时,摩擦系数从0.03减少到0.01时,拉拔力降低约12%。

2. 对拉拔温度的影响

拉拔时变形区产生的热效应来源于变形功和摩擦功,单位面积上的摩擦功 ω_f 可由下式表示,即

$$\frac{\mathrm{d}\omega_f}{\mathrm{d}s} = \mu p v \tag{8-6}$$

式中:v 为拉拔速度。

试验表明,拉拔时接触面的摩擦功几乎全部转化成热。这样,拉拔过程中金属温度升高的同时,模具的温度也会急剧增加。在连续拉拔机上,钢丝累积温升可达

500~600℃。虽然大部分热量被钢丝带走,但由于热传导作用,仍有13%~20%的热量被模具吸收。经计算,在断面收缩率为27%、拉拔速度为3.7m/s时,模孔温度可达500℃。同时,由于模孔内温度分布不均,局部高温会造成严重磨损,或者拉拔管材时,模套与芯头热膨胀不同,影响管材壁厚或导致爆裂。

摩擦热除了加速模具的损耗外,还会引起工艺润滑剂失效。拉拔时的温升会使润滑膜破坏,或者结焦,失去润滑作用。其结果又会导致摩擦系数增加、磨损加剧、拉拔力增大,甚至出现金属被拉断。

由式(8-6)可知,减少拉拔时的摩擦系数、降低拉拔速度均可以减少摩擦功,进而降低模具温度。但从工艺的角度出发,不希望降低拉拔速度,因而必须减少拉拔时的摩擦系数。

3. 对拉拔速度的影响

摩擦对拉拔速度的影响与温度有关,因而拉拔速度取决于变形区的摩擦系数和变形区的几何条件。按Siebel的拉拔温升计算公式,在金属材质与拉拔变形条件相同的情况下,最大拉拔速度与摩擦系数的平方的乘积为一常数,即

$$v\mu^2 = 常数 \tag{8-7}$$

所以,摩擦系数限制了拉拔速度的提高。以拉拔钢丝为例,若钢丝的平均变形抗力为2500MPa,对数变形率为0.3,那么摩擦系数由0.03降低到0.02,则最大拉拔速度可从4m/s提高到9m/s。

4. 对变形的影响

由于摩擦的存在,导致产生附加剪切变形,其结果造成拉拔制品沿轴向从外到内金属流动速度的差异,这样发生不均匀变形,产生残余应力。拉拔时,摩擦系数越大,同时模角也较大,则不均匀变形程度越严重,残余应力也越大。这直接影响到拉拔制品的力学性能。严重者会引起拉拔棒线材表面起皮、起刺、表面开裂、内部出现周期性裂纹等缺陷,见图8-4。

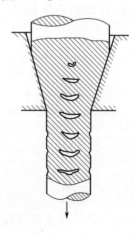

图8-4 拉拔时金属制品内部周期性裂纹和表面开裂

8.1.3 影响摩擦的因素分析

一般情况下,拉拔过程的摩擦满足库仑摩擦定律,但拉拔速度较高时也有可能产生黏着摩擦状况,导致摩擦力增加。由于拉拔模孔处的特殊润滑条件(存在润滑楔角),在润滑条件下也会发生流体动力学润滑,从而大大降低摩擦力。根据第4章所述,拉拔时金属的性质、表面膜、变形温度、速度、表面状态以及润滑剂等因素都会影响拉拔过程的摩擦系数。但是,拉拔过程影响摩擦的主要因素还是模具的几何形状和模具材质。

1. 模具锥角

模具锥角减小,拉拔时金属与模壁的接触面积增加,摩擦力也随之增加;锥角增大,虽然接触面积减小会导致摩擦力的降低,但是,变形区金属的单位压力增加,同时润滑楔角也减小,润滑条件恶化,进而又使拉拔力和摩擦力增加。因此,存在一个合理的模具锥角,其对应的拉拔力和摩擦力都为最小。

2. 定径带长度

增加模具的定径带长度可以延长模具的使用寿命,但也使出口的摩擦力增加,特别是当变形程度较小时,克服定径带摩擦的力可占总拉拔力的 40%~50%,此时定径带的长度必须加以考虑。

3. 模具材质

模具材质也是影响摩擦力和拉拔力的重要因素之一。在其他条件相同的情况下,钻石模的拉拔力最小,硬质合金模次之,钢模的拉拔力最大。因为模具材质越硬,表面越光滑,拉拔时金属黏着就越少,摩擦系数也越低。

由于拉拔时的摩擦系数与模具、拉拔工艺和拉拔的金属材质等因素密切相关,因此,摩擦系数的确定必须结合具体的拉拔工艺。目前摩擦系数的确定主要还是通过测量拉拔力,再由拉拔力公式反算。不同的理论和工艺得到许多拉拔力的计算公式,如 Siebel、Wistreich 拉拔力计算公式等。上述公式都包含摩擦系数,可先测定拉拔力,再由公式反算出该条件下的摩擦系数。

8.2 润滑方式与表面处理

8.2.1 拉拔润滑的作用

鉴于拉拔过程中摩擦的特点以及对拉拔过程的影响,工艺润滑成为拉拔过程中的重要环节;否则拉拔过程可能无法顺利进行。拉拔过程中工艺润滑的作用如下:

(1) 减小摩擦,降低拉拔力;
(2) 冷却模具,降低拉拔制品表面温度;

(3) 减小模具损耗,提高生产效率;
(4) 减小拉拔制品内应力分布不均;
(5) 提高拉拔制品尺寸精度和表面质量;
(6) 防止金属表面锈蚀。

8.2.2 拉拔润滑方式

拉拔工艺润滑效果与润滑方式密切相关,拉拔润滑剂除了本身性能优异外,还要能够被快速带入拉拔变形区。表 8-1 列举了不同润滑方式的特点、适用范围及使用方法。一般的干式与湿式润滑方法见图 8-5。

表 8-1 拉拔润滑方式及特点

润滑方式		特点	适用金属	使用方法
干式润滑(拉丝粉)		润滑性能好,成本低,冷却性能差,表面质量低,工作环境恶劣	碳钢棒、线,不锈钢管	装入模具箱内
湿式润滑	水基润滑	冷却性能强,成本低,工作环境好,润滑性能差,易变质	铜及合金线,碳钢管	循环使用,加入模具中或将模具浸入润滑剂中
	油基润滑	润滑性能较好,表面质量优,工作环境一般,成本高	铝及合金管、线,铜管,不锈钢管	循环使用,加入模具中或将模具浸入润滑剂中

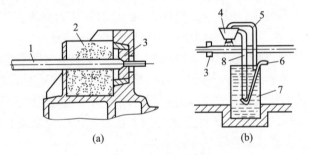

图 8-5 一般的干式与湿式拉拔润滑方法
(a)干式润滑;(b)湿式润滑。
1—坯料;2—拉丝粉箱;3—拉拔模;
4—中间油池;5—回油管;6—油箱;7—拉拔油液;8—进油管。

由于流体润滑具有较低的摩擦系数,为此在湿式润滑中应设法形成流体润滑状态。实现流体润滑有两种途径:一是流体动压润滑;二是流体静压润滑。流体静压润滑是通过在拉拔模前面加一个直径略大于坯料的套管,通过流体动力学原理,在变形区入口处形成高压强迫润滑剂进入变形区,见图 8-6(a)。流体静压润滑通过封闭的油腔对变形区入口处进行加压,其中另需一个模子进行封闭,故又称双模法,见图 8-6(b)。

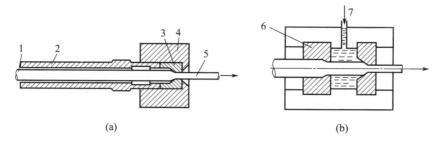

图 8-6 流体润滑方法示意图
(a)流体动压润滑;(b)流体静压润滑。
1—坯料;2—强迫管;3—拉拔模;4—模座;5—出线;6—制动模;7—高压油。

8.2.3 表面处理

在拉拔过程中,为了使润滑剂能够均匀、牢固地吸附在金属表面上,或者为了进一步改善一些如钛、钽、铌等稀有金属拉拔润滑效果,拉拔前坯料表面常常进行预处理。表面预处理就是在干净的坯料表面上预先处理形成一层表面膜作为润滑剂的载体,然后再进行拉拔润滑。表面预处理的方法有以下几种。

(1)氧化-涂层处理。将表面干净的坯料放置在空气中或通过阳极氧化使之生成一层氧化膜,然后再进行涂层处理,如空气氧化后加石灰水处理。该法属于传统方法,简单方便,但生产环境差。

(2)硼砂处理。用浓度为 5%~30% 的硼砂水溶液代替石灰水,可以改善生产环境。碳钢、低合金钢丝可采用硼砂处理。

(3)水玻璃处理。用水玻璃代替石灰水。碳钢、低合金钢丝可采用水玻璃处理,但是不锈钢不宜采用该处理方法。

(4)磷酸盐处理。磷化后可进行高碳钢丝的高速连续拉拔,也可再经皂化处理拉拔碳钢、低合金钢、钛及钛合金制品。

(5)氟磷酸盐处理。用氟磷酸盐溶液对坯料进行处理。

(6)草酸盐处理。草酸盐处理后再经皂化处理拉拔不锈钢、镍及其合金制品。

(7)金属镀膜。通过化学镀或电镀的方法,在坯料表面生成金属膜用于拉拔高碳钢、高合金钢等变形量较大的制品,或者拉拔与模具黏结性强的金属,如不锈钢、钛、锆等。

(8)树脂膜。用于拉拔不锈钢、弹簧钢。

8.3 拉拔工艺润滑剂

根据拉拔润滑剂的状态不同,拉拔工艺润滑剂分为干式和湿式两种,其中湿式又有水基润滑剂和油基润滑剂,以适应拉拔不同的金属以及生产工艺和表面质量要求。

8.3.1 拉拔工艺润滑的选择依据

在选定润滑方式后,如何选用润滑剂,除了依据拉拔金属材质、品种外,还要考虑润滑对拉拔工艺过程的作用以及润滑效果等方面的要求。具体应参照以下几个方面需求进行综合考虑:

(1) 模具寿命;
(2) 制品表面质量优劣;
(3) 拉拔速度的提高与冷却性要求;
(4) 防锈性;
(5) 制品的强韧性;
(6) 润滑剂清除难易程度;
(7) 润滑剂消耗;
(8) 安全卫生、环境保护。

拉拔制品的表面质量、模具损耗及防锈性是对拉拔工艺润滑剂的主要要求,也是选择润滑剂的首要考虑因素。但是鉴于清洁生产、环境保护的要求,特别是干式拉拔过程中容易造成粉尘污染,因此润滑剂的使用安全、卫生及环境保护也成为重要考虑因素之一。

8.3.2 干式拉拔润滑剂

干式拉拔润滑剂一般为粉末状,故又称拉丝粉。使用时直接撒在模具上并不与水或油调合,或者将棒线先浸渍在水溶液中,干燥后作为干式拉拔润滑剂使用,因而冷却效果较差。在拉拔过程中要求干式拉拔润滑剂必须形成牢固的润滑膜,所以要求干式拉拔润滑剂应具备以下功能:

(1) 粉末状,满足一定的粒度要求,流动性好;
(2) 较高的软化点,在模具箱内不熔化;
(3) 较好的吸附性;
(4) 耐热性好;
(5) 易清除。

1. 润滑剂的组成

干式拉拔润滑剂的主要成分有金属皂、无机物及添加剂。其中,金属皂占50%~80%,无机物占20%~50%。为了提高润滑性能,有时还添加少量固体润滑剂或极性添加剂。

金属皂在润滑剂中主要起润滑作用,通常是硬脂酸盐白色粉末,具有良好的吸附性能和润滑性能,包括硬脂酸钠、硬脂酸钡、硬脂酸锂、硬脂酸钙、硬脂酸铝、硬脂酸镁、硬脂酸锌等。其中常用的是硬脂酸钙、硬脂酸钡、硬脂酸钠和硬脂酸铝,其主要性能见表8-2。

表 8-2 金属皂的性能特征

名称	软化点/℃	特征
硬脂酸钙	150	吸附性好,软化后黏性高,但脱脂性差
硬脂酸钡	240	软化后黏性高,高温拉丝,脱脂性差,酸洗不掉
硬脂酸钠	260	高温拉丝,脱脂性好,可水洗
硬脂酸铝	120	吸附性好,脱脂性差

无机物主要是石灰粉、滑石粉和氧化钛。虽然它们自身无润滑作用,但是作为金属皂的载体,并调节金属皂的软化点。

固体润滑剂主要是石墨或者二硫化钼等,用于改善润滑效果。极压添加剂多使用诸如硫黄等固体极压剂,而不使用液态极压剂。

2. 润滑剂的性能

润滑剂的性能主要有以下几点:

(1) 粒度。粒度与润滑剂的流动性、润滑膜的形成等密切相关。一般要求固体粉末的粒度小于 20 目,同时还要考虑颗粒形状、粒径以及不同颗粒的搭配,但粉末粒度不宜太小;否则影响其流动性,同时还会造成粉尘污染。

(2) 流动性。流动性是保证润滑剂顺利进入变形区的重要指标之一。流动性主要与颗粒的形状、粒径大小有关。40~60 目的颗粒流动性最好。

(3) 密度。密度包括真密度(颗粒的密度)和堆密度。

(4) 软化点。干式润滑剂混合物受热开始软化(某种物质开始发生相变)时的温度称为软化点。如果软化点过低,会导致干式润滑剂过早熔融、流失或凝固,在变形区不能形成连续润滑膜。但是若软化点太高,则在变形区内遗留的固体颗粒加剧模具的磨损或者划伤金属表面。

(5) 黏性。黏性也称高温黏度。黏性除了与软化点、耐热性相关外,还与混合物的调配方法有关,其中采用熔融法制备的润滑剂比机械混合法制备的黏性高、热稳定性好。

8.3.3 湿式润滑剂

湿式润滑剂包括水基和油基润滑剂。由于具有良好的冷却性能,通常在高速拉拔中使用。对其主要要求如下:

(1) 良好的润滑性和冷却性;
(2) 稳定性高,循环使用寿命长;
(3) 金属粉尘分离性好,金属皂形成量小;
(4) 表面张力低,润湿性好;
(5) 对金属无腐蚀,具有良好的防锈性;
(6) 使用安全;

(7) 无污染。

表8-3中进行了湿式润滑剂的主要性能对比,表8-4则列举了拉拔不同金属所使用的润滑剂。

表8-3 各类湿式润滑剂的性能

性能	矿物油	润滑脂	乳化液	肥皂水	石墨与矿物油混合物
润滑性	+	+	(+)	-	+
冷却性	(+)	-	+	+	-
防锈性	+	+	(+)	(+)	(+)
安全性	-	(+)	+	+	(+)
清洁性	(+)	-	+	+	-

注:"+"表示好;"(+)"表示一般;"-"表示差。

表8-4 拉拔不同金属所使用的润滑剂

拉拔润滑剂	钢铁	紫铜、黄铜	青铜	铝	钨、钼
矿物油	+	+	+	+	-
润滑脂	+	+	(+)	+	-
乳化液	+	+	+	+	-
肥皂水	+	+	-	-	-
石墨与矿物油混合物	+	-	(+)	+	-

注:"+"表示好;"(+)"表示一般;"-"表示差。

8.4 拉拔工艺润滑的应用

8.4.1 钢丝拉拔

钢丝拉拔工艺润滑有干式润滑和湿式润滑两种形式,一般拉拔直径大于1.8mm的钢丝时采用干式润滑;直径小于1.8mm的采用水箱湿式润滑。干式拉丝粉被广泛应用于我国钢丝生产,而且产品较多。近年来通过对拉丝粉质量的不断改进,同时采用强制拉拔润滑的方法,取得了较好的润滑效果。

水箱拉拔润滑剂主要为水基润滑剂和油基润滑剂,其中,水基润滑剂有乳化液型和溶液型,但在钢丝表面防锈性、模具磨损等方面有待进一步改进。油基润滑剂主要用于不锈钢中、细线的拉拔。

近年来随着光伏发电的发展,硅片切割丝获得广泛应用,通过冷拉拔变形技术,将1mm的钢丝线通过多道次拉拔,最终获得直径为0.07~0.2mm不同规格的钢丝。为了获得优异的钢丝表面质量,确保拉拔速度,对拉拔润滑剂的润滑性和冷却性提出了更高的要求。硅片切割时,切割液通过悬浮分散研磨粒子,将携带的碳化硅等磨料均匀地附着在钢丝表面,同时具备较强的冲洗性和冷却性,结合浓度、温度控制,达到润滑冷却的目的。表8-5列举了硅片切割液的主要成分及含量。

表8-5 硅片切割液的主要成分及含量

主要成分	含量/%
表面活性剂	1~5
螯合剂	5~7
脂肪醇	2~5
硼酸酯	1~4
聚乙二醇	80~90
去离子水	0~20

8.4.2 铜管线材拉拔

铜管、棒拉拔的特点是拉伸速度较低,变形量及拉拔力较大,所以在实际生产中,希望工艺润滑剂能有效地降低拉拔力,提高道次加工率,减少模耗,也即对润滑剂润滑性能要求较高。表8-6列出了拉拔铜及铜合金管棒材常用的润滑剂。

表8-6 铜及其合金管棒材生产中常用的润滑剂

润滑剂	组成/%	优点	缺点	使用范围
肥皂水	皂片+水	方便、使用广泛	润滑性能一般,防锈性能差	多次中、细拉拔铜线
乳化液	油酸三乙醇胺	拉制品表面光滑	需要专门配制	紫、黄、青铜及铜镍合金
纯油	基础油+添加剂合成油	润滑冷却性能好,退火无残留	污染生产环境,成本高	铜管内、外模,内螺纹内模
液固混合物	石墨+硫黄+机油	润滑性好	冷却性差,污染表面	铍青铜

铜线拉伸润滑的初期为较简单的矿物油、植物油、肥皂水以及矿物油与石墨粉的糊状混合物。然而,随着生产的发展、拉拔速度的提高,上述传统润滑剂已无法满足产品的品种、规格及表面质量的要求,为此,兼有润滑与冷却功能的乳化液得到了广泛应用。随着多线高速拉伸机的广泛应用,一次可拉3~7根线,速度高达15~60m/s。另外,线材生产多道工序在拉伸机上一次完成,这就要求研制高性能的拉拔润滑油液以满足生产上的需要。表8-7所列为国内外铜线拉拔润滑油液的性能比较。

表8-7 国内外铜线拉拔润滑油液主要性能

性能		DRAWCOAR	SWD拉拔油	KT67拉丝油
外观		乳黄色油膏状	褐色半透明液体	棕色半透明液体
pH值(5%乳化液)		10.32	8~9	7
腐蚀性	100℃,2h	未见腐蚀	合格	未见腐蚀
	常温,1周	未见腐蚀	合格	未见腐蚀
灰分/%		0.84	0.55	0.18
水分/%		24.00	无	无
机械杂质		无	无	无

金属管材拉拔有无芯头、短芯头、长芯杆和游动芯头拉拔4种主要方式,所以管材生产时除了无芯头拉拔,其他拉拔方式中模具、芯头或芯杆都需要良好润滑,以保证管材内外表面质量。

因此,铜管拉拔工艺润滑与一般铜线拉拔工艺润滑相比更加复杂,对工艺润滑剂的要求也更高。目前由联合拉拔机或圆盘拉拔机生产薄壁铜管对铜管内外表面要求很高,如果生产内螺纹管还要在铜管内表面成形不同的齿型。这就要求润滑剂具有良好的黏温性能、润滑性能和油膜强度,保证油品在使用过程中性能稳定,防止铜管拉拔时内表面出现擦伤和缺陷。同时铜管内表面的残油要易于清洗,或者在退火时挥发掉,保证退火的内表面光亮。随着铜管拉拔自动化程度的提高,特别是铜管薄壁化、内齿的复杂化和免清洗工艺对工艺润滑剂提出了更高的要求。根据1987年蒙特利尔约,氟利昂的用量将逐渐减少。新冷媒的使用对管内清洁度的要求更加严格,如不含硫、氯元素和矿物油,避免铜管内壁变色。表8-8列举了新一代铜管拉拔油主要性能及用途。

表8-8 铜管拉拔油的主要性能及用途

性能及用途	外模油		内模油	
	DN-1	DN-2	DW-1	DW-2
外观	透明油状液体			
运动黏度(40℃)/(mm^2/s)	135~165	200~280	2500~4000	4000~7000
残碳/%	≤0.001	≤0.001	≤0.001	≤0.001
酸值/(mgKOH/g)	≤0.19	≤0.19	≤0.19	≤0.19
石蜡含量/%	无	无	无	无
矿物油含量/%	无	无	无	无
S含量/%	无	无	无	无
Cl含量/%	无	无	无	无
杂质总量/(mg/m^2)	≤5	≤5	≤7	≤7

(续)

性能及用途	外模油		内模油	
	DN-1	DN-2	DW-1	DW-2
腐蚀/级	1a	1a	1a	1a
摩擦系数	≤0.075	≤0.078	≤0.078	≤0.076
用途	拉拔模	拉拔模	芯头	芯头

8.4.3 铝管棒线材拉拔

铝及铝合金拉拔制品中,以线材所占比例较大,其次是管材,棒材一般是采用挤压方法一次成形。在铝及铝合金材拉拔生产中,由于乳化液对其坯料表面的润湿与吸附较困难,因此不经常使用。使用较多的是以矿物油为基础油的油基润滑剂。例如,在拉制管棒以及线材粗拉时,使用添加了皂、油脂类的矿物油,如汽缸油,其中油脂与汽缸油的比约为1∶4;线材的中拉与细拉可以使用有油性添加剂的轻质矿物油。

在我国铝及铝合金管、棒、线材拉拔生产中,广泛采用的是6号、11号和38号汽缸油。根据季节与具体生产条件,为改善其流动性及制品表面质量,可在汽缸油内加入5%~15%的机械油、锭子油或号数较低的汽缸油。管坯进行第一次拉拔时,要充分、均匀地润滑内外表面,并在芯头上涂以足够的润滑油。

在铝线拉拔生产中,当润滑油循环使用时,由于黏铝的脱落,进入润滑油后成为铝粉,导致润滑油"黑化",时间长时甚至使润滑油变成糊状,其结果损伤和脏化了制品表面。为此,可使用黏度较小的润滑油以减少分离铝粉的困难。

8.4.4 其他有色金属拉拔

钛及钛合金管、棒、线材拉拔前,一般要进行表面处理,包括表面氧化处理、氟磷酸盐处理以及镀铜、铬、镍和锡等金属膜,其中以氧化处理和涂层处理应用较多。例如,在钛丝拉伸前应先进行轻微化退火,然后经过碾头、涂层、烘干,最后才开始拉伸。在拉拔过程中辅以由二硫化钼与肥皂粉组成的润滑剂。而涂层则主要是由生石灰、食盐、石墨粉及水组成。在拉细丝时一般用肥皂水作辅助润滑剂。

钨、钼制品拉拔时一般是涂抹石墨乳(石墨+水)进行工艺润滑。这是因为石墨涂层不仅起到润滑作用,而且在加热或热拉时保护坯料表面不被氧化。其中,对石墨乳的具体要求是:石墨含量在20%~25%内,而且其他杂质含量要小;石墨粒度在1~3μm之间,并能牢固、均匀地附着在被拉坯料表面。

钽、铌丝拉伸前表面氧化处理一般采用阳极氧化法,然后根据粗丝或细丝,采用不同润滑剂进行拉拔,见表8-9。

表 8-9 钽、铌丝拉伸用润滑剂

丝径	润滑剂组成	备注
粗丝($\phi 3.0 \sim \phi 0.6mm$)	固体蜂蜡(70%蜂蜡+30%石蜡); 20%的肥皂水; 25%石墨粉+10%阿拉伯树胶+水; 石墨乳	拉拔前坯料表面进行氧化处理
细丝(小于$\phi 0.6mm$)	1%~3%肥皂+10%油脂(猪油)+水	配制成乳液,带氧化膜拉拔
	硬脂酸9g+乙醚15mL+四氯化碳16mL+扩散泵油40mL	按此比例配制,适用于无氧化膜拉伸

思 考 题

8-1 试分析拉拔过程中摩擦对金属变形的影响。

8-2 金属棒线拉拔时主要的产品质量问题有哪些?试分析其产生原因。

8-3 拉拔润滑方式、特点及对润滑剂的要求是什么?

8-4 为什么拉拔前要进行表面处理?

8-5 比较线材拉拔与管材拉拔工艺润滑的异同。

8-6 内螺纹铜管拉拔工艺润滑的特点是什么?

8-7 铝材拉拔如何选用润滑剂?拉拔过程中可能出现什么问题?如何解决?

8-8 硅片切割液与钢丝拉拔液有何异同?

8-9 试根据雷诺方程,类比轧制过程推导拉拔过程变形区入口油膜厚度计算公式。

第9章 挤压过程的摩擦与润滑

挤压成形过程就是对放置在挤压筒中的坯料一端施加以压力,使之通过模孔以实现塑性变形,并成为所需要的形状和尺寸的制品。挤压成形可广泛应用于管、棒、线、型等生产领域,它具有可加工的金属多、更换品种方便、制品精度较高、一次成形时间短等特点。但是,由于摩擦对挤压有许多不良的影响,限制了挤压加工方法的应用和发展,因此,研究挤压过程中的摩擦与润滑问题就有十分重要的意义。

9.1 挤压过程的摩擦

9.1.1 挤压形式与摩擦特性

挤压成形按金属流动方向分为正挤压、反挤压和侧向挤压3种基本形式,如图9-1所示。由于金属流动的方向不同,呈现出不同的摩擦特性。

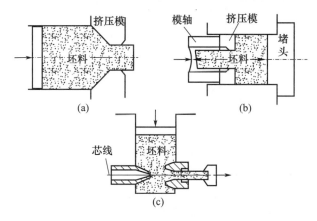

图9-1 3种基本挤压形式
(a)正挤压;(b)反挤压;(c)侧向挤压。

1. 正挤压

正挤压时挤压制品流出方向与挤压轴运动方向相同,见图9-1(a)。挤压时坯料与挤压筒内壁之间产生相对滑动,故存在较大的外摩擦,而且摩擦的存在导致了挤压力增高、能耗增加,此时摩擦能耗占挤压能耗的30%~40%。由于摩擦生热,限制了低熔点合金挤压速度的提高,加剧了挤压模具的磨损。

2. 反挤压

反挤压时挤压制品流出方向与挤压轴运动方向相反,见图9-1(b)。反挤压时坯料与挤压筒内壁之间无相对滑动,挤压能耗相对较小,挤压力也较低,因此可以实现大变形程度的挤压变形,或者挤压高强度合金。

3. 侧向挤压

侧向挤压又称横向挤压,挤压时制品流出方向与挤压轴运动方向垂直,通常用于复合导线的成形,见图9-1(c)。侧向挤压时金属流动较为复杂,其摩擦状况也更为恶劣,所需挤压力更高。

9.1.2 挤压变形时摩擦对金属流动特征的影响

挤压时,金属在挤压筒中的流动特性,对所需挤压力和制品的质量有重大的影响。以正挤压为例,在一般情况下,整个挤压坯料体积可分为3个区:Ⅰ—弹性变形区;Ⅱ—塑性变形区;Ⅲ—滞留区,或称"死区",见图9-2。各区的大小和位置取决于变形金属的性质、金属与挤压工具间的摩擦力大小、延伸系数、金属温度的不均匀性和挤压模入口锥度等许多因素。其中最主要的因素之一就是坯料侧表面和挤压筒壁之间的摩擦。

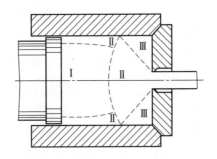

图9-2 挤压变形区

对不同条件下挤压时金属的流动特性分析,可将金属在挤压过程中的流动情况划分为图9-3所示的4种基本流动类型。

(1) 图9-3(a)所示类型流动可以认为是理想的情况,这是在金属与挤压筒之间完全没有摩擦的情况下挤压时形成的金属流动状态。这种类型的金属流动特征是几乎沿坯料整个高度都没有金属周边层剪切变形,弹性区的体积较大,且严格地与挤压垫片同时移动,塑性变形区不大,只局限在模孔附近,无"死区",横断面的变形均匀程度高,在整个挤压过程中,压力、变形和温度条件稳定。这种类型的流动,在通过空心挤压轴反挤压时以及在静液挤压时可以看到。在前一种情况下,金属与挤压筒之间没有相对移动,它们的速度相等;在后一种情况下,金属一般不与挤压筒壁接触,在二者之间有一层高压工作液体膜。

(2) 图9-3(b)所示类型流动是润滑挤压或冷态正挤压时的情况,变形区只集中在模孔附近,因此不产生中心缩尾和环形缩尾。

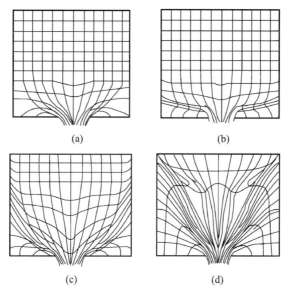

图9-3 挤压时金属的流动特性

(3)图9-3(c)所示类型流动由于锭坯内外变形抗力不同,外摩擦的影响明显,变形区扩展到整个锭坯体积,但在基本挤压阶段尚未发生外部金属向中心流动的情况,在挤压后期会出现一定的缩尾。

(4)图9-3(d)所示类型流动最不均匀,在挤压一开始外层金属即向中心流动,故产生的缩尾也最长。

当挤压筒壁与被挤压金属之间存在任何摩擦时,都会导致金属流动特性偏离理想的(a)类流动,并使其转变成(b)类至(d)类流动。任何一类流动的出现都是由摩擦程度决定的,摩擦力越大,距离理想的流动类型越远,从而使金属的流动状态越容易过渡到(b)类、(c)类甚至(d)类。

例如,在润滑条件良好的情况下,热挤压和冷挤压时金属流动类型属于(b)类;无润滑挤压紫铜时,金属流动类型在(b)类和(c)类之间;无润滑热挤压铝及其合金时,金属属于(c)类流动;而挤压铝青铜和其他材料时,其中包括形成"脱皮"的挤压,都会形成(d)类金属流动。

9.1.3 挤压过程的摩擦分析

1. 挤压中的摩擦力及其分布

挤压过程的摩擦力分布比轧制过程要相对简单。图9-4就是在正挤压过程中,作用在金属上的力及变形状态。由图9-4可知,作用在金属上的外力,除挤压轴通过垫片给予金属的压力p外,还有挤压筒壁、模具压缩锥面和定径带给予金属

的单位正压力 p_t、p_z 和 p_d 以及对应的摩擦应力 τ_p、τ_t、τ_z 和 τ_d。

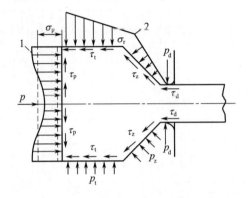

图 9-4 挤压时作用在金属上的应力
1—挤压垫片上的单位压力 σ_p 分布；2—径向力 σ_r 分布。

然而，由于影响挤压摩擦力和摩擦系数的因素较多，要想准确地测定某一挤压过程的摩擦力及摩擦系数较为困难。目前比较精确的方法是双测力计法，而更一般的情况是用间接法通过挤压力公式反算出摩擦系数。在使用有关手册选用摩擦系数时，必须注意各个挤压力公式的应用条件，选择对应的摩擦系数。

2. 金属的黏着

在挤压过程中，由于金属基体的剧烈塑性变形，连续不断地生成新的表面，而且金属处于强的三向压力状态，在接触面具有很高的单位压力，再加上变形温度高、滑动速度大等特点，使工模具表面黏着金属以及工模具磨损等现象尤为突出。当金属与工模具之间发生黏着后，两接触表面之间的摩擦就随之转变成为金属表层的内摩擦，发生次表层的剪切变形，从而在金属黏着的部位改变该处的摩擦状态，导致金属应力状态的变化和流动状态的改变。其结果使摩擦增加、力能消耗增大，制品表面出现损伤以及工模具急剧磨损，使用寿命缩短，严重时将使挤压无法正常进行。

金属产生黏着的原因除临界温度、单位压力和临界膜厚等因素外，关键的因素是接触表面上金属的剪切变形。因为剪切变形过程可在一定程度上清除阻止金属黏着的表面氧化与污染膜，粗化表面，提高表面的活性。影响工模具与变形金属间黏着的因素很多，也很复杂。

有色金属挤压过程的黏着相对于其他成形方法更为严重，在无润滑条件下挤压铝及铝合金坯料，甚至在挤压只含铝 4%～10% 的铝青铜坯料时，往往在模孔表面、挤压筒壁及穿孔针表面出现严重的黏着金属现象，使它们与变形金属之间的摩擦变成同种金属间的摩擦，从而导致挤压制品表面严重划伤。这与铝的氧化膜比基体金属的硬度大，铝在铁中的固溶度较大，合金化能力强等因素有很大关系。此外，模具的不同材质和表面处理方法也与挤压时的黏铝现象有关。挤压生产实践表明,在铝及铝合金挤压生产中,使用垂直研磨和表面经氮化处理的钢模,有利于防止黏着。

3. 摩擦的作用

挤压过程中摩擦的存在并非都会给金属变形过程带来不利的影响。在一定的条件下,摩擦却显得非常重要,因此,在不发生黏着的前提下,希望增加摩擦。具体应用如下。

(1)当挤压的最后阶段,挤压力变得很高,坯料后端的金属趋于沿挤压垫片端面流动,而产生缩尾。此时,若金属与挤压垫片的摩擦减小,金属向内流动就越容易,产生的缩尾就越长。因此,还常常在金属与挤压垫片之间放置石棉垫片或把挤压垫片上车一些同心环以增大摩擦系数、减小缩尾。

(2)在型材的挤压模具设计时,为了避免挤压制品出现翘曲、扭转、边浪和边裂等缺陷,需要用模子定径带上的摩擦阻力大小来调节金属的流动状态,减小和消除同一截平面内的流速差,避免在型材中产生附加拉应力,从而消除由此引起的各种缺陷。

(3)有效摩擦力挤压正是在挤压中利用摩擦的绝好例子。该方法的特点在于挤压筒前进的速度 v_t 比挤压轴前进的速度 v_z 快,使坯料表面上的摩擦力方向指向金属流动方向,摩擦力产生有效作用。研究表明,在选择 $K = v_t/v_z$ 适当时,有效摩擦作用可达到最大,从而完全消除挤压缩尾现象。该方法与正向几润滑挤压相比,可以降低挤压力15%~20%,能够在较低的挤压温度下挤压,具有提高金属流出速度和制品的成品率、改善制品的质量等优点。

(4)连续挤压也是利用送料辊和坯料之间的接触摩擦力而产生挤压力,并同时将坯料温度提高到500℃左右,迫使金属坯料沿着模槽方向前进,然后进入模具,形成不间断的连续生产,从而带来坯料无须加热、成品率高和生产效率高等一系列优点。

9.1.4 摩擦对挤压过程及表面质量的影响

1. 对挤压力的影响

金属的挤压变形过程大体可分为Ⅰ—填充挤压、Ⅱ—稳定挤压和Ⅲ—终了挤压3个阶段。在金属由挤压筒挤出的全过程中,挤压力是变化的。其基本变化特征如图9-5中挤压力 p 与挤压轴位移 s 构成的 p-s 曲线所示。

挤压过程中最重要的是稳定挤压阶段(Ⅱ)的挤压力。其数值可用皮尔林公式来表示,即

$$p = p_s + F_t + F_z + F_d \tag{9-1}$$

式中:p 为作用在挤压垫片上的总挤压力;p_s 为实现塑性变形所需的挤压力分量;F_t 为克服挤压筒壁上的摩擦所需的挤压力分量;F_z 为克服塑性变形区压缩锥面上的摩擦所需的挤压力分量;F_d 为克服模子定径带上的摩擦所需的挤压力分量。

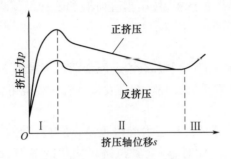

图 9-5 挤压时的 $p-s$ 曲线

由式(9-1)可见,在构成总挤压力的各项中,除 p_s 项是仅与被加工金属的性质、变形区的形状、挤压温度、压缩比、坯料尺寸和制品的端面形状等因素有关的在挤压成形中必然存在的力之外,其他三项均是与挤压时的摩擦力有关的项。凡是影响挤压摩擦的因素,都将影响这些项的数值,如挤压方式、润滑状态等因素决定着 F_t 的大小。反挤压时不存在坯料与挤压筒壁之间的相对运动,可以认为 F_t 为零,其压力曲线低于正挤压压力曲线;静液挤压时,坯料与挤压筒壁之间不直接接触,存在一层高压油层,故 F_t 很小,几乎可以认为不存在。挤压模的模角、金属的性质等将对 F_z 产生很大的影响。随着模角 α 由小变大,F_z 由开始时的金属与模具表面的滑动摩擦逐渐变为金属与变形"死区"间的内摩擦,即沿分界层发生剪切变形。至于 F_d 的大小,在很大程度上取决于定径带长度和摩擦副的性质。总之,这三项摩擦力的大小与影响金属和工具之间的摩擦系数的一系列因素有关。

式(9-1)还无法计算挤压力,实际应用时通常采用以下半经验公式估算挤压力,即

$$p = ab\sigma_s \left(\ln\lambda + \mu \frac{4L_t}{D_t - d_z} \right) \quad (9-2)$$

式中:λ 为挤压比;L_t 为坯料填充后长度,近似计算可取坯料原始长度 L_0;D_t 为挤压筒直径;d_z 为穿孔针直径,对于挤压棒材和实心型材时 $d_z = 0$;a 为合金修正系数,$a = 1.3 \sim 1.5$;b 为制品断面修正系数,$b = 1.0 \sim 1.6$;μ 为摩擦系数,取值条件与范围见表 9-1。

表 9-1 计算挤压力时摩擦系数的取值条件与范围

取值条件	取值范围 μ
无润滑热挤压	0.50
润滑热挤压	0.20~0.25
冷挤压	0.10~0.15

2. 摩擦对挤压制品质量的影响

通常挤压制品的质量问题主要有:沿制品的纵向、横向微观和宏观组织的不均匀性,从而导致其力学性能的不均匀性;制品尾部存在各种缩尾;型材制品的扭曲;

制品的表面裂纹和开裂、擦伤和划伤等。引起这些问题的因素很多,但其主要原因都与挤压时金属与挤压筒壁之间的摩擦和金属与模具之间的摩擦有密切关系。

(1)摩擦对制品力学性能不均匀性的影响。当挤压筒壁与变形金属之间的摩擦应力达到一定程度时,外层金属运动受阻,使挤压筒壁与坯料之间的相对滑动减小,在坯料次表面出现滑动,即金属的内部相互间滑动;当摩擦应力足够大时,外层金属完全黏着,而使其次表层剪切变形。摩擦力越大,制动越强烈,则滑动扩展区越大,在接触外层的金属层上剪切变形量也越大,坯料中心和外层区段的变形率差值也越大,从而形成挤压制品横断面的中心区和外层区组织的不同产生条件,即生成细晶环或粗晶环,导致横向性能不均。

在挤压过程中,随着坯料的逐渐变短,金属沿径向流动速度的增加使金属硬化程度、摩擦力和挤压力增加,继而也就引起作用在挤压筒上的正应力和摩擦应力的增加,使稳定挤压阶段金属与挤压垫片上的摩擦应力发生变化,破坏了金属流动阶段原有的平衡,改变了变形的条件,促使外层金属向锭坯中心流动,从而使金属的流动逐渐由平流阶段向挤压终了时的紊流阶段过渡,造成制品纵向的组织和性能的不均匀。

(2)摩擦对挤压缩尾的影响。当金属流动完全进入紊流阶段之后,外层金属剧烈地向中心流动,"死区"与塑性流动区界面的强烈剪切变形,使坯料表面通常具有的氧化皮、偏析瘤或沾有润滑剂而不能很好地与本体金属相互焊合在一起的金属流入制品。根据不同的情况形成中心缩尾、环形缩尾或皮下缩尾。

(3)摩擦对挤压制品表面裂纹的影响。当模具与金属之间的外摩擦很大时,就引起内部金属流动速度快,外部金属流动速度慢。由于金属的整体性,流动速度快的金属对流动速度慢的金属产生一轴向拉应力,从而在外部金属中出现附加轴向拉应力,内部金属出现附加轴向压应力。坯料外层部分中的附加轴向拉应力在与挤压轴向工作应力叠加后,在变形区压缩锥部分中有可能改变应力符号,使轴向主应力变为拉应力。当这个拉应力超过金属实际的断裂强度极限时,金属制品表面就会出现向内扩展的裂纹。而且,裂纹的产生使得局部附加拉应力降低,当裂纹处应力降低到金属实际的断裂强度极限时,裂纹的扩展终止。随着金属变形的不断进行,附加拉应力又开始增加,从而出现第二个裂纹。这样周而复始,在挤压制品表面形成周期性裂纹,如图9-6所示。表面周期性裂纹通常在挤压模出口处形成。

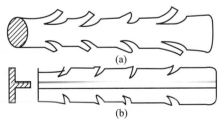

图9-6 挤压制品表面周期性裂纹示意图
(a)棒材;(b)型材。

(4) 摩擦对挤压制品形状的影响。在型材挤压时,除因型材断面复杂造成金属流动失去对称性,可能使型材制品薄壁部分出现波浪、翘曲、歪扭或充不满模孔等缺陷外,由于金属与模壁之间的摩擦对金属的流动也起着阻碍作用,在某一部位不适当地增加了模具定径带长度,可以使该处的摩擦阻力加大。此处流动的金属内的流体静压力增加,迫使金属向阻力小的部分流动,破坏了型材断面上金属的均匀流动,这同样可能在挤压制品上出现裂纹、波浪、翘曲和歪扭等缺陷。

9.2 挤压过程的工艺润滑

挤压与其他变形方法相比,具有金属变形压力高、接触面积大及作用时间长等特点,其中最重要的是在变形过程中润滑剂不能连续加入。所以,采用高效的工艺润滑剂对于降低摩擦系数和挤压力,扩大挤压坯料的长度,改善挤压过程金属流动条件与均匀性,防止金属与工模具的黏着,减小制品中的挤压应力,消除制品的扭曲和表面裂纹等缺陷具有重要意义。同时,它还应起到保温或绝热的作用,以改善工模具的使用条件,提高挤压速度,减小工模具的磨损,延长其使用寿命。

9.2.1 工艺润滑的部位

1. 挤压模具

一般情况下都必须对挤压模具进行润滑,但模具定径带上过度润滑也会使挤压制品的表面粗糙度增大,因而在挤压某些对表面要求光洁的制品时应该限制使用润滑剂。

2. 挤压筒壁

挤压筒壁与金属之间的润滑应根据它们之间的运动情况来确定,若有相对运动(正挤压时),应该对挤压筒壁进行润滑;若无相对运动(反挤压时),可以不必考虑润滑问题。静液挤压时金属与挤压筒壁不发生接触,且挤压液体本身也起到润滑作用,可以不进行专门的润滑,至于连续挤压、有效摩擦挤压等方法,则是利用金属与挤压筒之间的摩擦,当然此时润滑只会适得其反。

应该注意的是,为了避免形成挤压缩尾或是挤压缩尾扩大,必须减小金属沿挤压垫片端面流动。因此,严禁润滑挤压垫片端面。当然也应该防止润滑挤压时筒壁的润滑剂因各种其他原因错误地进入垫片端面。

3. 空心型材的芯棒

在空心型材的挤压过程中,若是用穿孔挤压或是有芯棒的挤压方式生产管材时,对芯棒部位的润滑可以大大改善芯棒的工作条件,降低穿孔力,有利于挤压过程的正常进行。必须指出,在用桥式模、舌形模等类型的分流组合模挤压空心制品时,由于金属流体必须在焊合腔中重新焊合,所以也不能使用润滑剂,以免润滑剂污染焊合部位,使焊合质量降低,产生废品。

9.2.2 挤压工艺润滑剂

挤压方法按温度分类有冷挤压、温挤压和热挤压。由于挤压温度不同和挤压金属材质不同,所以在挤压过程中工艺润滑剂包含了几乎所有种类的润滑剂,包括固体润滑剂(金属和非金属)、液体润滑剂、固-液混合润滑剂和熔体润滑剂等一系列的润滑材料。

根据挤压工艺润滑的特点,润滑剂是一次性使用,不能补给。为了满足不同挤压润滑工艺的需要,应根据挤压温度和金属材质合理确定工艺润滑剂的类型。除了满足润滑剂的一般要求外,还需考虑以下几个方面需求:

(1) 良好的黏附性和高温流动性,能够牢固地黏附在金属表面,随金属一起变形;
(2) 好的高温稳定性,高温条件下不氧化、不分解,润滑性能稳定;
(3) 良好的绝热性能,保证金属的变形温度;
(4) 较好的剥离性,经过简单的工序就能够较容易地从制品上清除或分离;
(5) 使用安全性,对挤压生产环境无污染,对人身健康无害。

显然,在实际生产中要完全满足这些条件是很困难的,还是要根据挤压工艺和制品的要求来选定或配制合适的润滑剂。

表9-2~表9-4给出了热挤压、温挤压和冷挤压不同金属时的挤压工艺参数温度范围、工艺润滑剂和摩擦系数。

表9-2 热挤压工艺参数

金属及其合金	挤压温度/℃	润滑剂	参考摩擦系数
碳钢	1000~1250	玻璃粉+涂层	0.02
		石墨	0.20
不锈钢	1000~1250	玻璃粉+涂层	0.02~0.03
		石墨	0.20
铝、镁合金	450~550	无润滑	黏着
		聚合物或动物油	0.20
铜	900~950	无润滑	0.10~0.12
	800~900	石墨+矿物油	0.12~0.18
	750~800	玻璃粉+涂层	0.18~0.25
钛合金	700~1000	玻璃粉+涂层	0.03
		玻璃粉+石墨	0.05
		石墨	0.20
难熔金属	—	玻璃粉+石墨	—
		玻璃粉+脂肪	—

表9-3 温挤压工艺参数

金属及其合金	挤压温度/℃	润滑剂
碳钢	600~800	二硫化钼+石墨+油性剂+矿物油
	400~800	二硫化钼+氮化硼
	200~400	胶体石墨
	200~400	二硫化钼悬浮液
	200~400	磷酸盐处理+二硫化钼+动物油
不锈钢	600~800	二硫化钼+石墨+油性剂
	500~600	硼酸铝+甘油
	300~400	氯化石蜡+油性剂
	200~250	草酸盐处理+二硫化钼+氯化石蜡
合金钢 工具钢	400~600	胶体石墨
	200~450	磷酸盐处理+二硫化钼+矿物油
铜	900~950	无润滑
	800~900	石墨+矿物油
	750~800	玻璃粉+涂层

表9-4 冷挤压工艺参数

金属及其合金	润滑剂	参考摩擦系数
碳钢	乳化液	0.20
	矿物油+二硫化钼+石墨	0.15
	动植物油+极压剂	0.10
	表面处理+二硫化钼	0.05
不锈钢	矿物油+极压剂	0.20
	包铜+矿物油	0.10
	聚合物涂层	0.05
	表面处理	0.05
铝、镁合金	无润滑	—
	矿物油+油性剂	0.15
	表面处理	0.05
铜	无润滑	—
	乳化液	0.10
	矿物油+油性剂+极压剂	0.10
	油脂	0.07
	润滑脂+二硫化钼	0.07

(续)

金属及其合金	润滑剂	参考摩擦系数
钛合金	矿物油+极压剂	0.20
	聚合物涂层	0.05
	包铜+矿物油	0.10
	表面处理	0.05
难熔金属	聚合物涂层+石墨	—
	聚合物涂层+动植物油	—
	表面处理	—

9.3 挤压工艺润滑应用

9.3.1 热挤压润滑

热挤压是指在金属再结晶温度以上进行的挤压成形，虽然对同一种金属而言其变形抗力要低些，但由于变形温度相对较高，给工艺润滑带来了一定困难。它要求润滑剂的耐热性能、热稳定性能和保温绝热性能要好。目前，就挤压工艺润滑而言，常用的热挤压方法有以下几种。

1. 无润滑挤压

无润滑挤压又称自润滑挤压，即在挤压过程中不采用任何工艺润滑措施。这种挤压方法主要是对某些氧化物在高温下比基体金属软，能成为一种良好的自然润滑剂的金属而言。例如，纯铜在750~950℃的温度下，既可不加润滑剂，也可不进行扒皮挤压而顺利地挤制产品。另外，还可用于变形抗力低的软合金。例如，铝及铝合金在500~550℃的温度下挤压，通常都不进行润滑。应该特别提出的是，用分流组合模具挤制管材时，必须采用这种自润滑挤压。

无润滑挤压挤出的制品表面较为光亮，与平模结合使用可以在一定程度上避免由于坯料夹带氧化皮和润滑剂在制品表面形成缺陷，但是，也容易划伤制品表面。在挤制黏附性较强的金属和合金时，易于形成黏着，使工模具寿命下降。与润滑挤压相比，无润滑挤压延伸率较低，制品的组织性能均匀性较差，力能消耗较高。

2. 油基润滑剂挤压

油基润滑剂主要是以某种润滑油脂为基础油，加入适量的石墨、二硫化钼、硬脂酸盐类等固体润滑剂和其他添加剂配制而成的高温性能较好的混合物。使用时直接涂在需要润滑的部位，并根据各种金属的挤压工艺和不同润滑部位的不同要求，配制不同性能的油基润滑剂，以此进行润滑挤压。

油基润滑剂的效果较好，制备较容易，便于调节性能，使用方便，应用较广。但是，在使用中会产生燃烧或烟雾，因此生产现场应设有良好的通风设备。此外，这类润滑剂的性能会随环境温度的变化发生改变,最好也进行相应的配方调整,以改善其性能。例如,在冬季常常加入5%～7%的煤油,以降低润滑剂的黏附性;在夏季则加入松香,以使石墨质点处于悬浮状态。

由于这类润滑剂绝热性差,在一定条件下会与某些合金产生热化学作用。故在挤压长坯料及内孔很小的短管料,或挤压温度和强度较高、黏着性较强、易受气体污染的钛材和其他稀有金属材料时,这类油基润滑剂就不太适用了。

3. 玻璃润滑剂挤压

玻璃润滑工艺主要是利用玻璃受热时,从固态逐渐变成熔融状态的特性,所以能够较好地润滑并黏附于热金属的表面,同时与变形金属一起流动,并在变形金属表面形成完整的液体润滑膜。这种玻璃膜既有润滑作用,又可在加热及热挤压过程中避免金属的氧化或减轻其他有害气体的污染,同时还具有热防护剂的作用。为了达到良好的润滑目的,要求玻璃润滑剂具有良好的可扩散性、胶结性、绝热性、热稳定性、易清除等。同时特别要求其应有适当的软化点和熔体黏度随温度变化小等特性。这类润滑剂广泛地用于挤压温度在350～1600℃的钢、铜、钛和稀有金属的热挤压工艺润滑。例如,在350～650℃挤压铜合金时,使用软化点为350～400℃的碱性磷酸钠玻璃;在800～1000℃挤压铜合金时,使用双组分或多组分的硼玻璃。目前在以上温度范围内,最常用的工艺润滑剂就是玻璃润滑剂。玻璃润滑剂的使用方法主要有以下几种。

(1) 涂敷法。先将需要涂敷玻璃润滑剂的坯料,放在含碳酸钠2%～3%、温度为40～50℃的热皂水中刷洗,然后用汽油或丙酮擦洗,再用热水洗涤,干燥后用浸渍或喷涂的方法涂敷上黏合剂和玻璃粉混合而成的玻璃润滑剂。

(2) 玻璃饼垫法。用硅酸钠作胶合剂,把高纯度的玻璃粉轻轻压实成垫圈。它的直径与坯料相同,厚度约10mm,中心有一个直径与挤压制品相同的孔。这种方法主要用于模具的润滑。

(3) 滚黏法。将坯料加热到挤压温度,然后在盛有玻璃粉的浅盘里翻滚,使坯料表面形成覆盖层,坯料在挤压时可以起到润滑挤压筒的作用。

(4) 玻璃布包盖法。在清洗干净的坯料和穿孔针上涂一层沥青,然后用玻璃粉及编织而成的玻璃布包在其上,用以润滑坯料和穿孔针。以上这些方法可单独使用,也可联合使用,并根据不同的条件和要求来处理。

(5) 软金属包覆润滑挤压。包覆挤压的方法主要是用于金属在加热时极易氧化和易受气体污染,同时表面润滑困难,如钛、钽、铌、锆及其合金材料的挤压工艺。常用紫铜、软钢和不锈钢等软而韧的材料包覆在坯料表面,然后采用与包覆材料相对应的润滑剂进行润滑挤压。例如,挤钛时,包铜套后再采用沥青或稠石墨油脂润滑挤压。又如,在500～650℃挤压铍时,包钢套后采用石墨润滑挤压。至于钨和钼,可以用紫铜、纯铁或其复合板作为包覆材料,用石墨作为润滑剂在400～600℃温度下进行挤压。

包覆挤压在稀有金属的挤压中应用较广泛,但是,挤压之后需用酸液除去包覆材料,且回收包覆材料的费用也很大,因此,一般仅用于小型挤压机挤压钛、锆等金属制品。此外,目前一般均采用玻璃润滑挤压稀有金属。

(6) 静液挤压。静液挤压时坯料不与挤压筒内壁直接接触,而是通过高压黏性介质把挤压力传递到坯料表面实现挤压变形,如图9-7所示。静液挤压时金属之间的摩擦转化为液体介质之间的内摩擦,摩擦力几乎可以忽略不计,金属流动均匀,近似理想状态。

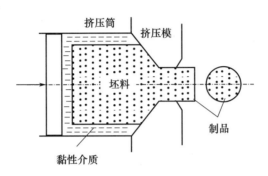

图9-7 静液挤压工艺示意图

静液挤压所用的高压介质在冷静液挤压时可以采用蓖麻油或者矿物油,而温、热静液挤压时可以使用耐热树脂、玻璃或者玻璃与石墨的混合物。虽然静液挤压具有摩擦力小、金属流动均匀等特点,但是工艺复杂,生产效率低,使其应用受到限制。

由于油基润滑剂使用时有较大的烟雾且易着火,而玻璃润滑剂存在使用后清除困难问题,包覆挤压成本较高以及静液挤压应用受到限制,所以具有优良润滑性、冷却性、高温润湿性以及防锈性能的水基石墨型润滑剂是热挤压润滑的发展方向。在这类润滑剂中,除石墨外,还有部分液体润滑材料,通常还添加磷酸盐、硼酸盐、黏结剂、表面活性剂、防锈剂及水的增稠剂,调节其相应的性能。此外,还有研究采用无机盐、玄武岩、聚合物等熔体润滑材料进行润滑挤压。

9.3.2 冷挤压润滑与表面处理

随着技术的发展,冷挤压技术已扩大到许多低合金钢、不锈钢、铜合金、低塑性的硬铝等材料的生产中。冷挤压与热挤压相比,温度效应小,由变形热效应与摩擦导致的模具温度也不过为200~300℃,这对工艺润滑来说是有利的。但冷挤压时挤压力较高,单位压力一般可达2000~2500MPa,甚至更大,且这种高压持续时间也较长。由于冷挤压使变形金属产生强烈的冷作硬化现象,又会导致变形抗力的进一步提高。此外,由于冷挤压时的变形量很大,新产生的表面积增加很大,新生金属与模具在没有润滑时可能发生黏着,使润滑条件更为恶化,影响挤压过程能否顺利进行以及制品质量和模具寿命。所以,要求冷挤压用润滑剂能显著降低摩擦系数,在一定的温度和高压下仍能保证良好的润滑性能,有很好的延展性和使用时操作方便、无毒、无怪味且价格便宜。

为了达到所要求的润滑性能,在冷挤压的实际生产中,必须进行专门的表面处理和润滑处理,其方法有下面几种。

1. 污染膜清除和直接挤压润滑

这种润滑处理的方法是先采用机械或化学表面清理的方法,消除被挤压坯料的表面缺陷、油污和氧化皮等不利于挤压润滑膜形成的因素;然后根据被挤压金属的性质选用不同的润滑剂,直接进行润滑挤压。这种方法适用于大部分有色金属冷挤压。

表面清理过程一般需采取6个步骤:

(1) 砂轮或抛光等机械消除表面缺陷;

(2) 清理、去油和清洗;

(3) 机械滚磨、喷砂或化学处理去除表面氧化层;

(4) 流动冷水清洗;

(5) 中和处理,碳酸钠 80~100g/L,温度 35~50℃,处理 2~3min;

(6) 流动冷水清洗。

经表面处理后就可进行润滑挤压。应该说明的是,某些有色金属,如紫铜、黄铜、无氧铜和锡磷青铜等,在冷挤压前一般先经过钝化处理,然后再涂润滑剂。

2. 磷化 - 皂化处理

这种润滑处理方法首先是将经过表面清理的坯料再进行磷化 - 皂化处理,以获得高质量的冷挤压润滑膜。该方法主要用于能与磷化液发生作用的金属,如钢的冷挤压过程。

磷化处理就是将经过除油清洗,表面洁净的钢件置于磷酸锌、磷酸锰、磷酸铁或磷酸二氢锌溶液中,使金属铁与磷酸相互作用,生成不溶于水且牢固地与坯料结合的、能短时间经受 400~500℃ 工作温度的磷酸盐膜层。为了加速磷化反应,往往加入硝酸盐、亚硝酸盐或氯酸盐等催化剂。一般在处理时都是将固体或液体的化学原料用水稀释成溶液状态以浸渍法或喷洒法来进行。

皂化处理就是将磷化处理后经用水清洗干净的坯料投入皂化处理液,利用硬脂酸钠或肥皂与磷化层中的磷酸锌反应生成硬脂酸锌,在挤压中起润滑作用。

磷化 - 皂化后经干燥处理就可进行冷挤压。此外,在磷化处理后,也可用二硫化钼拌猪油或羊毛脂进行挤压润滑。

3. 草酸盐表面处理

对于不能进行磷化处理的金属与合金,在经表面清理后可进行草酸盐表面处理和润滑处理。如不锈钢的冷挤压时经草酸盐处理后,再进行挤压润滑,其润滑剂为氯化石蜡油 30%、二硫化钼 10%、肥皂油 50%、软皂 10%。

思 考 题

9-1 分析说明摩擦如何影响挤压制品表面质量。

9-2 挤压工艺润滑方式与轧制、拉拔工艺润滑方式相比有哪些不同之处？

9-3 阐述挤压过程中工艺润滑对金属流动的影响。

9-4 Conform 连续挤压的基本原理是什么？使用何种工艺润滑剂？

9-5 说明挤压棒材时产生粗晶环或细晶环的原因。

9-6 为什么挤压实心材时采用无润滑挤压？

9-7 挤压时为什么要进行表面处理？表面处理有哪几种形式？

第 10 章　冲压过程中的摩擦与润滑

　　冲压成形是利用压力和模具来迫使板金属产生塑性变形或使之分离,从而获得一定形状的零件的加工方法。它是材料成形中广泛采用的工艺方法之一,因为大部分金属薄板都是通过冲压成形制成各种零件和商品的。
　　冲压成形的基本工序有分离和变形两大类,其中板金属变形有弯曲、拉深、成形和挤压等四类,故又称"板金属成形"。具体冲压的分类见图 10-1。

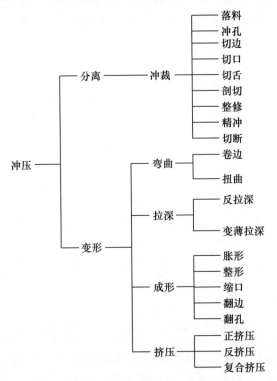

图 10-1　冲压分类示意图

　　板成形过程中,板料与模具之间发生相对运动必然伴随着摩擦行为发生,摩擦力也是板金属成形中重要的外力之一。目前有些成形方法还是利用摩擦力作为主作用力。然而,摩擦对冲压过程的冲压力的大小、成形极限、回弹量以及表面质量产生影响。通过采用工艺润滑,不但可以有效地控制摩擦、改善冲压制品的质量、延长模具寿命,而且还可以利用摩擦以补偿材料成形性的不足,充分发挥模具的功能。另外,在某些条件下,润滑效果的优劣又是冲压过程能否顺利进行与能否生产合格产品的关键。特别是目前冲压工艺正朝着高速化、连续化和自动化方向发展,对冲压制品的表面质量与尺寸精度要求越来越高,进而对冲压过程中的摩擦控制与工艺润滑提出了更高的要求。冲压技术发展、工艺特点对冲压油的要求见表 10-1。

表 10-1 冲压技术发展、工艺特点对冲压油的要求

项目	技术发展	工艺特点	对冲压油的要求
材料	轻量化	高强度钢板、铝合金板增加	防止烧结
	防锈	表面处理钢板增加,如镀锌钢板	不生白锈(非氯系油)
	改善环境	采用自润滑钢板	产生粉末少
生产效率	生产量增加	高速化	水溶性、低黏度
	自动化	连续自动化冲压机	低黏度
	多种少量生产	柔性制造系统(FMS)	通用性与专用性
产品形状	轻量化	小型化	防止裂纹、擦伤
	形状复杂化	薄壁化	防止裂纹、擦伤
工作环境	环境保护	防止空气污染	水溶性、极低黏度
	人身健康	防止侵害皮肤	非氯系、高精度

10.1 冲压成形摩擦学特征

10.1.1 冲压过程摩擦分析

由于冲压时板金属变形的多样性和复杂性,所以摩擦在冲压变形中所起的作用也有所不同,这里不能用统一的标准衡量摩擦力的作用,必须根据具体的变形方式去分析。以筒形件拉深变形为例,其拉深过程如图 10-2 所示,拉深时的应力-应变状态如图 10-3 所示。为了便于分析,这里把圆筒拉深变形过程分成以下几个部分。

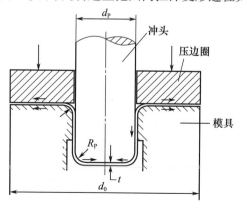

图 10-2 圆筒件拉深示意图

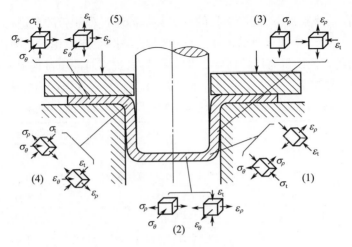

图 10-3 拉深时的应力-应变状态

（1）金属板料在冲头圆角处产生弯曲和拉胀复合变形。作用于筒底的冲压力通过冲头圆角沿筒壁传递，这就要求冲头圆角处表面有尽可能大的摩擦系数。这意味着在该区域冲头和薄板都无须润滑，但高的摩擦系数要求冲头具有抗磨损性能。这也是成形工艺要求和力传递的一种优化。该区域作为过渡区受到周向和径向拉应力作用，同时还受到弯曲压应力作用，材料变薄也最严重，通常称为"危险断面"。

（2）在筒底产生双向拉伸。若冲头圆角处和筒底处摩擦力过小，则板料在筒底减薄量增加将导致破裂，此时冲头底部和圆角处的摩擦是有益的。

（3）筒壁处于拉伸状态。凸模与筒壁之间的摩擦可增大拉深能力，导致破裂的拉应力会从侧壁上转到冲头上，破裂点会向模具的出口处移动。在出口处板料以单向拉伸为主。当冲头和模具圆角过大时，板料没有得到支撑的部分会起皱。

（4）板料在模具圆角处受到弯曲和反弯曲变形力。模具上的摩擦造成了筒壁承受更高的拉深应力，此时摩擦是有害的。

（5）板料的凸缘皱折。板料的凸缘受径向拉伸被拉入缝隙中，同时在表面高压和摩擦的影响下，容易发生板料折叠或皱折。通过控制压边力或者采用工艺润滑来调节摩擦，以减少摩擦功耗，同时又阻止板料凸缘起皱。

10.1.2 摩擦对冲压成形力的影响

Siebel 认为深冲时总的成形力 F_G 可由实际成形力 F_U（理想成形力 + 反弹力）和 F_R（压边区摩擦力和模具边缘处摩擦力）组成，即

$$F_G = F_U + F_R \tag{10-1}$$

其中，F_U 和 F_R 与板料厚度、冲头直径等工艺因素有关。图 10-4 所示为钢板厚度为 1mm 时成形力和摩擦力与冲头直径的关系。该图表明，随着冲头直径也即冲压

部件尺寸的增加,摩擦对冲压力的影响变得更加显著。例如,当冲头直径 $d_0 = 600\mathrm{mm}$ 时,摩擦力与成形力相等;当 $d_0 = 1200\mathrm{mm}$ 时,摩擦力约为成形力的 3 倍。

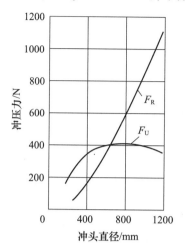

图 10-4　成形力和摩擦力与冲头直径的关系

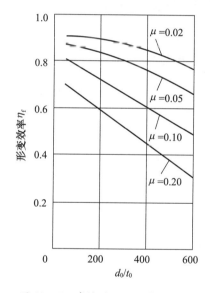

图 10-5　摩擦对形变效率的影响

图 10-5 表示了在不同摩擦系数条件下,形变效率和冲头直径 d_0 与板料厚度 t_0 的比值 (d_0/t_0) 的关系。如果冲头直径 d_0 不变,显然厚度小时形变效率也低。形变效率很大程度上取决于总成形力中摩擦力所占的比例,因此摩擦系数的影响是很重要的。例如,图 10-5 中如果 $d_0/t_0 = 200$,摩擦系数取 0.2,此时形变效率为 0.6。如果 $d_0/t_0 = 400$,此时如果仍希望得到相同的形变效率,那么就要改善润滑条件以便使摩擦系数降低至 0.1。

10.2 冲压过程的工艺润滑

10.2.1 冲压润滑的作用

冲压过程主要是冲裁(Punching)和拉深(Cup - Drawing)。冲裁是指利用刚性凸凹模在压力机或冲床上进行裁料或冲孔。而拉深的主要特点是容器的侧壁面积是由凹模口外的毛料凸缘部分被拉入凹模形成的。若凸、凹模间隙选得较小,在拉深后期还会出现变薄拉深(Deep - Cup - Drawing)。冲压过程的润滑以拉深成形的工艺润滑最具有代表性,因为相对其他冲压工艺而言,拉深过程板料变形量大,变形形式多样,特别是变薄拉深,如果润滑不良,很容易发生破裂。拉深润滑的主要作用如下:

(1) 减少材料和拉深凹模间的摩擦,降低拉深力;
(2) 调控压边圈表面间的摩擦,防止因摩擦过小导致板料凸缘起皱,或摩擦过大增加拉深力;
(3) 使拉深件容易从拉深凸模、凹模脱下或取出,不至于划伤材料表面;
(4) 冷却模具,延长模具使用寿命。

10.2.2 工艺润滑剂的选择

为了达到上述润滑目的,并且保证冲压过程的顺利进行,冲压润滑剂应具有良好的润滑性能、防锈性能、易清除性能及环保性能。对应冲压工艺要求,润滑剂应具备的性能要求见表10 - 2。

表10 - 2 冲压工艺润滑剂应具备的性能

工序	应具备的性能
坯材搬运保管	防锈性
清洗剪断	防锈性、脱脂性
成形	润滑性、加工性和作业环境的维持
保管	防锈性
组装	焊接性、工作环境的维持
表面处理	脱脂性
废液处理	处理性
其他	无害性、经济性、异种油混合时无反应性

摩擦面的温度、金属材质和冲压成形的具体工艺是选择冲压润滑剂的重要依据。例如,软钢、铜和铝等金属的冲裁、弯曲及一般的拉深成形,温升不高,通常只用黏度适当的矿物油加少量的油性剂即可。相反,大工件拉深、变薄拉深以及不锈钢的冲裁、拉深等会伴随有较高的温升,所以还要加入极压剂。而钛板成形温升则

更大,除极压剂外,还需添加固体润滑剂。此外,选择冲压润滑剂还应考虑以下几点。

(1) 使用要求。润滑的目的不同,其选择重点也各不相同,如有的以减少摩擦为主,有的以冷却为主,有的以提高模具寿命为主,有的以提高零件尺寸精度和表面质量为主等。

(2) 操作要求。如易涂覆、易清除、不腐蚀零件与模具等。其中"易清除"对生产更为重要,尤其是对需经中间热处理的零件。

(3) 对后续工序的影响。由于冲压制品一般不作为最终产品使用,所以,对于成形后的焊接、喷漆、印刷及组装等工序不应带来较大的困难,或影响表面质量。

(4) 经济要求。除了上述方面外,生产中还需考虑批量问题。例如,采用高速冲床的大批量生产,模具温升较大,选择润滑剂应考虑冷却效果;采用多工位连续生产,润滑剂如果黏度太大会影响零件的脱模和定位。由于冲压过程工序较多,不可能具体提出一种或几种润滑剂适合任何冲压工序。一些金属冲压成形可选择的润滑剂见表10-3。

表10-3 常用的金属冲压润滑剂

润滑剂	成形方式	性能特点	适用金属或合金
板材出厂涂油	一般成形	易清除	钢、铝
矿物油+动植物油	一般成形	润滑性能一般	钢、不锈钢、铝、镁
矿物油+极压剂	拉深、变薄拉深	润滑性能好;不易清除	钢、不锈钢、镍、镁、铜、钛、难熔金属
纯添加剂	冲裁	防尘性强;易腐蚀金属	钢、不锈钢、镍、镁、铜
乳化液	高速、一般成形	冷却性能强;易清除	钢、不锈钢、镍、铝、镁、铜
金属皂液	高速、一般成形	冷却性能强;易清除	钢、铜
石墨、MnS_2油膏	拉深、变薄拉深	润滑性能强;清除困难	钢、铝、镁、铜、钛、难熔金属
固体润滑膜(聚合物涂层)+矿物油	拉深、变薄拉深	润滑性能强;不宜批量生产	钢、不锈钢、镍、镁、钛

10.2.3 润滑方式

在凹模工作平面、凹模圆角处及相应的毛坯表面,每隔一定周期均匀涂抹一层润滑剂,而凸模表面和凸模接触的毛坯表面切忌涂抹润滑剂,以防材料变薄程度过大导致破裂。深拉深、复杂拉深件每件都需要涂抹润滑剂,而一般拉深可以每相隔3~5件润滑一次。

在选定润滑方式后还要考虑其用量问题。若冲压成形后金属表面特别光亮,甚至有划伤存在,则说明润滑剂明显不足或润滑能力不够;相反,若金属表面暗淡无光,甚至表面呈现橘皮状,则意味着润滑剂用量过大,或润滑剂黏度过高,这还会给后序工序的清理带来困难。

若按板成形涂抹润滑剂,润滑剂的用量为 30~100g/m²。

10.3 冲压工艺润滑的应用

10.3.1 薄板冲压工艺润滑

薄板冲压工艺多用于汽车工业中各种覆盖件的生产,汽车覆盖件成形一般称为拉延。拉延是拉深过程中发生材料的局部成形,对润滑剂的要求较高。固体干膜润滑剂、冲压油和冲压乳化液是常用润滑剂。其中,固体干膜润滑剂是由膨润土、滑石粉、碱液和矿物油按一定比例调和成糊状物,用于手工涂刷,无法自动加油。固体干膜润滑剂正逐渐被淘汰。

随着汽车工业的发展,国内外高档冲压油发展迅速,它们多为矿物油加添加剂和一定的清洗剂,使带油冲压件在清洗中能完全脱脂。脱脂液多为强碱性或弱酸性溶液。国外大多数清洗工序是在蒸汽和碱性溶液中完成的。国内外高档冲压油的主要性能见表 10-4。

表 10-4 国内外薄板冲压油的性能

性能	AGIPS Aluus40	安美 C73	上 1 号
运动黏度(40℃)/(mm²/s)	95	78	50~65
倾点/℃	-3	-15	-8
闪点/℃	170	210	180
清洗方法	碱洗	碱洗	碱洗

10.3.2 铝制品冲压工艺润滑

铝冲压制品广泛用于日用器皿、食品饮料与药品包装等行业,而且冲压后还有涂漆、印字等后处理工序。铝板在冲裁时一般可直接利用铝板出厂时所涂的防锈油,或者再涂一些植物油(如菜油)。由于拉深过程中摩擦条件苛刻,故对润滑剂的要求也较高。一般在拉深工业纯铝和软合金时可用植物油、含有添加剂的矿物油以及工业凡士林等。而拉深硬铝则常用乳化液。另外,硬脂酸盐也是拉深过程中常用的润滑剂,尤其是在拉深尺寸较小的圆筒形制品时,如铝制电容器等。一般先把冲裁下来的小圆片与硬脂酸盐混合(俗称炒片),小圆片表面均匀地涂上一层硬脂酸盐,然后再去拉深。这样不仅改善了作业环境,而且对成形后的后续工序也无太大影响。

对铝冲压成形技术要求最高的是铝制易拉罐的生产,其变形过程是变薄拉深,同时,高速成形对冲压润滑剂润滑和冷却性能要求高、理化性能要求严。表 10-5 列举了铝制易拉罐冲压油的理化性能。

表 10-5 铝制易拉罐冲压油的理化性能

性能	指标
外观	橙红色透明油状液体
密度(20℃)/(g/cm³)	>0.90
运动黏度(40℃)/(mm²/s)	95±5
凝点/℃	-10
闪点(开口)/℃	>200
酸值/(mgKOH/g)	5±3
皂化值/(mgKOH/g)	35~40
腐蚀	合格
pH值(5%乳化液)	6~7

10.3.3 冲压润滑剂性能与润滑效果

冲压技术的发展、产品质量的提高以及环保意识的加强,对冲压工艺润滑提出了更高的要求,进而希望对传统的冲压油品性能进行改进,以提高冲压工艺润滑效果,但需要进一步考虑性能要求与润滑效果的关系,改进存在的问题,见表10-6。

表 10-6 冲压油性能与润滑效果关系

油品性能要求	润滑效果	存在的问题
低黏度化	降低油消耗量; 提高脱脂性; 改进冷却性,更适应高速化; 简化给油工序; 减少工作面污染	拉延性降低; 油雾增加; 防锈性下降
提高拉延性	废品率下降; 低黏度化; 模具温度下降,减少烟雾生成	由于使用极压剂(S、Cl、P系),锈蚀和操作环境恶化; 成本上升
提高防锈性	长期库存部件防锈; 废品率降低	抗乳化性下降; 成本上升
改善脱脂性(降低黏度,减少极压剂用量)	减少镀层、涂料破损; 减少脱脂液耗量; 脱脂温度可降低	拉延性下降
水溶性化	适应高速加工; 防止工作面污染; 减少烟雾、臭气; 降低成本	防锈性下降; 拉延性下降; 水溶性油被漏油污染; 易腐败、废液处理成本高
低臭气化	改善作业环境	由于限制添加剂的使用,导致拉延性下降

10.3.4 新型冲压工艺润滑油液

随着新工艺技术的发展和环境保护意识的增强,新型冲压工艺润滑油液的研发受到普遍关注,主要包括水溶性冲压加工油液、生物降解型冲压油和多功能冲压油三种。

(1) 水溶性冲压加工油液。这是减少环境污染、降低成本的重要途径。除有特殊要求外,一般工序均可使用水溶性冲压油剂。它的优点是可以同时得到冷却和润滑两种效果;缺点是容易腐败,防锈性稍差。

(2) 生物降解型冲压油。近年来,在德国、瑞士和美国等国家,相继出现了各种生物降解型润滑油。作为冲压油来讲,一旦进入大气或渗漏入土壤水体中,便能很快被细菌分解,从而减少对环境的污染。

(3) 多功能冲压油,如板带钢防锈冲压两用油。为了降低成本、减少工序,近年来板带钢防锈油开始向兼有防锈和润滑的方向发展,出现了诸如润滑防锈油、触变防锈油、极压防锈油等,即钢卷开卷后,不需经过脱脂,利用表面上涂抹的防锈油润滑直接进入冲压加工。这就要求防锈油具有良好的润滑性以保证冲压工序的顺利进行。

思 考 题

10-1 举例分析摩擦在板成形中的作用。

10-2 在拉深过程中哪些部位容易产生皱折?为什么?

10-3 冲压润滑时选择润滑油液的主要依据有哪些?

10-4 板带钢防锈油能否代替冲压润滑油使用?如果可代替使用,应注意考虑哪些问题?

第11章 金属成形中的磨损

在金属成形过程中,由于金属发生塑性变形,连续不断地生成新的表面,而且接触表面承受很高的单位压力,再加上变形温度高、滑动速度大等特点,使工模具表面黏附金属以及工模具磨损等现象尤为突出。当金属与工模具之间发生黏着后,两者之间的滑动外摩擦就随之转变成为金属表层的内摩擦,发生次表层的剪切变形,从而在金属黏着的部位改变了该处的摩擦状态,导致金属材料应力-应变状态发生改变。其结果使摩擦加大、力能消耗增加、制品表面恶化以及工模具磨损加剧,使用寿命缩短,严重时将导致成形过程无法正常进行。

研究材料成形过程磨损的目的在于通过各种磨损现象的观察与分析,寻找成形过程中的磨损变化规律和影响因素以及与成形后制品表面质量的关系,从而注重合理地选择工模具材料,优化工模具设计,制定减少磨损的材料成形工艺和采用适当的工艺润滑剂,以保证材料磨损减少到最低程度,同时提高成形制品质量。

11.1 磨 损

摩擦副之间发生相对运动时,引起接触表面上材料的迁移或脱落称为磨损。磨损是相互接触表面的金属在相对运动中表层材料不断损伤的过程,也是伴随摩擦而产生的必然结果。

根据流体润滑理论,当处于流体润滑状态时,工模具与工件表面被润滑油膜完全隔开,两个表面不发生相互接触,材料变形将在无磨损条件下进行。然而,完全的塑性流体动力润滑是很难达到的。大多数成形过程的润滑状态属于混合润滑或边界润滑。因此,两金属接触面之间的作用不仅存在磨损,而且得到进一步促进。成形过程中接触表面发生相对运动时,引起表面材料或者生成物的迁移或脱落,材料不断损失是必然结果。磨损不仅会加快工模具的损耗,而且还导致加工后制品质量的降低,如表面粗糙度增加、尺寸精度降低等。

11.1.1 磨损过程

一般磨损过程分为3个阶段,见图11-1。

1. 跑合(磨合)阶段

在载荷作用下,接触表面上的微凸体首先发生塑性变形,真实面积逐渐增加,直至相对稳定。跑合(Running – in Process)过程的特点是摩擦表面有较大的磨损并有发热现象,表面的几何形貌以及表面和表层的物理、力学性能发生变化。

2. 稳定磨损阶段

摩擦副经过跑合后,进入稳定磨损阶段。这时,在摩擦条件不变的条件下,摩擦的实际接触面积保持不变(动态平衡),即一些摩擦黏结点因磨损而破坏,又生成一些新的摩擦黏结点,单位面积上的实际接触压力保持一定动态平衡,磨损率趋于稳定。

3. 剧烈磨损阶段

随着磨损过程的进行,摩擦副几何尺寸发生较明显的变化,产生大量的磨屑,摩擦表面及表层发生严重的变形,尺寸精度严重下降,摩擦条件发生很大变化,出现振动、严重发热等现象,使磨损速率升高,磨损加剧,直至报废。

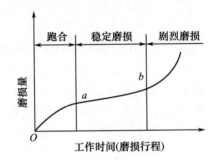

图 11 – 1　磨损量与工作时间的关系

11.1.2　磨损与摩擦的关系

磨损与摩擦过程密切相关,在摩擦磨损过程中,摩擦表面及表层的形貌、结构与性能发生变化,同时伴随着能量的传递与消耗。图 11 – 2 所示为摩擦 – 磨损过程对摩擦表面的影响。

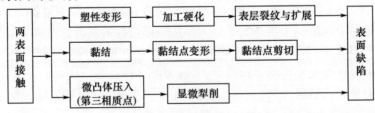

图 11 – 2　摩擦 – 磨损过程对摩擦表面的影响

在工艺润滑条件下,润滑剂具有降低摩擦系数、减少磨损的作用,另外还可以把接触表面的磨屑和热量带走,防止磨屑在表面间的聚集和长大,造成磨粒磨损。

磨损与摩擦系数间有一定的相关性,很多学者都给出磨损率 W 与摩擦系数之间的近似关系,即

$$\dot{W} \propto \mu^n \qquad (11-1)$$

式中:$n = 2.0 \sim 4.0$。

曾田等人通过大量实验得出:按 $n = 2.7$ 计算,相关系数为 0.896。实验结果见图 $11 - 3$。

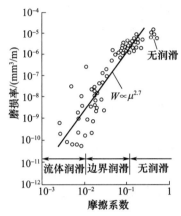

图 11 - 3　磨损率与摩擦系数的关系

11.2　磨损的类型

因接触表面形貌、接触状况和环境条件不同,磨损类型也不一。但是,一般可分为机械磨损、分子磨损和腐蚀磨损三大类型。机械磨损是与摩擦、磨粒磨损以及疲劳有关的一类磨损过程,其中磨粒磨损是最普遍的机械磨损形式。分子磨损是由于分子间作用力形成表面黏着点,再经过机械作用使黏着点剪切所产生的磨损,也即黏着磨损。腐蚀磨损是介质中的各种活性物质对表面的侵蚀,随后因机械作用使这些反应物发生摩擦和破碎而引起,如氧化磨损、化学磨损等。不同类型的磨损可以单独发生、相继发生或同时发生,而磨损表面上的应力过高,则是各种磨损现象的共同特点。

11.2.1　黏着磨损

通过黏着摩擦理论可知,当接触表面微凸体承受压力产生塑性变形后发生相对运动时,黏着点被剪切,也即金属从剪切强度低的材料表面上被撕裂下来。被撕裂下来的金属要么黏附在另一材料表面,要么脱落形成游离的磨损质点。因此,随着材料成形过程的进行,黏着—剪切破坏—再黏着—再剪切破坏的磨损循环发生。当接触副为两个光滑表面时,更容易发生黏着磨损。

1. 黏着磨损破坏形式

若两接触表面发生黏着,当它们相对运动时,其剪切破坏形式有以下几种。

(1) 轻微磨损。接触表面之间黏着界面强度小于两种接触材料中任何一种(工具或工件),滑动剪切将发生在界面本身,破坏产生于界面。此时磨损较小,接触表面或润滑膜出现极轻微磨损,如锡在钢表面的滑动。

(2) 擦伤。若界面强度比两接触金属中之一种要高,而比另一种要低,则剪切发生于软金属内,如铝在钢表面的滑动。一般情况下剪切发生于工件,被剥落的微粒可能又重新压入工件表面,也可能落入润滑剂中形成磨损微粒或被润滑剂带出变形区。如果剥落微粒不能被及时迁移或去除,将会引起加工硬化或化学变化,则在工模具表面形成一层很硬的表面粗糙膜,随后与工件接触发生相对运动时加速磨损。

(3) 撕脱。若界面强度比两接触金属中之一种要高,且偶然也大于第二种材料,这时,软金属向硬金属转移,但是,这种金属碎片是可以去除的,如铜在钢表面滑动。

(4) 撕脱划伤。若界面强度大于或在随后的变形过程中变为大于两种金属的剪切强度,即界面发生了加工硬化,这时,对两种接触金属表面的磨损都有害。特别是当相同的金属彼此接触时,上述情况更易发生。

2. 黏着磨损的计算

假定表面接触是由许多相似的微凸体接触所组成,如图 11-4 所示。若微凸体相互黏着的面积为一半径为 a 的圆,则实际接触面积 A_i 应为

$$A_i = \pi a^2 = \frac{N_i}{\sigma_s} \quad (11-2)$$

式中:N_i 为单个微凸体所承受的最大载荷;σ_s 为较软材料的压缩屈服强度。

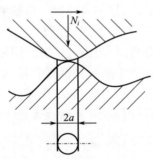

图 11-4 黏着磨损示意图

如果微凸体接触结果产生一个磨屑,其体积为 V_i,设磨出的体积为半球形,即

$$V_i = \frac{2}{3}\pi a^3$$

设在滑动距离为 $2a$ 时,产生一个磨粒,若接触点总数为 n,滑动每单位距离的总磨损体积量为

$$\bar{V} = n\frac{2}{3}\pi\frac{a^3}{2a} = \frac{n\pi a^2}{3} \tag{11-3}$$

因为总载荷 $N = nN_i = n\pi a^2 \sigma_s$，代入式(11-3)中，即

$$\bar{V} = \frac{N}{3\sigma_s} \tag{11-4}$$

若滑移距离为 L，则总磨损量 V 为

$$V = \frac{NL}{3\sigma_s} \tag{11-5}$$

如果所有微凸体接触只有部分产生磨损颗粒，设产生磨粒的概率为 k，则有

$$V = k\frac{NL}{3\sigma_s} \tag{11-6}$$

对于式(11-6)中磨损体积与载荷成正比的结论只有在弹性变形条件下成立，因为一旦发生塑性变形，k 值迅速增加，磨损加剧。除了摩擦副材料和表面载荷外，温度、速度和润滑条件等也会对黏着磨损产生影响。

11.2.2 磨粒磨损

磨粒磨损也叫磨蚀磨损(Abrasion)，是一个表面上硬的突起物(Protuberance 或节疤)在另一表面发生相对滑动时，产生位移或犁沟(Plowing)而造成材料的迁移。由此生成磨损质点一般都是游离的。

磨粒磨损产生的另一原因是接触副之间存在外来的"第三物质"，如外来摩擦砂粒、疏松的氧化物或被埋藏在接触面之间的其他物质时产生的磨损。前者为两物体的磨损；后者为三物体的磨损。总之，磨粒磨损是由于足够硬的粗糙面或在两接触面之间存在第三种物质而造成的磨损。

(1) 表面微凸体或质点维氏硬度至少要比磨耗表面的硬度高1.5倍。金属成形过程中，几乎所有工模具都能满足此临界值，但是，这并不意味着磨损仅发生在工件；相反，工具的磨损仍然是主要的，因为在接触面之间还存在其他外来硬质点和被嵌入工件表面的氧化物，而且许多工件材料，特别是沉淀强化合金，在组织内含有硬的中间金属化合物。

(2) 硬质点的有害作用取决于质点尺寸、分布状况以及与界面的相对方向。

(3) 当氧化物或金属中间化合物像切削工具一样硬，且润滑剂又不足以将两接触面完全隔开，那么磨损将在工具与工件中任何一方进行。如果质点嵌入工件内形成硬的质点，其危害性更大，因为硬点致使软的工件破碎，而后又将形成具有新锋利边部的碎片，从而加速磨损。磨粒磨损机理主要有以下3种。

① 微观切削。法向载荷将磨料压入摩擦表面，而滑动时的摩擦力通过磨料的犁沟作用使表面剪切、犁皱和切削，产生槽状磨痕。

② 挤压剥落。磨料在载荷作用下压入摩擦表面而产生压痕，将塑性材料的表面挤出层状或鳞片状的剥落碎屑。

③ 疲劳破坏。摩擦表面在磨料产生的循环接触应力作用下,使表面材料因疲劳而剥落。

最简单的磨粒磨损计算方法是根据微观切削机理得出的。图 11-5 所示为磨粒磨损模型。假设磨粒为形状相同的圆锥体,半角为 θ,压入深度为 h,则压入部分的投影面积 A 为

$$A = \pi h^2 \tan^2 \theta \quad (11-7)$$

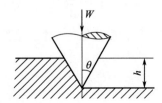

图 11-5 圆锥体磨粒磨损模型

所以,每个磨粒承受的载荷为

$$W = \sigma_s A = \sigma_s \pi h^2 \tan^2 \theta \quad (11-8)$$

当圆锥体滑动距离为 s 时,被磨材料移去的体积为 $V = sh^2 \tan\theta$。若定义单位位移产生的磨损体积为体积磨损率 $\dfrac{dV}{ds}$,则磨粒磨损的体积磨损率为

$$\frac{dV}{ds} = h^2 \tan^2 \theta = \frac{W}{\sigma_s \pi \tan \theta} \quad (11-9)$$

由于压缩屈服极限 σ_s 与硬度 H 有关,故

$$\frac{dV}{ds} = k_s \frac{W}{H} \quad (11-10)$$

式中:k_s 为磨粒磨损常数,由磨粒硬度、形状和起切削作用的磨粒数量等因素决定。

磨粒磨损在金属研磨与运转机械中较为普遍。磨损体积与黏着磨损类同,即磨损量正比于滑移距离和压力,反比于材料的硬度。

因此,为了防止磨粒磨损,提高耐磨性,必须减少微观切削作用。例如,减小磨粒对表面的作用力并使载荷均匀分布,提高材料表面硬度,降低表面粗糙度,增加润滑膜厚度以及采用防尘密封或润滑油过滤装置,保证摩擦表面清洁等。

在金属成形过程中,工模具与工件表面很容易被污染同时又被润滑,这样又造成一些硬的杂质小颗粒混入接触面中,还有工模具及工件表面上一些硬的凸起物、氧化皮脱落等也容易引起磨粒磨损。

11.2.3 疲劳磨损

疲劳磨损是指在反复交变应力作用下,致使材料接触表面或次表面逐渐破裂或剥落而形成凹坑的现象,又称表面疲劳磨损或接触疲劳磨损。疲劳磨损可以是

由于机械交变应力产生,如一种金属对另一种金属表面反复滑动或流动引起的交变载荷;也可以是因为接触副之间的温度周期性变化而产生的温度循环应力使材料发生疲劳磨损。承受循环载荷的轧机部件,如承轴、齿轮等,以及直接承受周期载荷的工具与模具属机械交变应力作用而引起的疲劳磨损;而热轧时轧辊因循环应力和温度变化产生疲劳磨损。

1. 疲劳磨损机理

产生疲劳磨损的内在原因是金属表层存在的物理和化学缺陷,包括空位、间隙原子、位错、表面微裂纹等晶体缺陷和杂质原子、金属夹杂等化学缺陷。在外力作用下,表面缺陷处应力集中生产裂纹,或者经过应力循环后产生疲劳裂纹,并且导致裂纹扩展,最终使裂纹上的材料断裂剥落下来。

当发生疲劳磨损时,材料表面上产生深浅不同、大小不一的痘斑状凹坑,或者发生较大面积的剥落。一般把深度小于 0.4mm 的痘斑状凹坑称为浅层剥落,或称点蚀,而大于 0.4mm 的痘斑状凹坑称为剥落。

2. 影响疲劳磨损的因素

根据疲劳磨损的机理可知,疲劳磨损与裂纹的形成与扩展有关,因此,凡是能够减少裂纹形成、阻止裂纹扩展的内在因素与外部条件都有利于减少疲劳磨损,这些因素或条件包括以下内容。

(1) 材质选择。选择耐磨铸铁、高锰钢、高碳铬锰钢等耐磨合金钢作为工模具材料,同时提高钢的冶炼质量,减少钢中非金属夹杂,控制夹杂物的形状与分布。

(2) 表面质量。减少引发裂纹萌生的表面应力集中源,如切削磨削痕、划伤痕、腐蚀痕等。

(3) 表面处理。提高工模具表面淬透性,控制表面层硬度的均匀性,提高表面层的韧性和耐磨性。

(4) 应力分布。通过合理的工模具设计,优化成形工艺,减少接触应力分布的不均匀性。

(5) 温度分布。加强工模具的冷却,控制成形温度,减少热应力和热应力分布的不均匀性。

(6) 润滑条件。提高润滑效果,减小摩擦系数,降低接触压力。提高润滑剂的黏度,防止油渗入裂纹表面加速裂纹扩展。控制润滑剂中的含水量,减少点蚀的发生。

11.2.4 腐蚀磨损

摩擦过程中,金属与周围介质发生化学或电化学反应而产生的表面损伤,包括氧化磨损和化学磨损。

1. 氧化磨损

当金属摩擦副处于高温条件下,表面所生成的氧化膜被磨掉后又很快生成新的氧化膜,所以氧化磨损是氧化反应与机械磨损两种作用交替进行的过程。

氧化磨损的大小主要取决于氧化膜的性质、连接强度和氧化速度。如 Fe_2O_3 和 Fe_3O_4 脆性大,延展性差,导致磨损量大。而 FeO 处于金属最内层,与基体连接强度高,或者氧化速度高于磨损率时,氧化膜能够起到减摩作用,氧化磨损量较小。

影响氧化磨损的因素主要有接触摩擦副的滑动速度、接触载荷、接触温度、接触材料、氧化膜性质、润滑条件等。在销盘试验中冲击速度、温度与载荷对钢铁材料氧化磨损的影响见图 11-6。

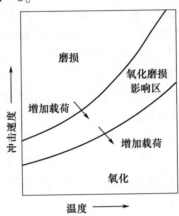

图 11-6 冲击速度、温度、载荷对钢铁材料氧化磨损的影响

2. 化学磨损

化学磨损是指那些因化学作用直接侵蚀,如介质中的活性物质用化学作用而形成的腐蚀磨损。化学磨损的机理与氧化磨损相似,但磨损痕迹较深,磨屑呈颗粒状和丝状,是表面金属与周围介质的化合物。磨损量比氧化磨损大,属中等性质的磨损,但在高温条件下会使磨损加剧。它是由于摩擦化学反应引起的磨损,其过程可包括以下内容:

(1) 由于化学反应(氧化)或摩擦化学反应(在反应表面形成极压润滑膜或者皂膜),在工模具或工件表面形成反应膜;

(2) 反应生成物在变形过程中被压碎、脱落或者以机械方法去除。

因此,反应—脱落—再反应—再脱落不断循环过程中产生化学磨损导致金属的流失。

如果润滑良好,则化学磨损可以很小,在某种程度上,这属于一种牺牲磨损(Sacrificial Wear)。也就是说,以摩擦化学反应致使少量材料损失,而获得表面的保护层以避免更严重的黏附磨损。一般来说,被磨损的是工件,但对一些非反应材料,如不锈钢、钛金属等变形过程中,由于工模具与工件不可能绝对隔开,这时工模具的磨损就不可避免。如果用摩擦化学反应使工模具表面生成一种保护黏附膜,就可减少其磨损,而大大提高工模具的寿命。这时,化学磨损是有利的。

除了上述磨损形式外,还有气孔磨损(Cavitative Wear)、回纹磨损(Fertting Wear)和热磨损(Thermal Wear)等。

11.3 金属成形中的磨损

11.3.1 磨损形式多样性

上述磨损形式都是从其机理方面来区分的。实际上摩擦副的磨损形式往往是随着工艺条件的变化而相互转化的。磨损形式转化的外界条件主要是滑动速度和载荷。图11-7所示为碳钢摩擦副在无润滑、载荷一定的条件下相对磨损率与滑动速度的关系。从中可以看到,当滑动速度很小时,主要是氧化磨损,磨损率很小。随着滑动速度的增加,表面变得粗糙,出现金属色泽,转变为黏着磨损,故磨损率增大。当滑动速度再增加时,磨损表面出现黑色粉末(Fe_3O_4),磨损形式又转化为氧化磨损,磨损率变小。当滑动速度继续增大时,再次转化为黏着磨损,磨损率增大,直至损坏。当滑动速度达到某一定值时,磨损发生显著变化。这是因为随着滑动速度的增加,工作表面的温度发生相应变化,使磨损由一种形式转变为另一种形式。

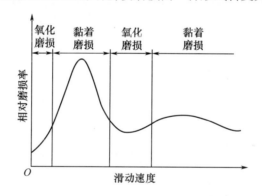

图11-7 相对磨损率与滑动速度的关系

金属材料成形中磨损更为复杂,金属磨损与金属材料、表面氧化物、加工硬化、加工温度、速度、润滑剂以及周围环境等因素有关。金属变形过程中,磨损机理可能是一种或数种机理同时起作用。

而且,金属变形过程本身也是不断变化的。其中接触副中工模具是反复、连续地长时间接触,而工件则是一次性通过接触变形区。另外,进入变形区的工件表面也是不断改变,如工件经酸洗后其表面清洁,当工模具表面接触时,因塑性变形与延展加剧了黏着的可能性与磨损质点的剥落。如果磨损质点尺寸大于油膜厚度,那么,质点将被压入表面,起磨削工模具表面的作用。

因此,金属变形过程中各种磨损形式都可能存在,除了氧化导致的化学磨损外,常见的磨损形式是黏着磨损、磨粒磨损和工模具的疲劳磨损。

11.3.2 金属黏着

由于金属变形时产生大量新生表面,在高压、高温作用下,工模具表面与工件表面上一些接点的黏着就可能发生。黏着导致冷焊,继续运动就会使黏结点被破坏,导致黏着磨损的发生。

影响变形金属与工模具间黏着的因素很多,也很复杂。一般可归结为下面几种情况。

(1) 摩擦系数越大,对应的金属黏着量也越大。平均黏着力正比于法向载荷,与表观接触面积无关。

(2) 面心立方和体心立方金属比密排六方金属容易黏着;软的金属比硬度高的金属容易黏着;弹性模量越小,硬度越低,越有利于金属黏着的发展;加工硬化系数大的金属,表现出较强的黏着力。

(3) 随着接触界面温度的上升,黏着力急剧增大,当界面温度达到再结晶开始温度时,金属间的黏着急剧增加,如冷轧纯铝轧制变形区温度可以到120℃,而冷轧薄板带钢时轧辊表面温度高达180℃,在此温度下极易发生轧辊黏着金属,见图11-8。表面黏着造成板带表面产生啄印,严重时产生大面积层状撕裂,如图11-9所示。

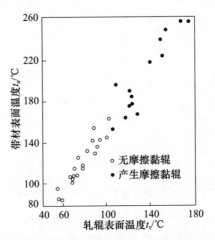

图11-8 带材表面温度与黏辊的关系

(4) 氧化物相对基体金属越硬脆,发生塑性变形时的剪切流动过程越容易使之破碎,新鲜金属表面袒露的可能性越大,越有利于金属间的黏着。

(5) 金属间的固溶度大,合金化能力强,意味着两种金属原子间的亲和力及相互扩散的能力强,则这种金属配对时就容易发生黏着。

以上这些因素仅是影响金属间黏着的主要因素,这些因素对黏着的影响趋势和规律,不是单独和孤立的,它们互相作用和影响,最终决定着成形过程中工模具的黏着状态和金属流动状态。

图 11-9 铝板黏着磨损后表面形貌

11.3.3 表面犁削

金属成形过程中工模具与变形金属接触,由于工模具一般表面硬度都高于变形工件,往往在工件表面留下加工痕迹,如果工模具磨损严重、粗糙度增加或者有磨屑存在,将对变形表面产生犁削,发生磨粒磨损。图 11-10 和图 11-11 所示为销盘式摩擦试验机钢-铝摩擦副载荷为 300N,转速 100r/min 条件下,铝板表面犁削三维形貌和犁削沟槽扫描电镜照片。通过三维形貌图中的颜色变化可以更清晰地看出铝板磨损表面犁削沟槽的数量和深度。其中磨损表面犁削深度最深,达到了 21.6μm。通过扫描电镜观察沟槽形貌发现,在犁削痕迹之外出现了无规则形状的表面,应为试样的原始表面,因此其主要磨损机理为犁削磨损;随着磨损时间增加,铝板表面出现了较多的磨损碎片,同时犁削沟更深更宽,在犁削沟槽的边缘出现了不规则的断裂面,摩擦轨迹变得模糊,表现出严重磨损的表面形貌。进一步对沟槽典型形貌进行能谱分析,发现除了 Al 元素外,还有铁 Fe 元素出现。说明造成犁削磨损的原因包括工模具表面凹凸不平(微凸体)和磨损微粒(磨屑)。

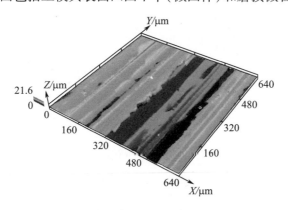

图 11-10 销盘式摩擦副铝板表面犁削三维形貌

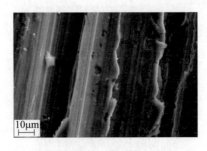

图 11-11 铝板表面犁削沟槽扫描电镜照片

材料成形过程中影响表面犁削的因素较多,如工模具材质、变形工件材料及其性质、成形工艺如温度、压力等相关导致磨粒磨损的因素,但是,工模具表面粗糙度 Ra 和表面微凸体倾角 M 影响最为明显。在有润滑条件下,增加润滑油膜厚度和强度能够减少表面犁削。一般认为,当表面粗糙度 Ra 大于油膜厚度时,开始发生显著的表面犁削。

11.3.4 工模具的磨损

疲劳磨损与磨粒磨损(机械研磨)是材料成形过程中工模具损耗的主要原因之一,特别是工模具往往在高温、高压、高水淋的条件下使用,很容易发生疲劳磨损。

1. 拉拔模具

拉拔过程中模具的磨损主要集中在变形区的入口断面附近、模具锥角以及模具定径带处,而且一般在入口断面处磨损较快,往往过早地出现环线沟槽,致使入口几何形状改变,导致拉拔制品尺寸与表面质量发生变化,模具使用寿命下降,如图 11-12 所示。模具定径带的磨损直接引起拉拔制品直径扩大。如果模具磨损不均匀,拉拔制品还会得到椭圆断面,使制品椭圆度超差。

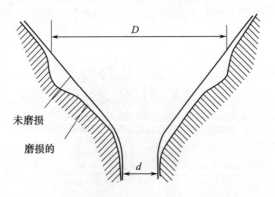

图 11-12 钢丝拉拔模具磨损前后示意图

拉拔模具主要是由拉拔金属表面坚硬的氧化物、固体润滑剂中 SiO_2 或 Al_2O_3

引起的磨粒磨损。模具的磨损不仅影响制品的表面质量和尺寸精度,而且还可导致拉拔时的温升进一步加大,造成润滑不良的恶性循环。

2. 挤压模具

挤压变形时,金属处于强烈的三向压应力状态,产生两向压缩一向延伸的变形,且延伸系数一般都在10以上。特别是在挤压铝及铝合金时,金属与挤压筒壁、模具及穿孔针表面在无润滑、高温及高压条件下,存在较长的连续接触时间,因此,工具与坯料之间的黏着磨损更为严重。在现场的实际生产中,模孔表面、挤压筒壁及穿孔针表面严重黏铝,致使挤压制品表面严重划伤。以钢铁材料热挤压为例,挤压工模具的报废原因与使用寿命见表11-1。

表11-1 挤压工模具的报废原因与使用寿命

工模具	硬度/HRC	报废原因	使用次数
挤压模	42~52	磨损、裂纹、变形	20~60
挤压垫片	43~50	磨损、裂纹	200~1600
芯杆	37~52	缺损、磨损、弯曲、裂纹	60~260
极压筒内套	41~52	磨损、裂纹、缺损	500~6000

3. 轧辊

由于热轧辊受到循环载荷、交变应力和工件的冲击,再加上反复受到急热急冷的作用,在轧辊内部夹杂物等缺陷处产生裂纹源。微裂纹在轧辊剪切力的作用下,容易在圆周方向形成环裂。这些微裂纹随着载荷的作用继续向四周扩展延伸,逐渐转向表面形成点蚀。由于不同部位受到的应力有所不同,轧辊表面就会出现不同程度的剥落现象,其中,在应力集中部位剥落面积比较大,严重时甚至会导致轧辊的断裂。图11-13所示为热轧辊发生疲劳磨损后轧辊表面剥落照片。

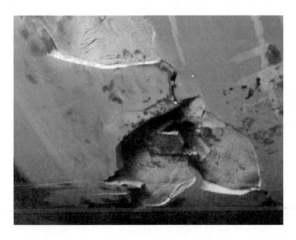

图11-13 热轧辊表面剥落照片

而冷轧辊的磨损主要起因于黏着磨损和磨粒磨损。图 11-14 所示为冷轧机组 F4 架轧机轧制 4475t 带钢后轧辊磨损轮廓曲线。图中轧辊磨损位置、程度与轧制工艺密切相关。

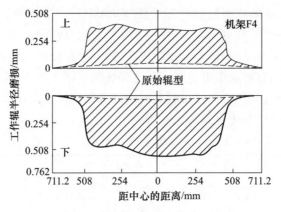

图 11-14　冷轧辊磨损轮廓曲线

11.3.5　磨损对成形制品质量的影响

磨损除了增大工模具损耗、增加工模具更换次数、降低生产效率外,重要的是对成形后制品质量产生不利影响。

1. 尺寸精度

工模具的磨损直接造成制品尺寸精度的降低,如拉拔线材时直径扩大、椭圆度超差;拉拔管材时壁厚不均;挤压时金属流动不均匀,导致挤压制品弯曲;轧制时变形不均匀,轧后板形变差等。

2. 表面质量

因工模具磨损导致成形制品表面质量恶化,主要有下列几种表现形式。

(1) 啄印(Pick-up)。由于发生表面微凸体黏着,使得制品表面上与工模具黏着的金属被撕掉,因此,表面上形成大小尺寸分布不均的坑痕,俗称"麻点"。

(2) 撕裂(Tearing-up)。往往发生在光滑表面接触变形时,发生大面积黏着,结果造成制品表面大块金属被撕裂掉,磨损量大也较大,属于更严重的黏着磨损。

(3) 犁削(Ploughing)。工模具表面被磨损后在表面所形成的坚硬凸起物,在压力的作用下被压入制品表面,在表面上留下像被犁削过一样的沟槽,而且这种犁削就是使用润滑剂也无法避免。

(4) 压痕(Impressing)。由于黏着层的局部脱落,或者黏着层的厚薄不均,或者破碎的金属氧化物,这样在表面上形成了脱落物的压入或不规则的外形压印。

值得指出的是,当润滑剂中含有能与金属发生化学反应的极压剂时,摩擦化学磨损有时会发生,然而这种磨损在极压剂选择恰当时,对改善金属表面质量有利。因为这种磨损通常发生在接触表面的凸处,或者说在凸处磨损得更厉害,这样,虽然磨损量增加,但金属表面质量得到不同程度的改善。

11.3.6 减少磨损的方法与措施

材料成形过程中的载荷、速度、温度、环境因素、金属表面氧化物、加工硬化、工模具与工件材质、润滑条件等都会对磨损产生影响。

1. 工模具材质

就金属材料成形而言,除了润滑条件外,工模具材质对磨损影响较大。在冷成形中由于变形与摩擦,变形区表面温升较快;在热成形中工模具表面温度更高。因此,模具用钢要求有较高的硬度、热强性和高温硬度以保证足够的耐磨性。同时模具材料还要考虑有足够的强韧性和疲劳强度等综合力学性能。各种工模具对材料性能要求见表 11-2。

表 11-2 各种工模具对材料性能要求

工模具	主要性能要求	选用钢种或硬度
热轧辊	热强性、冲击韧性、耐热疲劳	55Cr,60CrMo,60CrMnMo 200~230HB
冷轧辊	耐磨性、硬度、疲劳强度	9Cr,9Cr2,9CrV,9Cr2W,9Cr2Mo 90~100HS
热挤压模	耐磨性、高温硬度、耐热疲劳	5Cr5MoVSi,3Cr2W8V 40~50HRC
拉丝模	耐磨性、尺寸稳定性	T10,Cr12,Cr12MoV
冷冲模	硬度、耐磨性、耐冲击性	9Mn2V,Cr4W2MoV,Cr12,Cr12MoV
热锻模	硬度、热强性、耐冲击、耐热疲劳	5CrMnMo,5CrNiMo,4Cr5MoVSi

2. 工艺润滑

由于磨损与摩擦密切相关,通过工艺润滑的方法减少摩擦可以有效地减少磨损。图 11-15 说明了工艺润滑对轧辊磨损的影响。很明显,在润滑轧制条件下,轧辊磨损显著降低。

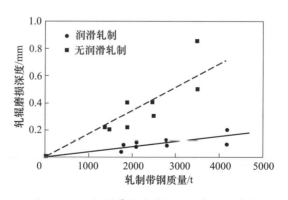

图 11-15 轧制带钢质量与轧辊磨损的关系

3. 主动维护

工模具的磨损,包括材料成形设备的磨损,除了决定于材料自身固有的磨损特征和材料成形工艺外,还与设备在使用过程中的维护管理密切相关。图 11-16 所示为由磨损引起的设备失效概率与时间的关系曲线。可以看出,采用主动维护能够降低设备失效概率,延长使用时间。为此,在材料成形过程中应主动采取必要的维护管理措施,以降低工模具的磨损,减少更换次数,提高生产效率。这些措施主要包括以下内容:

(1) 合理设计工模具原始形状;
(2) 科学制订材料成形工艺,包括温度、速度和变形程度;
(3) 及时清除工件表面氧化物;
(4) 正确选择与使用工艺润滑油液;
(5) 加强工艺润滑油液循环、过滤、补充等管理;
(6) 及时修补或更换磨损后的工模具。

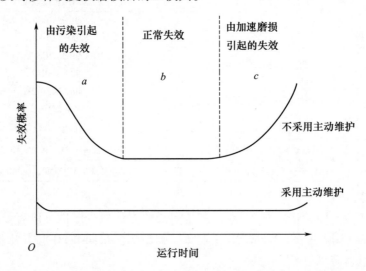

图 11-16　由磨损引起的设备失效概率与时间的关系曲线

思 考 题

11-1　材料成形中磨损的实质是什么?

11-2　综合分析轧制过程轧辊的磨损对轧制过程及轧后表面质量的影响。

11-3　热成形中氧化物对工模具磨损及工件的表面质量如何影响?

11-4 举例说明不同成形条件下工模具的磨损形式。

11-5 分析说明工艺润滑对磨损的影响。

11-6 试用轧制润滑机理解释发生表面犁削的条件与对应的润滑状态。

11-7 为什么说采取主动维护能够降低磨损、延长设备使用寿命?

第 12 章　材料成形过程中摩擦学测试

材料成形过程中摩擦、磨损与润滑问题涉及面广、影响因素众多,特别是还与成形工艺条件密切相关。因此,通过合理的科学试验方法和手段研究材料成形过程摩擦、磨损与润滑的理论与实践问题,寻找摩擦学系统内各要素之间的相互关系,特别是研究摩擦、磨损对成形工艺过程的影响具有十分重要的理论与实际意义。通过摩擦学测试可进一步了解摩擦、磨损对材料成形过程的作用以及对成形后制品表面质量的影响,寻找合理的润滑方式和最有效的工艺润滑剂以获得最佳润滑作用效果,同时为制订材料成形工艺路线,提高成形过程的稳定性与可靠性提供重要参考依据。

材料的摩擦学特性并非材料自身固有特征,特别是材料成形过程的摩擦学特征除了与材料性质有关外,还与成形方法及成形工艺密切相关,所以在摩擦学测试方法上难以达到一个统一的试验标准。目前大多数被采用和公认的测试方法可归纳为试验机测试、模拟试验和成形过程实际测量 3 种类型。

摩擦学测试内容涉及面广,包括摩擦和磨损测定、表面分析、温度测定、润滑剂理化性能分析测试等。本章主要集中讲述摩擦、磨损,特别是摩擦系数的测试方法。

12.1　摩擦磨损试验机

摩擦磨损试验机一般用于评价润滑剂和评价材料耐磨性。试验时将被测材料按照规定要求,制成一定形状、大小的试样,表 12 - 1 列举了几种常用摩擦磨损试验机。摩擦磨损试验机测试的主要优点:①使用方便、测量精度高;②测试标准相对统一,试验所得数据重复性好,可比性强,而且试验费用低,周期短;③适用于研究材料本身的摩擦磨损特性和机理,并能够对各种影响因素进行有效控制;④对工艺润滑剂润滑性能评定十分有效,如油膜强度等。然而,虽然摩擦磨损试验机具有上述优点,但是由于在变形方式、接触条件、试件材质等试验条件与材料成形实际工况不完全符合,虽然试验结果具有相关性,但是与实际情况还有一定的差距。

表12-1 几种常用摩擦磨损试验机

试验机	四球式 Four-Balls	梯姆肯 Timken	法莱克斯 Falex	万能摩擦磨损 MM-W1A
试样				四球 销盘 环盘
接触状态	点接触	线接触	线接触	点、线或面接触
材质 工具试样	钢球	钢	钢	金属
	钢球	各种金属	各种金属	金属或非金属
用途	最大无卡咬负荷 P_B, 烧结负荷 P_D, 综合磨损值 ZMZ	抗擦伤能力 OK 值	磨损性能, 极压性能	摩擦系数, 磨损性能
标准	GB/T 3142—2019	GB/T 11144—2007; ASTM D2782—2002(2014)	SH/T 0188—1992; ASTM D3233—1993(2014)	SH/T 0189—2017

12.1.1 四球摩擦磨损试验机

四球摩擦磨损试验机上的4个钢球按等边四面体排列,如图12-1所示。上球以1450r/min的转速旋转,下面静止的3个球与油盒固定在一起,由上而下对钢球施加负荷。在试验过程中4个钢球的接触点都浸没在试油中,每次试验时间为10s,试验后测量油盒中每一钢球的磨痕直径。按规定程序反复试验,直至测出代表润滑剂承载能力的评定指标。评定指标包括润滑剂的最大无卡咬负荷 P_B、烧结负荷 P_D 和综合磨损值 ZMZ 等,所以又称其为润滑油承载能力测定法。

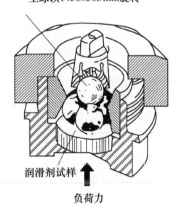

图 12-1 四球摩擦磨损试验机示意图

最大无卡咬负荷(P_B)又称油膜强度,是指在试验条件下不发生卡咬的最高负荷。它代表油膜强度。在该负荷下测得的磨痕直径不得大于相应补偿线上数值的5%。烧结负荷(P_D)是在试验条件下使钢球发生烧结的最低负荷。它代表润滑剂的极限工作能力。综合磨损值 ZMZ 是润滑剂抗极压能力的一个指数,它等于若干次校正负荷的数学平均值。

四球摩擦磨损试验机的磨损-负荷曲线见图 12-2,图中标出了曲线各部分的意义,本曲线是在双对数坐标上由不同负荷下钢球的平均磨痕直径所作出的。

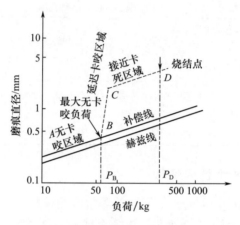

图 12-2 磨损-负荷曲线

四球法测润滑剂的 P_B、P_D、ZMZ 值,时间一般为 10s,在室温下进行,负荷可在 40~10000N 范围内选择。对钢球质量有严格要求,一般选择直径为 12.7mm、硬度为 61~65HRC 的一级 GCr15 标准钢球。具体试验机参数见表 12-2。

表 12-2 MRS-10A 型四球摩擦磨损试验机性能参数

项目	参数	项目	参数
主轴转速/(r/min)	200~2000	轴向试验力/N	40~10000
主轴电机功率/W	2200	工作温度范围/℃	室温~250
摩擦力测量范围/N	1~300	磨斑测量范围/mm	0~10
一次试验用油量/mL	10	磨斑准确度/mm	0.01

四球摩擦磨损试验机通过加装辅助测量装置和相关软件还可以进行润滑剂的摩擦系数测定和钢球长磨磨斑观察。长磨试验在载荷(392±5)N、转速(1200±5)r/min、时间 30min 的条件下,将直径为 12.7mm 标准钢球完全浸没润滑剂中进行。测定长磨过程的平均摩擦系数,并采用显微镜观察试验之后钢球磨斑形貌,测量磨斑直径。图 12-3 所示为轧制油和乳化液的长磨试验钢球磨斑形貌。很明显,轧制油的磨斑更规整些,反映在摩擦过程中摩擦系数更平稳些。

(a)　　　　　　　　　　　　(b)

图 12-3　长磨试验中轧制油和乳化液的钢球磨斑形貌
(a)轧制油磨斑；(b)乳化液磨斑。

12.1.2　梯姆肯摩擦磨损试验机

梯姆肯(Timken)摩擦磨损试验机用于评定润滑油的抗擦伤能力,用 OK 值作为评定指标。OK 值是在本标准试验机钢制试样滑动摩擦面上不出现擦伤时负荷杠杆砝码盘上的最大负荷。

在试验中试件发生擦伤时主要表现为:异常的噪声和振动;主轴转速的下降;试环表面出现明显的刻痕。试验结束后,是否擦伤是用试块上的磨斑来判断的。

梯姆肯摩擦磨损试验机的试件为试环和试块,材质有严格规定,主要尺寸如下。

(1) 试环。直径为 ϕ49.22mm,厚度为 13.6mm,硬度为 58~62HRC。
(2) 试块。长为 19.05mm,宽为 12.32mm,硬度为 58~62HRC。

润滑剂抗擦伤能力测定法规定的试验条件如下:

(1) 主轴转速(800±5)r/min;
(2) 试验时间 10min;
(3) 试油温度(38±2)℃;
(4) 试验油量 2800mL。

12.1.3　法莱克斯摩擦磨损试验机

法莱克斯(Falex)摩擦磨损试验机用于评价液体润滑剂的磨损性能和极压性能,故该方法也称为润滑剂磨损性能测定法或极压性能测定法。

试验是在钢制的试验轴颈对着浸在润滑剂试样里两个静止的 V 形块以(290±10)r/min 的速度旋转。通过加载机构给 V 形块施加负荷,测定润滑剂磨损性能时,以规定的试验条件下磨损齿数来确定;测定润滑剂极压性能时,以试验失效负荷值来确定。试验前对负荷表按规定进行校验。有关试验条件见表 12-3。

表 12-3　测定极压性能操作条件

项目	A法	B法
磨合时间/min	5	5
磨合负荷/N(lbf)	1334(300)	1334(300)
试验转速/(r/min)	290±10	290±10
试油温度/℃	52±3	52±3
试验负荷	用加载机构加负荷直至失效为止	①224N(500lbf)运转1min；②112N(250lbf)增量逐级加负荷每一级运转1min；③直至失效

12.1.4　MM-W1A万能摩擦磨损试验机

MM-W1A立式万能摩擦磨损试验机，其主要用途与功能均与FALEX6#型多功能试样测试试验机相似，该机在一定的接触压力下，具有滚动、滑动或滑滚复合运动的摩擦形式，具有无级调速系统，可在极低速或高速条件下，用来评定润滑剂、金属、塑料、涂层、橡胶、陶瓷等材料的摩擦磨损性能，如低速销盘（单针和三针，大盘与小盘）摩擦性能、四球长时抗磨损性能和四球滚动接触疲劳以及止推垫圈摩擦性能的试验。

最大的特点是能够做点、线、面等多种接触方式的摩擦磨损试验，功能齐全，可以做干摩擦及有润滑条件下的摩擦磨损试验，既可以做材料的摩擦磨损试验，也可以做润滑剂的摩擦性能试验。图12-4所示为MM-W1A立式万能摩擦磨损试验机摩擦副与结构示意图。摩擦系数μ根据传感器检测的摩擦力矩和施加的试验力获得，即

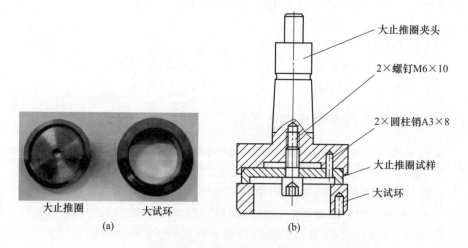

图12-4　MM-W1A立式万能摩擦磨损试验机摩擦副与结构示意图
(a)盘-环摩擦副；(b)试验机结构示意图。

$$\mu = \frac{M}{RN} \tag{12-1}$$

式中：M 为摩擦力矩（N·mm）；R 为摩擦半径（mm）；N 为施加在环试样上的轴向力（N）。

材料的耐磨性采用测量盘试样摩擦前后的质量损失，按下式计算磨损率，即

$$W = \frac{\Delta W}{\rho N l} \tag{12-2}$$

式中：ΔW 为磨损质量损失（mg）；N 为施加在盘试样上的轴向力（N）；l 为磨损行程（m）；ρ 为材料的密度（g/mm³）。

12.2 模拟试验

模拟试验主要是根据材料塑性变形原理设计材料变形试验过程，用于模拟实际的成形过程。它比摩擦磨损试验机试验在材料材质、变形方式、力平衡方程、屈服准则及边界条件等方面更接近实际变形过程。

12.2.1 试验设计

模拟试验设计的重点在于摩擦副材料选取、接触形式、变形方式等，当然也包括摩擦力、摩擦系数、磨损量等试验结果参数的获取方式。图 12-5 列举了几种常见的摩擦副接触方式供参考，结合模拟的具体成形过程还要考虑温度、速度、变形程度等工况条件。

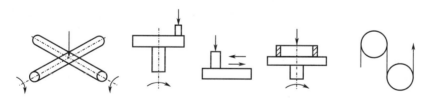

图 12-5 几种常见的摩擦副接触方式

12.2.2 镦粗圆环法

镦粗空心圆柱体（圆环）是典型的摩擦系数模拟试验测定方法，不但能够获得金属压缩变形过程中摩擦对变形过程的影响，而且还能够模拟金属热轧、冷轧时的摩擦系数。镦粗圆环是利用一定尺寸的圆环状试件，根据在不同摩擦状态下镦粗时的内外径不同变化来测摩擦系数。如果接触面上不存在摩擦，即摩擦系数为零，则圆环的内外径均扩大，与实心圆柱体镦粗时出现的情况类似——金属质点全向外周流动，圆心就是分流点，见图 12-6(a)。随接触面上摩擦增大，内外径的扩大量减小，分流点外移，分流半径增大，见图 12-6(b)。当摩擦系数增大到一定的数值

后,圆环内径不但不增大,反而减小,分流半径介于内外径之间,见图 12-6(c)。

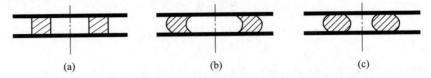

图 12-6 镦粗圆环试件时不同摩擦条件对圆环变形的影响
(a)$\mu=0$;(b)μ 较小;(c)μ 较大。

对于一定尺寸的圆环而言,分流半径大小仅与摩擦系数有关,而且由它反映出圆环内、外径的变化比较显著,一般都以圆环镦粗时的内径变化作为分流半径的当量来考虑。

该方法的关键在于建立摩擦系数与圆环镦粗时内径变化的关系曲线,常称为测定摩擦系数的标定曲线。图 12-7(a)与图 12-7(b)分别给出了常摩擦系数(库仑摩擦)条件下和常摩擦应力(黏着摩擦)条件下的标定曲线。所用圆环试件尺寸为 $\phi 20\mathrm{mm} \times \phi 10\mathrm{mm} \times 7\mathrm{mm}$。使用时,只需根据圆环镦粗后的高度和内径数值在上述相应图中所确定的坐标位置,就能读出摩擦系数值。例如,当圆环试件压缩至 5mm,若测得圆环内径 9mm,则从图 12-7(a)中求得 $\mu=0.3$,而从图 12-7(b)中求得 $\mu=0.4$。

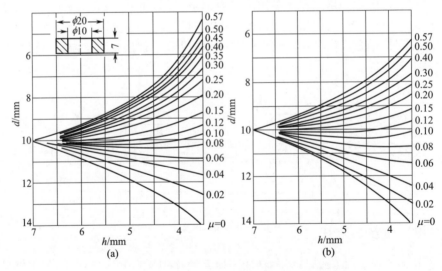

图 12-7 镦粗圆环试件时测定摩擦系数标定曲线。
(a)常摩擦系数条件;(b)常摩擦应力条件。

12.3 实际成形过程测定

虽然摩擦试验机与模拟试验能够反映材料或者变形过程一些基本摩擦学特

征,如油膜强度、摩擦系数、磨损性能等,但是试验条件与实际成形过程差距较大。在成形过程中实测可以说是最为准确,但是这也给测试带来一定的困难。以摩擦系数为例,要么必须有明确的摩擦系数与工艺参数的理论关系,如轧制、拉拔过程中轧制力、拉拔力与摩擦系数的关系,要么根据成形工艺设计摩擦力的测量装置,如板成形过程。下面介绍几种摩擦系数的测定方法。

12.3.1 最大咬入角法测量咬入时摩擦系数

先将辊缝调整为0,此时轧件不能被轧辊自然咬入,然后逐渐增加辊缝直到实现轧件自然咬入,测量此时的压下量为最大压下量 Δh_{max},此时的咬入角为最大咬入角 α_{max}。根据自然咬入条件计算咬入时的摩擦系数 $\mu_{咬}$,即

$$\alpha_{max} = \beta_{咬} = \sqrt{\frac{\Delta h_{max}}{R}} \tag{12-3}$$

$$\mu_{咬} = \beta_{咬} \tag{12-4}$$

式中:R 为轧辊半径;$\beta_{咬}$ 为咬入时的摩擦角。

最大咬入角法测摩擦系数简单,所测系数为轧制咬入时的摩擦系数。

12.3.2 前滑法测量轧制变形区摩擦系数

通过实测轧制过程中前滑值(S)和借助已知的公式,最后推算出轧制变形区内平均摩擦系数的方法。

由 Fink 公式,有

$$S = \left(\frac{R}{h} - \frac{1}{2}\right)\gamma^2 \tag{12-5}$$

由于轧制薄板时 $R/h \gg 0.5$,所以有

$$\gamma = \sqrt{\frac{Sh}{R}} \tag{12-6}$$

又由中性角,有

$$\gamma = \frac{\alpha}{2}\left(1 - \frac{\alpha}{2\beta}\right) \tag{12-7}$$

求得

$$\beta = \frac{\alpha^2}{2(\alpha - 2\gamma)} \tag{12-8}$$

所以

$$\mu = \frac{\alpha}{2\left(1 - 2\sqrt{\frac{Sh}{\Delta h}}\right)} \tag{12-9}$$

式中:S 为前滑率;α 为咬入角;h 为轧件轧后厚度;Δh 为绝对压下量;γ 为中性角。

前滑法简单,不破坏轧制过程,应用最广泛。然而,当压下率或变形区长高比 $l/\bar{h}$ 很小时,式(12-9)的误差就很大了。例如,冷轧压下量为3%~7%, $l/\bar{h}$ = 0.7~1.0时,其中性角 γ/α = 0.59~0.62。从物理观点分析,中性角 $\gamma > 0.5\alpha$ 的情况极少;否则就不能自然轧制了。同时,当 $\gamma > 0.5\alpha$,由式(12-8)看到,$\beta = \infty$,显然不符合事实。因此,前滑法测摩擦系数仅适用于 $l/\bar{h}$ 较大,即压下量较大的薄件轧制情况。进一步通过试验得知,$l/\bar{h} > 3$ 时,式(12-9)可以应用。

12.3.3 由反拉力直接测量拉拔摩擦系数

首先测定没有反拉拔力时的拉拔力 p_0,然后增加反拉力 B 并测定此时的拉拔力 p 和支撑模具的力 S,则有

$$\mu\cos\alpha = \frac{\ln(1-b)}{1-\gamma} - 1 \qquad (12-10)$$

式中:b 为反拉力因子,且有 $b = \dfrac{p_0 - S}{B}$;γ 为断面收缩率。

12.3.4 变形力反推法

变形力反推法是指通过实测成形过程中的变形力,如轧制力、拉拔力、挤压力等变形力能参数,然后根据变形力与摩擦系数的关系式反推出摩擦系数的方法。当然,该方法的准确性与所采用的关系公式和实际测定的变形力的准确性有关。

测量摩擦系数的方法还有许多,需要结合具体的金属成形过程。表12-4~表12-8列举了不同加工方法及条件下测定的摩擦系数。当然,由于试验条件的差异,表中所列数据仅供参考。

表12-4 碳钢、铝、铜、镍热轧时的摩擦系数

金属	热轧温度/℃	润滑剂	摩擦系数
碳钢	1100	水	0.296~0.310
		矿物油	0.186~0.199
		聚合棉籽油	0.151~0.164
铝	450	乳液	0.12~0.13
铜	700~800	—	0.30~0.50
镍	900~1100	—	0.30~0.40

表12-5　铝、铜、锌冷轧时的摩擦系数

金属	润滑剂	摩擦系数
钢(0.17% C,0.72% Mn)	无润滑	0.089
	乳化液	0.078~0.087
铝(低速)	无润滑	0.15~0.20
	煤油	0.12~0.15
	煤油+5%脂肪醇	0.10~0.12
	煤油+菜油	0.06~0.10
铜	无润滑	0.15~0.25
	煤油、水	0.10~0.15
	矿物油、乳液	0.10~0.12
黄铜	无润滑	0.12~0.17
	煤油、水、乳液	0.08~0.12
铍青铜	机油	0.17~0.27
锌	无润滑	0.25~0.30
	煤油	0.12~0.15

表12-6　钢、铝、铜、钛等金属挤压时的摩擦系数

金属	挤压温度/℃	润滑剂	摩擦系数
钢	900~1200	玻璃粉、石墨	0.02~0.20
不锈钢	900~1200	玻璃粉	0.02~0.03
铝、镁合金	450~550	无润滑	黏着
铜	950~900	无润滑	0.10~0.12
	900~800		0.12~0.18
	800~750		0.18~0.25
黄铜 H68	700~850	无润滑	0.18
青铜	850~750	无润滑	0.25~0.30
钛合金	700~900	玻璃粉+涂层	0.03
		玻璃粉+石墨	0.05
		石墨	0.20

表12-7　铝、铜及合金管、棒、型材拉拔时的摩擦系数

金属	适用条件	摩擦系数	
		钢模	硬质合金
铜与黄铜	软状态	0.08	0.07
	硬状态	0.07	0.06

(续)

金属	适用条件	摩擦系数 钢模	摩擦系数 硬质合金
青铜、镍及镍合金、铜镍合金	软状态	0.07	0.06
	硬状态	0.06	0.05
锌及锌合金	—	0.11	0.10

表 12-8 钢、铜、铝及合金线材拉伸时的摩擦系数

金属	线材状态	摩擦系数 钢模	摩擦系数 硬质合金模	摩擦系数 金刚石模
软钢	软	0.07	0.06	0.05
	硬	0.06	0.05	0.04
紫铜	软	0.08	0.07	0.06
	硬	0.07	0.06	0.05
黄铜	软	0.08	0.06	0.06
	硬	0.07	0.05	0.05
青铜	软	0.07	0.06	0.05
	硬	0.06	0.05	0.04
镍及镍合金	软	0.07	0.06	0.05
	硬	0.06	0.05	0.04
铜镍合金	软	0.07	0.06	0.05
	硬	0.06	0.05	0.04
锌及锌合金	—	0.11	0.10	—
铅及铅合金	—	0.15	0.12	—

思 考 题

12-1 材料成形过程的摩擦学性能主要由哪些指标来表征?

12-2 试分析轧制油与乳化液的摩擦学性能的差异有哪些?

12-3 举例说明材料成形模拟试验测定摩擦力或摩擦系数的设计思路。

12-4 综合分析摩擦学测试方法中试验机测试、模拟试验和成形过程实测三种方法的优缺点和应用领域。

参考文献

[1] 中国冶金百科全书编委会. 中国冶金百科全书(金属塑性加工)[M]. 北京:冶金工业出版社,1999.
[2] BOOSOR E R. Handbook of Lubrication and Tribology[M]. London:CRC Press,Inc. ,1980.
[3] SCHEY J A. Tribology in Metalworking—Friction,Wear and Lubrication[M]. NewYork:ASM,1983.
[4] 温诗铸,黄平. 摩擦学原理[M]. 4版. 北京:清华大学出版社,2012.
[5] BYERS J P. 金属加工液[M]. 2版. 傅树琴,译. 北京:化学工业出版社,2011.
[6] 钱林茂,田煜,温诗铸. 纳米摩擦学[M]. 北京:科学出版社,2013.
[7] 孙建林. 材料成形与控制工程专业实验教程[M]. 北京:冶金工业出版社,2014.
[8] 全永昕. 工程摩擦学[M]. 杭州:浙江大学出版社,1994.
[9] 赵振铎,张召铎,王家安. 金属塑性成形中的润滑材料[M]. 北京:化学工业出版社,2005.
[10] 茹铮,余望,阮煦寰,等. 塑性加工摩擦学[M]. 北京:科学出版社,1992.
[11] 康永林,韩静涛. 固态形成原理与控制[M]. 北京:机械工业出版社,2017.
[12] 康永林,孙建林. 轧制工程学[M]. 2版. 北京:冶金工业出版社,2010.
[13] 王祝堂,田荣璋. 铝合金及其加工手册[M]. 长沙:中南工业大学出版社,1989.
[14] 付祖铎. 有色金属板带材生产[M]. 长沙:中南工业大学出版社,1992.
[15] 颜志光. 润滑材料与润滑技术[M]. 北京:中国石化出版社,2000.
[16] 周耀华,张广林. 金属加工润滑剂[M]. 北京:中国石化出版社,1998.
[17] 李积彬. 铜合金轧制摩擦、润滑及摩擦化学研究[M]. 北京:冶金工业出版社,1999.
[18] 孙建林. 轧制工艺润滑理论技术与实践[M]. 2版. 北京:冶金工业出版社,2010.
[19] 董浚修. 润滑原理及润滑油[M]. 北京:烃加工出版社,1987.
[20] 李虎兴. 金属压力加工中的摩擦与润滑[M]. 北京:冶金工业出版社,1993.
[21] (美)孙大成. 润滑力学讲义[M]. 北京:中国友谊出版公司,1991.
[22] 张鹏顺,陆思聪. 弹性流体动力润滑及其应用[M]. 北京:高等教育出版社,1995.
[23] 姚若浩. 金属压力加工中的摩擦与润滑[M]. 北京:冶金工业出版社,1990.
[24] 谢建新,刘静安. 金属挤压理论与技术[M]. 北京:冶金工业出版社,2001.
[25] MANG T,DRESEL W. 润滑剂与润滑[M]. 赵旭涛,王建明,译. 北京:化学工业出版社,2003.
[26] 王祝堂,田荣璋. 铝合金及其加工手册[M]. 长沙:中南工业大学出版社,1989.